U0171625

建筑类型

1. 清水混凝土建筑
2. 装配式建筑
3. 装饰混凝土建筑表皮
4. GRC 建筑表皮

图 C-1　纽约清水混凝土超高层公寓

图 C-2　沈阳春河里装配式高层住宅

图 C-3　加拿大卡尔加里大学装饰混凝土建筑表皮

图 C-4　装饰混凝土质感

图 C-5　张家口冬奥会体育馆 GRC 建筑表皮

龟裂与不规则裂缝

5. 龟裂

6. 不规则短裂缝

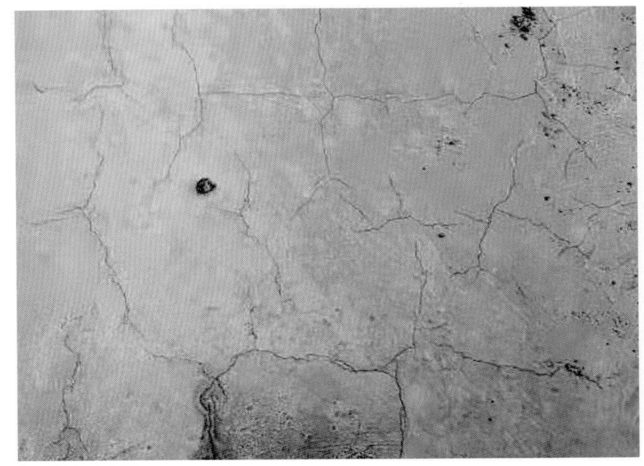

图 C-6　凝缩龟裂

图 C-7　预制混凝土早期失水收缩龟裂

图 C-8　纽约吉普斯湾公寓碳化收缩龟裂

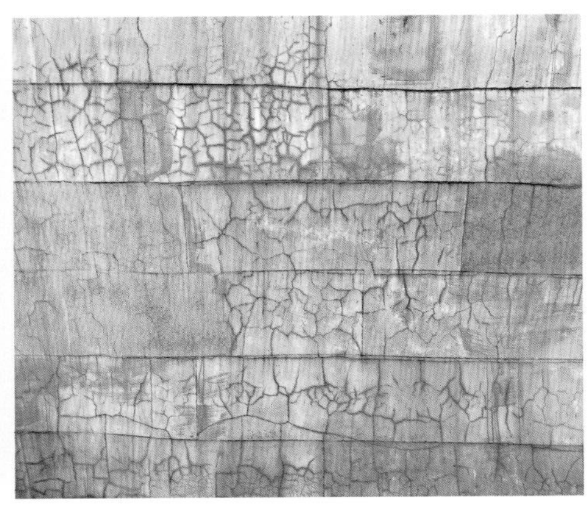

图 C-9　上海喜马拉雅中心 “碱-骨料反应” 龟裂

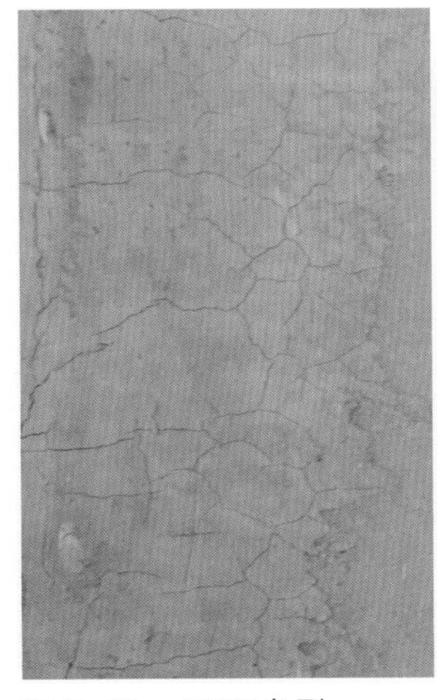

图 C-10　GRC 龟裂

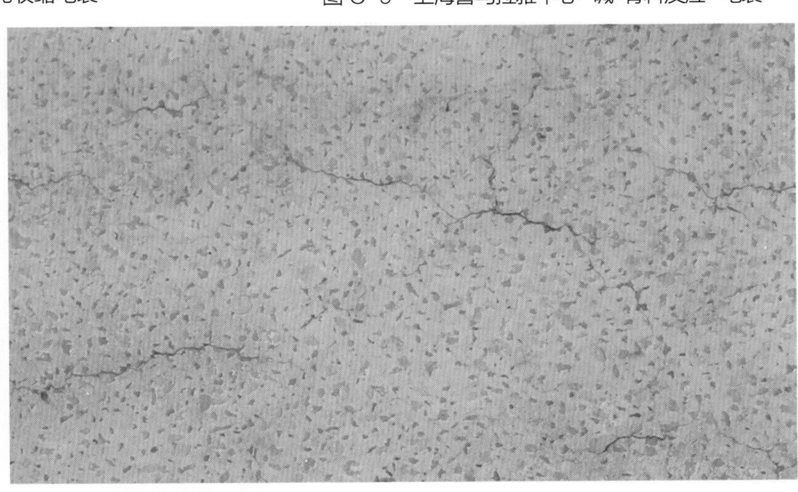

图 C-11　装饰混凝土不规则裂缝

冻融、钢筋锈蚀、装饰混凝土裂缝

7. 冻融裂缝

图 C-12　剥离性冻融裂缝

图 C-13　装饰混凝土表面酥松冻融破坏

8. 钢筋锈蚀裂缝

图 C-14　海边柱子钢筋锈蚀裂缝

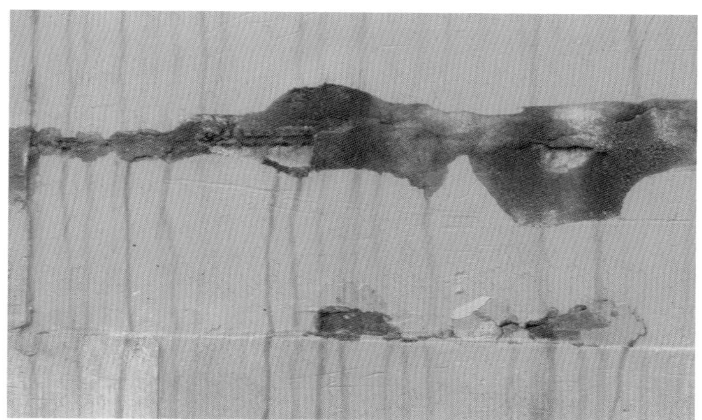

图 C-15　曲面混凝土墙钢筋锈蚀裂缝

9. 装饰混凝土裂缝

图 C-16　装饰混凝土构件穿透洞缝

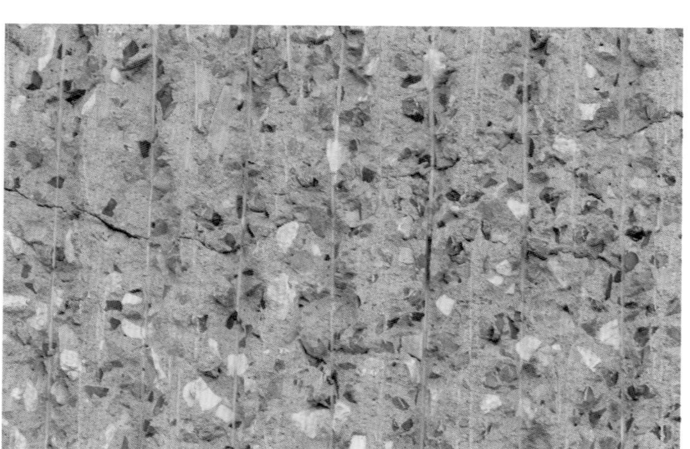

图 C-17　装饰混凝土板横向裂缝

应力集中裂缝

10. 应力集中裂缝

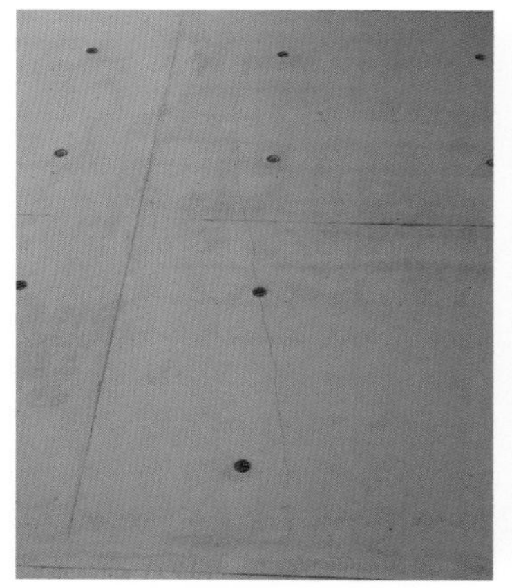
图 C-18　清水混凝土对拉螺栓孔应力集中裂缝

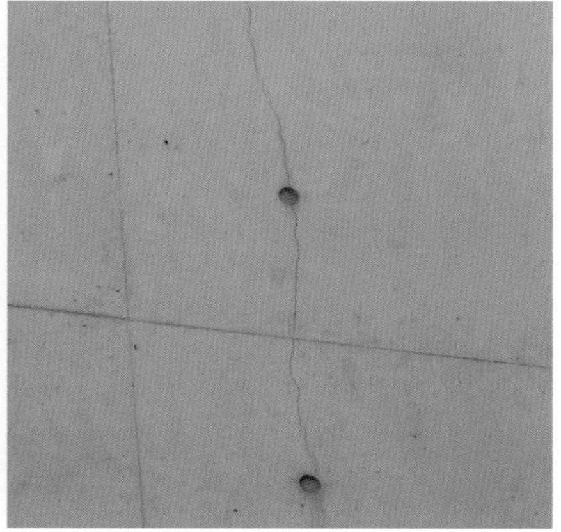
图 C-19　对拉螺栓孔连通裂缝

图 C-20　预留洞口应力集中裂缝

图 C-21　预埋件螺母应力集中裂缝

图 C-22　楼梯转角应力集中裂缝

图 C-23　形体变化处应力集中裂缝

现浇混凝土墙体裂缝

11. 现浇混凝土墙体裂缝

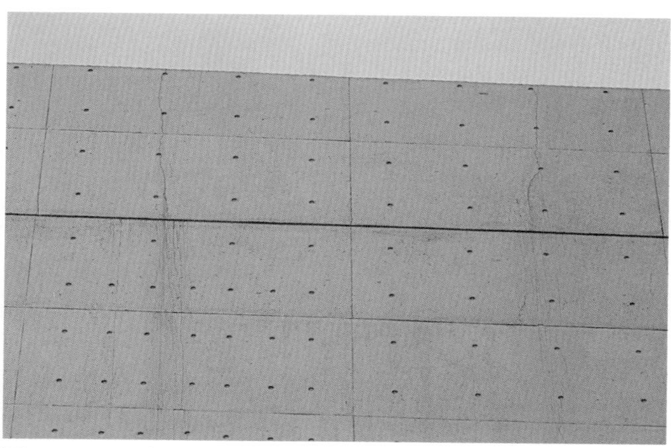

图 C-24　现浇清水混凝土长墙裂缝，一段距离一道裂缝

图 C-25　清水混凝土长墙严重的竖向裂缝

图 C-26　端部刚性约束墙体裂缝

图 C-27　清水混凝土墙体斜裂缝

图 C-28　曲面墙洞顶裂缝

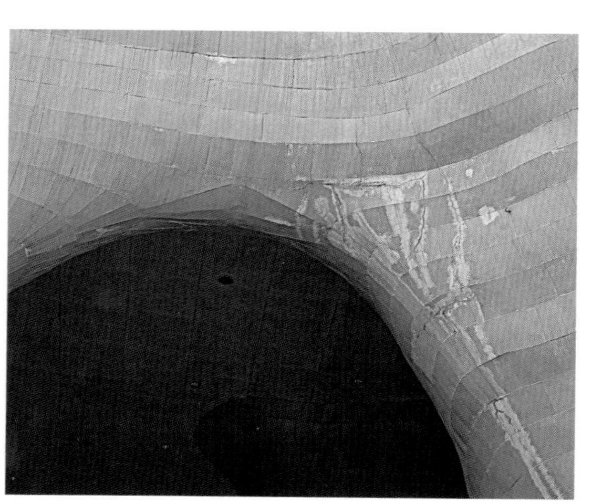

图 C-29　墙体局部约束裂缝

现浇柱、梁、板裂缝

12. 现浇柱、梁、板

图 C-30　柱子横裂缝

图 C-31　柱子横裂缝

图 C-32　施工因素柱子横裂缝

图 C-33　梁裂缝

图 C-34　梁裂缝

图 C-35　墙板裂缝

PC 构件裂缝

13. PC 构件裂缝

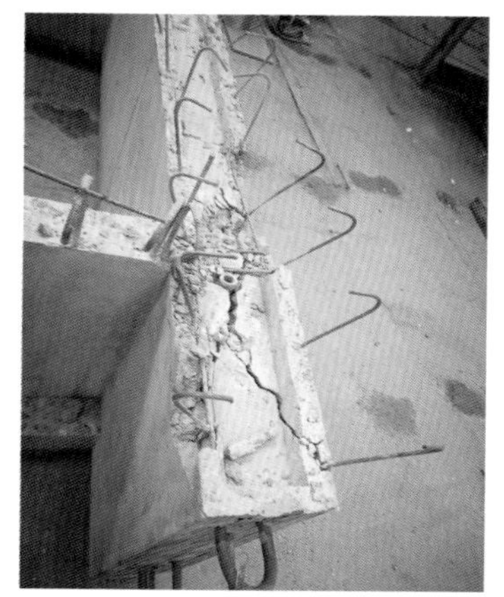

图 C-36　构件脱模时裂缝

图 C-37　叠合板顶纵向裂缝

图 C-38　预埋管筒处裂缝

图 C-39　吊点部位裂缝

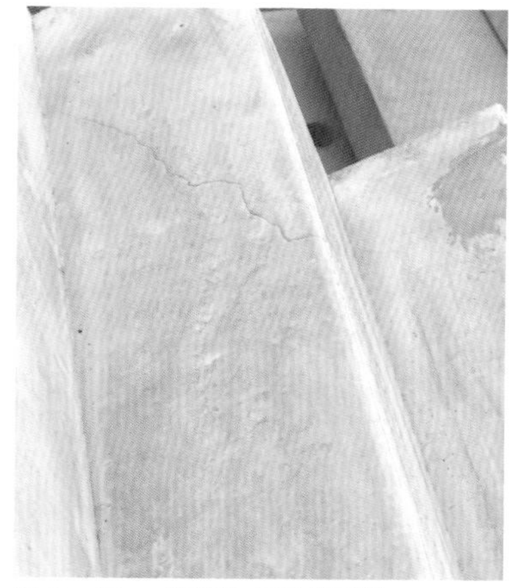

图 C-40　楼梯踏角脱模裂缝

图 C-41　存放产生的裂缝

图 C-42　叠合板安装后的裂缝

GRC 裂缝

图 C-43　形体与节点刚性约束作用裂缝

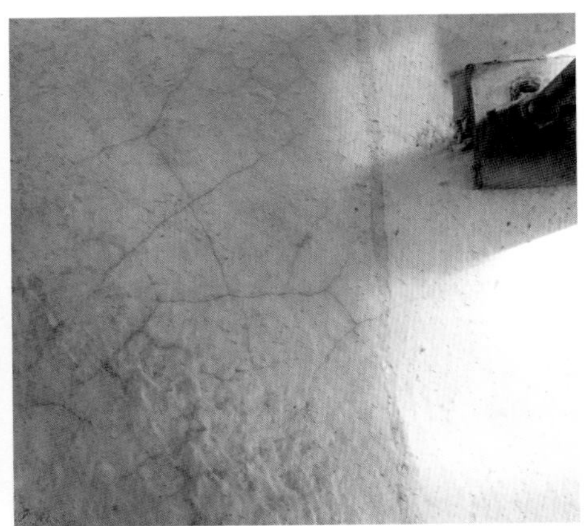

图 C-44　节点刚性约束裂缝

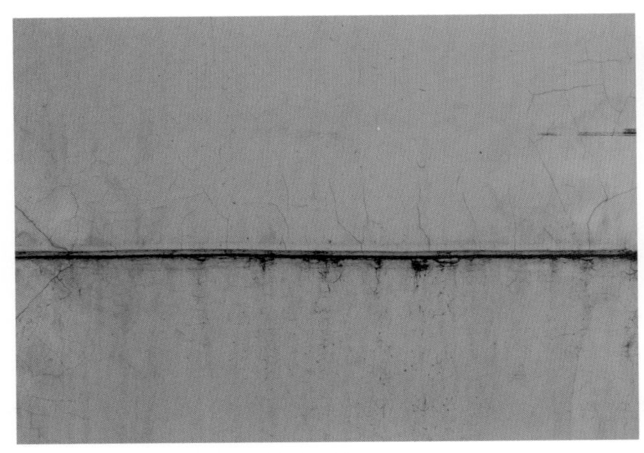

图 C-45　干湿变形收缩被约束裂缝

图 C-46　主体结构变形作用斜裂缝

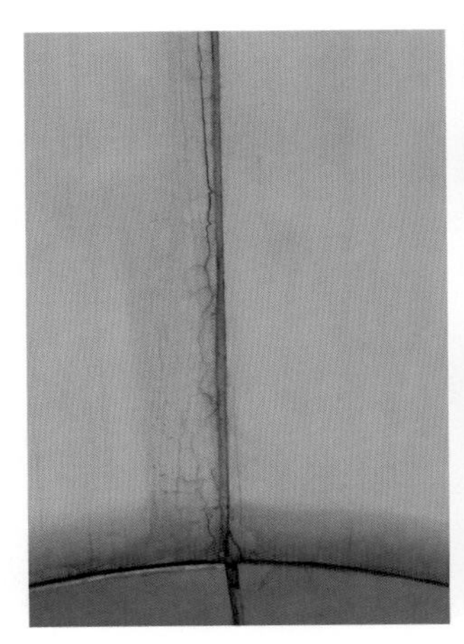

图 C-47　构件边缘裂缝

图 C-48　构件接缝裂缝

清水、预制、装饰混凝土及GRC
裂缝的成因、预防与处理

郭学明　著

本书结合建筑工程实例，系统介绍了混凝土裂缝的基本知识，列出了建筑领域混凝土工程中常见的裂缝清单，分析了各种裂缝的机理与成因，给出了预防裂缝的措施和修补办法。

裂缝不仅是施工或构件制作环节中引发的问题，许多裂缝与甲方和设计方有关；一些非荷载效应裂缝和异形形体、新材料裂缝也与规范覆盖不够或规定不细有关。但绝大多数裂缝是可知可控的。本书给出了甲方、设计、混凝土搅拌站、构件预制、现浇混凝土施工与预制构件安装各个环节预防和处理裂缝的技术、管理要点；重点聚焦于现浇清水混凝土、装配式建筑混凝土构件、装饰混凝土和 GRC 构件的裂缝。

本书适用于建筑领域与混凝土有关的各个环节（甲方、设计方、混凝土搅拌站、预制混凝土构件厂、装饰混凝土和 GRC 构件厂、施工企业、监理）技术与管理人员，是其工作必备的案头工具书。同时，本书对相关专业高校师生也有很好的借鉴意义。

图书在版编目（CIP）数据

清水、预制、装饰混凝土及 GRC 裂缝的成因、预防与处理/郭学明著．—北京：机械工业出版社，2021.9

ISBN 978-7-111-68800-6

Ⅰ.①清…　Ⅱ.①郭…　Ⅲ.①混凝土结构－裂缝－控制　Ⅳ.①TU755.7

中国版本图书馆 CIP 数据核字（2021）第 150303 号

机械工业出版社（北京市百万庄大街 22 号　邮政编码 100037）
策划编辑：薛俊高　责任编辑：薛俊高
责任校对：刘时光　封面设计：张　静
责任印制：李　昂
北京联兴盛业印刷股份有限公司印刷
2021 年 8 月第 1 版第 1 次印刷
184mm×260mm・13.25 印张・7 插页・324 千字
标准书号：ISBN 978-7-111-68800-6
定价：79.00 元

电话服务　　网络服务
客服电话：010-88361066　机 工 官 网：www.cmpbook.com
010-88379833　机 工 官 博：weibo.com/cmp1952
010-68326294　金 书 网：www.golden-book.com
封底无防伪标均为盗版　机工教育服务网：www.cmpedu.com

前　言

40 多年前，我参加工作后第一个独立设计的小活是渔港火车专用线站台混凝土柱的裂缝修复设计，如彩插图 C-14 的那种钢筋锈蚀裂缝，那是我第一次接触混凝土裂缝，因此对海风带来的氯离子侵蚀的破坏性印象极深。

非常巧，我退休前主持设计的最后一个项目也与裂缝有关。那是为沈阳棋盘山秀湖设计的 3km 长的水上浮桥，用 2600 多个薄壁混凝土封闭式趸船连接而成。单个趸船是半圆柱体，就像一截被锯成一半的粗原木，弧形表面是树皮质感，平面是木纹质感，材料用的是装饰混凝土 + GRC㊀ + 钢筋混凝土肋，总壁厚 40 ~ 50mm，净壁厚只有 20mm。这么薄的混凝土趸船，用于风大浪高的湖面，要保证在制作、安装和使用过程中不出现裂缝，是非常非常难的。设计过程中，与预防裂缝有关的试验做了几十项。最难的还不是技术，而是管理，许多裂缝是因为作业不当造成的。

我参加工作初期从事港口工程技术工作。港口工程领域混凝土裂缝预防工作做得比较好。按说，港口工程混凝土在海水中，服役环境比建筑工程恶劣得多，但裂缝现象较少。后来我转入建筑领域，做过与现浇混凝土、预制混凝土、装饰混凝土和 GRC 有关的技术工作，发现混凝土裂缝现象更为普遍和严重，与港口工程行业比较，建筑业预防裂缝的科学态度和执行力存在差距。以水灰比和坍落度为例，港口工程行业控制得比较严格，而建筑行业随意了许多。

大多数甚至绝大多数裂缝是可知可防的，裂缝不可知论是偷懒的托辞，裂缝不可防论是在推卸责任。我去过几十个国家考察建筑，与日本装配式建筑同行有深入的合作，国外建筑工程的裂缝比国内少很多，尤其是日本，裂缝非常少见。差别就在于是否真重视，是否知其所以然，是否用心做好预防裂缝工作的每一个细节。举个例子，日本鹿岛在沈阳做预制构件，水泥和钢筋有厂家检测报告还不行，第三方实验室做的检测也不放心，他们不怕麻烦把水泥和钢筋样品寄到日本检测，合格了才敢使用。他们甚至把混凝土拌制用的水也寄到日本检测，以确定是否可用。

近年来，现浇清水混凝土成为时尚，装配式建筑蜂拥而起，装饰混凝土与 GRC 应用越来越多。这些类型的混凝土或形体复杂；或增加了预制、运输和安装环节；或混凝土自身具有装饰性；或混凝土表皮直接裸露于自然中；更容易发生裂缝，对裂缝的宽容度更低，裂缝修补要做到没有痕迹也更难。有的著名的现浇清水混凝土建筑或使用装饰混凝土和 GRC 构件的建筑，存在严重的裂缝问题；有的预制构件工厂硬件不错，管理团队也不缺专业人员，规章制度操作规程也齐全，但还是出现了大量裂缝，工厂的技术和管理团队

㊀ 玻璃纤维增强混凝土的简称，详细含义见本书第 11 章，余同。

或不知道产生裂缝的原因，或分析的原因不对；这表明一些专业人员对裂缝的机理与成因、预防与处理，还不是很清楚。

本书结合建筑工程裂缝实例，系统介绍了混凝土裂缝的基本知识；将建筑领域的混凝土常见裂缝进行归类，列出清单；对各种类型的裂缝机理与成因进行分析，给出预防裂缝的具体措施和调查、分析、修补裂缝的具体办法。

本书虽然聚焦于现浇清水混凝土、装配式建筑预制构件、装饰混凝土和 GRC 构件的裂缝，实际上基本包含了建筑混凝土各种类型的裂缝。

需要指出一个认识误区，就是以为裂缝只是施工或构件制作环节的问题。其实，许多裂缝与甲方特别是与设计方有关。例如，笔者看过国内几个著名的现浇清水混凝土项目的裂缝，主要责任就不在施工方，是设计存在问题，一些非荷载效应裂缝和异形形体、新材料裂缝与规范覆盖不够或规定不细有关。事实上，预防裂缝各个环节都有责任，包括甲方、设计者、混凝土搅拌站、构件预制、现浇混凝土施工与预制构件安装环节。

出现裂缝不仅是技术问题，管理责任也非常大。预防裂缝必须从技术和管理两个方面着手，知道该做什么，由谁来做和如何做。

本书共分成 4 个部分，总计 18 章。

第 1 部分　第 1 章和第 2 章，介绍建筑混凝土裂缝的危害和形成机理。

第 2 部分　第 3 ~ 11 章，共 9 章。介绍收缩龟裂、碱-骨料反应龟裂、冻融裂缝、钢筋部位裂缝、应力集中裂缝、现浇清水混凝土裂缝、预制混凝土构件裂缝、装饰混凝土构件裂缝和 GRC 构件裂缝的成因、预防与处理。

第 3 部分　第 12 ~ 16 章，共 5 章。是写给甲方、设计者、混凝土搅拌站、构件工厂和施工方的预防裂缝工作要点。

第 4 部分　第 17 章和第 18 章，介绍如何进行裂缝调查分析和修补。

本书开头有 8 页彩插，给出了具有代表性的各种裂缝的彩色照片，以使读者清楚地了解裂缝形态。

本书给出了“裂缝类型、成因以及各环节预防要点表”（附表 Z-2），以使读者对建筑混凝土裂缝有一个总体了解。读者可结合自己的具体工作或工程项目，先做减法，再做加法。减法就是把表中与该项目无关的裂缝删去；加法就是把表中未包括的裂缝加上去，如此即形成了该项目可能发生的裂缝清单，以作为预防工作的目标。

考虑到许多技术和管理人员工作繁忙，不一定有时间系统读完一本书（其实也没有必要通读），本书给出了本书“导读表”（附表 Z-1），从事不同环节技术和管理的人员可根据自己的实际需要，按需选读。

我担任主编的装配式建筑系列技术丛书的部分作者为本书贡献了他们的知识与经验，或参与谈论，或提供案例分析，或提供实例照片。包括：许德民、张玉波、高中、李营、郭得海、王炳洪、叶汉河、张健、杜常岭、黄营、叶贤博、张岩、李青山、张晓娜、韩亚明、张长飞、张玉环，在此深致谢意。

感谢郭东肸调查搜集了本书所需部分术资料与信息。感谢苏锦川为本书提供了实例照片。感谢孙昊为本书绘制插图。特别感谢梁晓艳绘制了本书大部分插图。特别感谢张玉波为本书最后成稿所做的辅助性工作。

最后，不无得意地介绍我9岁的小外孙高近腾，本书有两张照片（图8-1、图8-2）是他拍的，这是我编著的书中第3次用他拍的照片，我们俩都非常高兴。

很希望本书能成为读者了解混凝土裂缝基本知识的便捷的工具和预防解决裂缝问题的引玉砖。由于作者水平和经验有限，本书难免存在一些差错和不足，欢迎读者批评指正。

郭学明

2021年5月28日

目　录

附表 Z-1　本书导读表

内容	章序号	章名称	各环节工作人员阅读建议[①]							
			甲方	设计	混凝土搅拌站	PC构件制作	装饰混凝土制作	GRC构件制作	现浇混凝土与构件安装	说明
混凝土裂缝基本知识		彩插裂缝实例	1	1	1	1	1	1	1	浏览
		《裂缝类型、成因及各环节预防要点一览表》（表Z-2）	1	1	1	1	1	1	1	
	1	建筑混凝土裂缝的危害	1	1	1	1	1	1	1	细读
	2	混凝土裂缝的形成机理	1	1	1	1	1	1	1	
裂缝成因、预防与处理	3	收缩龟裂成因、预防与处理	3	3		3	3	3	3	技术人员细读
	4	碱-骨料反应造成龟裂的成因、预防与处理	3	3		3	3	3	3	
	5	冻融裂缝的成因、预防与处理	3	3		3	3	3	3	
	6	钢筋部位裂缝的成因、预防与处理	3	3		3	3	3	3	
	7	应力集中处裂缝成因、预防与处理	3	3		3	3	3	3	
	8	现浇清水混凝土裂缝的成因、预防与处理	3	3					3	
	9	预制混凝土构件裂缝的成因、预防与处理	3	3		3	3	3	3	
	10	装饰混凝土构件裂缝的成因、预防与处理	3	3			3		3	
	11	GRC 裂缝的成因、预防与处理	3	3				3	3	
各环节预防	12	写给甲方——甲方决策和管理环节预防裂缝的要点	2							管理与技术人员细读
	13	写给设计者——设计环节预防裂缝的要点		2						
	14	写给搅拌站——混凝土制备环节预防裂缝的要点			2	2				
	15	写给构件工厂——预制环节预防裂缝的要点				2	2	2		
	16	写给施工方——现浇混凝土与构件安装环节预防裂缝的要点							2	
裂缝调查与修补	17	裂缝调查与分析	4	4		4	4	4	4	
	18	裂缝修补	4	4	4	4	4	4	4	

① 1—指针对了解初步知识的阅读。
2—指针对想进一步了解的学习。
3—指针对更细致了解的研究学习。
4—指针对发现问题后寻求解决方案的学习。

第 1 章　建筑混凝土裂缝的危害

许多混凝土裂缝即使没有引起结构安全和耐久性危害，也是不能容忍的。

1.1　从著名混凝土建筑的裂缝谈起

混凝土裂缝是普遍现象，但不是必然现象。绝大多数混凝土裂缝是可以避免的。

一些混凝土建筑由于技术和管理原因出现了各种裂缝。我们先看几个著名建筑的裂缝实例，从而对裂缝危害有一个直观的认识。

1. 上海喜马拉雅中心

矶崎新是享誉世界的日本建筑师，2019 年普利兹克奖获得者，上海喜马拉雅中心是他的得意作品，于 2011 年建成（图 1-1）。

这个项目由两座高层建筑和高层建筑之间的裙楼组成。高层建筑下部用了玻璃纤维增强水泥（GRC）格栅表现中国文化元素；裙楼结构及外墙采用丛林似的非线性现浇清水混凝土（图 1-2）。矶崎新对 GRC 格栅和非线性清水混凝土的艺术构思引以为自豪，但这两部分都出现了许多裂缝。

图 1-1　上海喜马拉雅中心

（1）清水混凝土裂缝　清水混凝土裂缝包括：

1）龟裂（图1-3，彩插图 C-9）。所有龟裂都与混凝土材质有关，由非荷载效应导致。或因干燥收缩，或因温度收缩；或因碳化收缩，或因碱-骨料反应膨胀所致。喜马拉雅中心的龟裂与碱-骨料反应有关，分析详见第 4 章。

2）墙根处水平与竖向裂缝（图 1-4）。此处裂缝有修补痕迹，修补的应当是龟裂。水平与竖向裂缝应属于碱-骨料反应膨胀裂缝，碱-骨料反应裂缝在钢筋部位会沿着钢筋开裂，分析详见第 4 章。

图 1-2　GRC 格栅和非线性清水混凝土

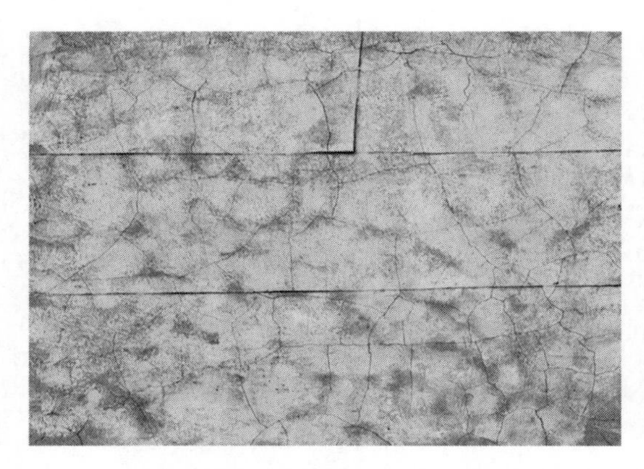

图 1-3　现浇清水混凝土墙体表面龟裂

图 1-4　现浇清水混凝土墙根水平与竖向裂缝

左右两侧的竖向裂缝，特别是右侧较宽的裂缝，应当是混凝土墙体干燥或温度收缩变形受到约束所致，分析详见第 8 章。

3）洞口上部竖向裂缝（图 1-5）。洞口上部的竖向裂缝应当是墙体形体突变形成对温度收缩变形的刚性约束所致，分析详见第 8 章。

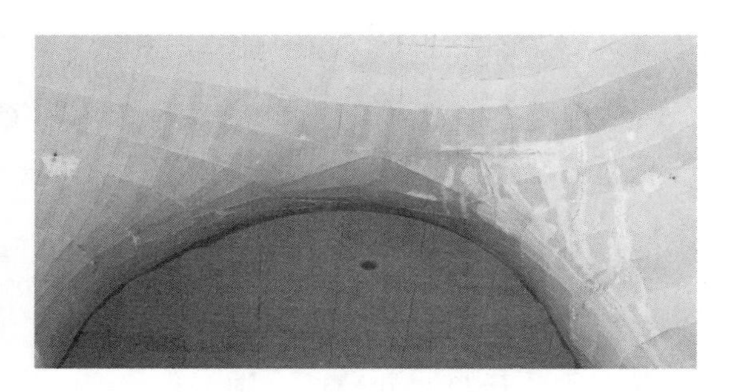

图 1-5　现浇清水混凝土墙洞口顶部的竖向裂缝

4）洞口上部斜裂缝（图 1-6）。斜裂缝或与剪切有关，或与沉降有关，此斜裂缝应当是剪切与温度收缩变形受到刚性约束形成的拉力共同作用产生的，分析详见第 8 章。

5）水平裂缝（图 1-7）。墙体水平裂缝有 4 种可能：或由水平施工缝所致；或由碱-骨料反应所致；或由墙体平面外弯矩所致；或由钢筋保护层过薄导致钢筋锈蚀胀裂所致。

此裂缝处可见铁锈及钢筋，属于曲面墙体局部钢筋保护层过薄导致钢筋锈蚀胀裂，分析详见第 6 章。

（2）GRC 格栅裂缝　GRC 格栅裂缝包括：

1）竖柱横裂缝与阴角处裂缝（图 1-8）。竖柱横裂缝或因龙骨变形传递给 GRC 构件所致，或因柱纵向干湿变形受到约束所致，裂缝处可能是壁厚较薄处。阴角处裂缝应属于应力集中裂缝，因 GRC 构件的干湿变形受到转角形体约束所致。具体分析详见第 11 章。

图 1-6　剪切与拉力作用产生的斜裂缝

2）构件交叉处的横、竖裂缝（图 1-9）。竖向裂缝应为平面外收缩，即转角处平面外方向 GRC 构件的收缩，受到约束形成弯矩所致。阴角处裂缝是平面内构件收缩受到转角约束所致，并与竖向裂缝连通。具体分析详见第 11 章。

3）构件交叉处斜裂缝（图 1-10）。斜裂缝多与剪切有关。GRC 构件安装节点对主体结构或二次结构位移没有适应性，主体结构或二次结构稍有变形，薄壁型构件就可能被拉裂或剪裂。具体分析详见第 11 章。

4）穿过 3 个构件的斜裂缝（彩插图 C-46）。穿过 3 个构件的斜裂缝似与主体结构沉降或安装 GRC 构件的二次结构位移有关，应当是二次结构（钢结构）刚度不足、变形过大而 GRC 构件安装节点没有自由度所致。具体分析详见第 11 章。

喜马拉雅中心的这些裂缝不仅对安全性和耐久性不利，也大大影响了建筑大师作品的艺术效果。

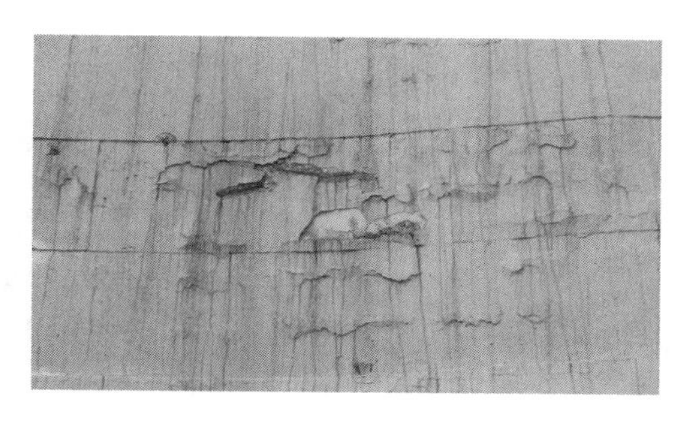

图 1-7　曲面墙体局部钢筋保护层过薄导致钢筋锈蚀胀裂

图 1-8　GRC 构件横裂缝与阴角处裂缝

2. 纽约公园大道 432 号超高层公寓

美籍乌拉圭裔建筑师拉斐尔·维诺里设计的纽约公园大道 432 号公寓（彩插图 C-1）建成于 2015 年，是当时纽约最贵的公寓。这座高 426m 96 层的超高层钢筋混凝土建筑是极简主义风格，清水混凝土结构柱梁与玻璃构成了外围护系统，清水混凝土是其重要的美学元素之一。

这样一座标志性超高层公寓，建成不久就出现了裂缝。

（1）底层柱子有明显的横裂缝与隐约的竖裂缝（图 1-11）　柱子的横裂缝或为偏心荷载形成的弯矩所致，或为钢筋保护层厚度不足的原因所致。该项目的裂缝应当与钢筋保护层厚度有关，横向裂缝是箍筋部位，竖向裂缝是纵向筋部位。横向箍筋在外，保护层更小，所以横向裂缝更明显一些。具体分析详见第 6 章。

（2）梁柱结合部位出现网状裂缝（图 1-12）　梁柱结合部位的网状裂缝应当与碱-骨料反应有

图 1-9　GRC 构件交叉处横、竖裂缝

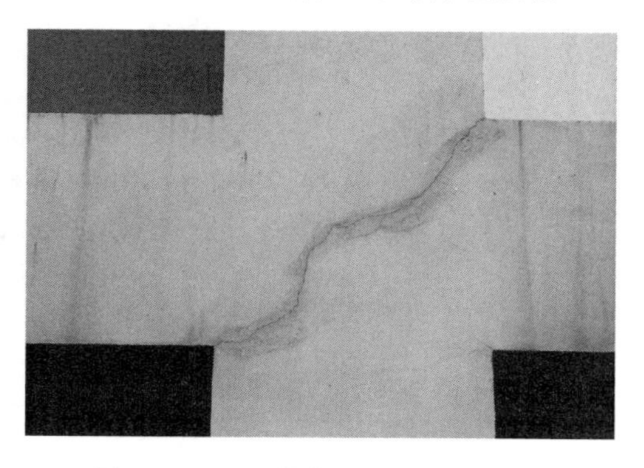

图 1-10　GRC 构件交叉部位斜裂缝

关，具体分析详见第 4 章。

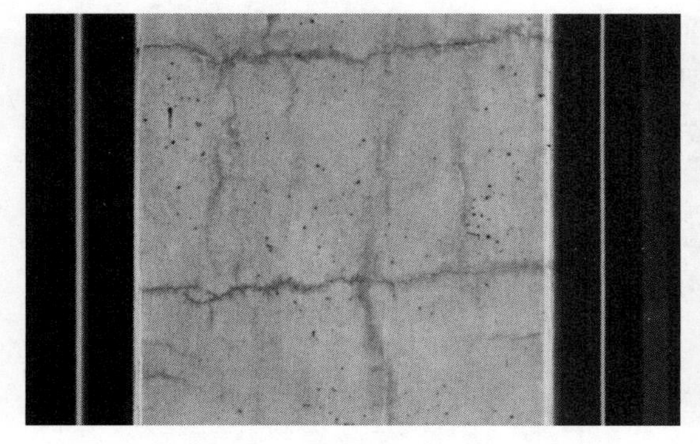

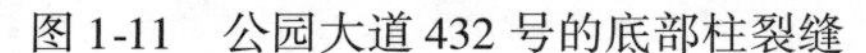

图 1-11　公园大道 432 号的底部柱裂缝

图 1-12　公园大道 432 号柱梁结合部位的裂缝

3. 智利天主教大学 UC 创新中心

智利首都圣地亚哥的天主教大学 UC 创新中心是智利著名建筑师亚历杭德罗 · 阿拉维纳的作品。亚历杭德罗是 2016 年普利兹克奖获得者。UC 创新中心是现浇钢筋混凝土墙围合起来的建筑（图 1-13），地上 11 层，地下 3 层，于 2014 年建成。

这座建筑钢筋混凝土墙体裂缝包括：

（1）墙体竖向裂缝（图 1-14）　墙体竖向裂缝是干燥收缩变形与温度收缩变形被端部转角刚性约束所致，具体分析详见第 8 章。

图 1-13　智利天主教大学 UC 创新中心

图 1-14　UC 创新中心墙体竖向裂缝

（2）墙体斜裂缝（彩插图 C-27）　墙体平面内刚度很大，荷载效应形成的剪力产生斜裂缝的可能性不大，应当是由基础沉降所致。具体分析详见第 8 章。

（3）墙体竖向偏斜裂缝（图 1-15）　墙体竖向偏斜裂缝是收缩变形受到刚性约束与基础沉降共同作用所致。具体分析详见第 8 章。

（4）墙体孔洞处裂缝（图 1-16）　墙体孔洞处裂缝属于收缩变形引起的应力集中裂缝。具体分析详见第 7 章。

图 1-15　剪力墙竖向偏斜裂缝

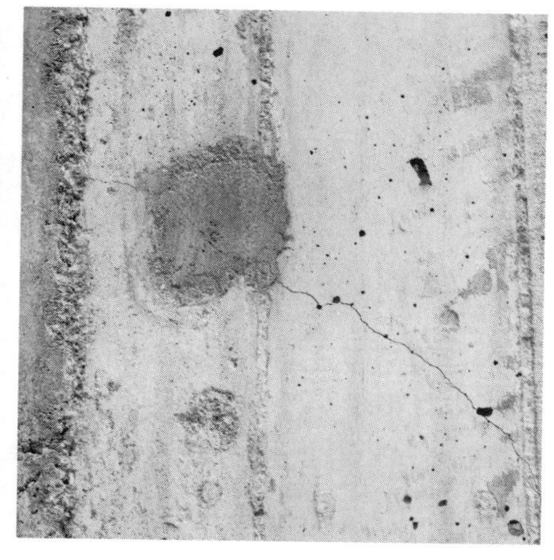

图 1-16　墙体孔眼处应力集中裂缝

4. 长沙梅溪湖文化中心

2017 年建成的长沙梅溪湖文化中心是著名建筑师扎哈・哈迪德生前设计的作品，扎哈是 2004 年普利兹克奖获得者。文化中心包括三座非线性建筑，形体随意，建筑表皮使用了白色 GRC 幕墙（图 1-17）。

图 1-17　长沙梅溪湖文化中心

长沙梅溪湖文化中心裂缝控制得比较好，只在个别地方出现了裂缝，包括：

（1）GRC 构件局部贯通性裂缝（彩插图 C-43）　GRC 构件局部贯通性裂缝可能是由构件造型形成的刚性约束所致，也可能是由于 GRC 构件厚度不均匀，而导致在断面薄弱处产生开裂。

（2）GRC 构件边缘裂缝（图 1-18）　GRC 构件边缘处裂缝或因构件制作内角过薄，或因安装时碰撞所致。

（3）GRC 构件表面龟裂（图 1-19 和图 1-20）　所有的龟裂都与材质问题有关，GRC 龟裂也一样，主要原因或是水灰比较大，或因养护不好而导致，早期干燥所引起。

图 1-18　GRC 构件边缘裂缝

图 1-19　GRC 构件表面龟裂 1

图 1-20　GRC 构件表面龟裂 2

以上 GRC 裂缝的具体分析详见第 11 章。

5. 山东荣成市青少年文化中心

山东荣成市青少年中心是 2020 年竣工的工程（图 1-21），是世界上少见的大型非线性连续现浇清水混凝土项目，艺术上获得广泛关注，被评为中国第 5 届装饰混凝土设计大赛金奖。

图 1-21　山东荣成青少年中心

但该项目竣工前就出现了较多的墙体裂缝（图 1-22）。

图 1-22　山东荣成青少年中心入口两侧墙体的裂缝

（1）非线性墙体竖向裂缝（图 1-23）　非线性墙体的竖向裂缝多为干燥或温度裂缝，是受到基础、形体等刚性约束后不能自由变形而产生的。

图 1-23　非线性连续清水混凝土墙体的裂缝

（2）墙体斜裂缝（图 1-24）　墙体的斜裂缝一般是由基础沉降、荷载不均匀与收缩变形刚性约束共同作用所导致的剪拉裂缝。

这些裂缝虽然对结构危害不大，但会影响耐久性、心理安全和建筑艺术效果。工程交付前，虽然施工企业对裂缝做了修补处理，以保证耐久性和心理安全不受影响，有的裂缝修补后在几米远的地方看痕迹不是很明显（图 1-25），但有的裂缝修补后不到半年又清晰可见（图 1-26）。

图 1-24　混凝土墙体 45°斜裂缝（修补状态）

图 1-25　裂缝修补后的效果

图 1-26　混凝土裂缝修补半年后的情况

对荣成青少年中心混凝土裂缝成因的讨论详见第 8 章。

1.2 建筑混凝土裂缝的类型

混凝土广泛应用于建筑、水利、道桥、港口、市政、庭院小品等领域，本书将主要讨论用于建筑的混凝土的裂缝成因问题。

用于建筑的混凝土主要是钢筋混凝土，素混凝土用得较少。钢筋混凝土主要用于结构功能，包括基础、主体结构柱、梁、墙、楼板等，也用于非结构构件，如楼梯、阳台、飘窗、遮阳板等。

近半个多世纪以来，混凝土在建筑中的应用有两大变化。

一是从单一结构功能向多功能转变，兼有围护功能和艺术功能。如清水混凝土和装饰混凝土的应用，各种造型的外墙构件，非线性混凝土建筑表皮等。

二是从现场浇筑向预制转变，装配式混凝土建筑或使用混凝土预制构件的建筑越来越多，包括钢结构建筑使用预制混凝土构件。预制构件需要存放、运输、安装与连接，裂缝的成因和预防措施比现浇混凝土要多。

另外，纤维增强的水泥基薄壁材料（或混凝土），如玻璃纤维增强水泥（GRC）、钢纤维增强超高性能混凝土（UHPC）和植物纤维或纸浆纤维增强的水泥压力板等，也较多用于外围护系统，如建筑外墙和装饰构件。

混凝土在建筑中的多功能化和预制化，纤维增强薄壁水泥基材料的应用，增加了裂缝出现的概率；但对裂缝的宽容度却大大降低了，因为大多数情况下裂缝不能有修补的痕迹。如此，用于建筑的混凝土对裂缝预防的要求更高了，涉及的技术也更多了。

混凝土裂缝可按形状、数量、方向、出现部位、宽度、长度、深度、出现时间、变化趋势、荷载状态、危害性以及是否可修补进行分类。

1. 按裂缝形状分类

裂缝形状是判断裂缝原因的重要依据。按裂缝形状分类，有龟裂、不规则短裂缝、剥离性裂缝、条形裂缝等。

（1）龟裂　即网状裂缝，由于其像乌龟背花纹，故又称为龟裂（彩插图 C-6 ~ 图 C-10）。龟裂多为环境因素和材质因素所致。

（2）不规则短裂缝　或为弧形或为三岔形的短缝（彩插图 C-11）。多为早期裂缝，或由环境因素或由材质因素所致。

（3）剥离性裂缝　混凝土被劈开或胀开而形成裂缝，如冻融裂缝（彩插图 C-12）和钢筋锈蚀裂缝（彩插图 C-14）。

（4）条形裂缝　像条线一样的裂缝（彩插图 C-17 ~ 图 C-43，图 C-45 ~ 图 C-47）。条形裂缝多因环境因素（如温度变化）、材质因素、荷载因素、沉降因素和施工因素所致。

2. 按裂缝数量分类

裂缝数量是判断裂缝严重程度的主要依据之一。不同形状的裂缝数量单位不同。

龟裂数量以出现裂缝的面积计，如哪段墙或哪个构件的哪个面出现了多少平方米或平方厘米的龟裂。

不规则短裂缝以个数计，如某个范围内出现了多少个不规则短裂缝。

条形裂缝、剥离性裂以裂缝条数计，分单条裂缝或多条裂缝。如某个孔眼处或窗口阴角处出现了单条裂缝；某个梁跨中部位出现了几道竖向条型裂缝。

3. 按裂缝方向分类

条形裂缝按裂缝在构件立面的方向分类：有竖直裂缝、水平裂缝、斜裂缝。

或按照裂缝与受力钢筋的相对方向分类：有垂直（或稍偏斜）于受力筋方向、平行（或稍偏斜）于受力筋方向、纵横组合裂缝、与受力钢筋成45°角方向和随意方向等。

方向是判断裂缝形成原因的重要依据。例如，现浇混凝土长墙的竖向裂缝大概率是收缩被约束所致；梁底跨中的横向裂缝多为弯矩作用所致；斜方向裂缝多由剪力或沉降所致。

4. 按裂缝出现的部位分类

按裂缝出现的部位分类，有混凝土浇筑面、梁底面、梁侧面、梁顶面、柱子各侧面、楼板底面、墙板表面、构件转角处、墙板门窗洞口阴角、钢筋附近、预埋件或预留孔眼处、预埋管线处、构件边角处、构件之间接缝边缘处等。

根据裂缝出现的不同部位可大致判断其成因。

5. 按裂缝宽度分类

按裂缝宽度分类，有肉眼看不见的细微裂缝、结构规范允许的细裂缝、大于规范允许宽度的宽裂缝、超宽裂缝。

（1）肉眼看不见的细微裂缝　这类裂缝在显微镜下才能看清楚，多发生在混凝土内部，包括水泥石裂缝，水泥石与石子接触界面的裂缝和石子自身的裂缝。细微裂缝没有直接危害。但在荷载作用下，会由此展开成更大的裂缝。所以，应采取减少细微性裂缝的措施，包括材料选用、配合比设计、振捣密实、掺加外加剂和掺合料等。

（2）结构规范允许的细裂缝　按照结构设计规范，用于建筑的钢筋混凝土，相对湿度小于60%的干燥室内环境允许裂缝宽度是0.4mm，普通室内环境下裂缝允许宽度为0.3mm；室外环境允许裂缝宽度为0.2mm。但裂缝宽度在0.05mm以上即肉眼可见，清水混凝土、装饰混凝土和GRC如果出现可视裂缝，就会影响心理安全和艺术效果表达。而且，混凝土表面没有抹灰、贴砖或涂料的保护，裂缝裸露在室外自然环境中，虽然上述裂缝宽度为规范所允许，但裂缝深度大于等于保护层厚度时，在潮湿环境或露天环境下就可能引起钢筋的锈蚀。

（3）大于规范允许宽度的宽裂缝　是指裂缝宽度大于规范允许的宽度的裂缝，如室外环境裂缝宽度大于0.2mm的裂缝。

（4）超宽裂缝　指宽度1mm以上的裂缝。

裂缝宽度是判断裂缝成因、危害性和制定修补方案的重要依据。

6. 按裂缝长度分类

按裂缝长度分类，有短裂缝、中裂缝、长裂缝和通长裂缝。裂缝长短如何分类主观性较强，主要是为了描述方便，有利于分析裂缝的危害性并制定修补方案，本书分类如下：

（1）短裂缝　裂缝长度在50mm以内。

（2）中裂缝　裂缝长度在50～500mm之间。

（3）长裂缝　裂缝长度在500mm以上。

（4）通长裂缝　裂缝长度沿构件长度或宽度通长。

如果构件只有150mm宽，贯通构件宽度的裂缝长度虽然在中长裂缝范围内，但也属于通长裂缝。

裂缝是否通长对判断裂缝的成因与危害起着重要的作用。

7. 按裂缝深度分类

裂缝按深度分类，有浅表面裂缝、浅裂缝、保护层厚度裂缝、深裂缝和断面贯通裂缝。

（1）浅表面裂缝　裂缝深度在5mm以内，尚未危及钢筋。

（2）浅裂缝　裂缝深度接近保护层厚度，为5～15mm，这个深度对防止钢筋锈蚀很不利。

（3）保护层厚度裂缝　裂缝深度抵达钢筋表面，一般在15～40mm，会导致或加剧钢筋的锈蚀。

（4）深裂缝　裂缝深度超过保护层厚度，深度40mm以上，有可能直接影响结构的安全。

（5）断面贯通裂缝　指贯通构件断面的裂缝，很可能导致构件报废。

裂缝深度是判断裂缝危害性、是否影响结构安全和耐久性，确定修补方案的最重要的依据之一。

8. 按裂缝出现的时间分类

按裂缝出现的时间分类，有硬化过程出现的裂缝、脱模时的裂缝、养护期裂缝、负荷后裂缝、后期裂缝、特殊时期裂缝。

（1）硬化过程中出现的裂缝　指混凝土浇筑后的硬化过程中出现的裂缝，包括：混凝土沉降裂缝、自生收缩裂缝、初凝后受振裂缝。

（2）脱模时的裂缝　混凝土脱模时发现或发生的裂缝，主要出现在边角处、预埋件处、预留孔处，也可能出现在构件其他部位。

（3）养护期裂缝　指从脱模到28d龄期间出现的裂缝。

（4）负荷后裂缝　指制作、施工或使用荷载作用后产生的裂缝。

（5）后期裂缝　指使用一定期限后的裂缝，在几年或更长时间内发展起来的裂缝。

（6）特殊时期裂缝　指地震或其他灾害后发生的裂缝。

裂缝出现时间是判断裂缝成因的重要依据。

9. 按裂缝变化趋势分类

按裂缝变化趋势分类，有定型裂缝、继续发展的裂缝、会缩小的裂缝、反复的裂缝。

（1）定型裂缝　指裂缝定型，不再发生变化。

（2）继续发展的裂缝　指裂缝未定型，还会发展扩大。

（3）会缩小的裂缝　指裂缝未定型，会缩小或弥合，如叠合板浇筑面的裂缝。

（4）反复的裂缝　指裂缝未定型，会反复开裂、弥合，经修补后还可能再开裂。

10. 按荷载状态分类

对荷载效应导致的裂缝，按裂缝出现时的荷载与作用状态分类，有制作、存放、运输、安装状态，未达到正常使用极限状态、达到或超过正常使用极限状态、未达到耐久性设计标准的、达到或超过耐久性使用标准的、灾难导致的裂缝。

（1）制作荷载导致的裂缝　指混凝土浇筑制作时由荷载产生的裂缝，荷载包括：现浇混凝土拆模前的自重、施工荷载和施工检修荷载；预制混凝土脱模前的自重荷载；脱模起吊荷载（附着力＋自重×动力系数）和构件翻转荷载（自重×动力系数）。

（2）存放荷载导致的裂缝　指预制混凝土构件在存放时由荷载产生的裂缝，荷载包括：构件自重荷载、多层存放时上面各层构件的重量作用于底层构件上的荷载。

（3）运输荷载导致的裂缝　指预制混凝土构件运输时由荷载产生的裂缝。荷载包括：构件自重荷载、多层运输时上面各层构件的重量作用于底层构件上的荷载以及车辆在加速、制动和转弯时产生的附加荷载。

（4）安装荷载导致的裂缝　指预制混凝土构件安装时由荷载产生的裂缝。荷载包括：构件自重荷载、吊装荷载、施工荷载和施工检修荷载等。

（5）未达到正常使用极限状态的裂缝　正常使用极限状态是验算裂缝控制的荷载组合，小于或等于这个荷载组合时出现的裂缝意味着混凝土的抗裂性能未达到设计要求。使用阶段的荷载包括自重、风荷载、地震作用、屋面活荷载、雪荷载及检修荷载等。

（6）达到或超过正常使用极限状态的裂缝　指由达到或超过正常使用极限状态的荷载组合导致的裂缝，表明混凝土抗裂性能与设计吻合，出现裂缝是正常现象。

（7）未达到耐久性设计标准的裂缝　指未达到混凝土抗冻等级的冻融次数或未达到使用周期就出现的裂缝，说明混凝土实际耐久性不符合设计要求。

（8）达到或超过耐久性设计标准的裂缝　此时说明混凝土的耐久性符合设计要求。

（9）灾难导致的裂缝　这类裂缝包括由地震、火灾、洪水灾难等导致的裂缝。

11. 按裂缝危害性分类

按裂缝危害性分类，有无危害裂缝和有危害裂缝。

有危害裂缝包括：结构危害裂缝、耐久性危害裂缝、影响使用的裂缝、影响心理安全的裂缝和影响艺术效果的裂缝，具体论述详见本章1.3节。

12. 按裂缝是否可修补分类

按裂缝是否可修补分类，有可修补裂缝、可修补但影响艺术效果的裂缝、很难修补裂缝和不可修补裂缝。

（1）可修补裂缝　指裂缝经修补后，对结构安全和耐久性没有影响，也没有明显的修补痕迹。

（2）可修补但影响艺术效果的裂缝　指裂缝经修补后，对结构安全和耐久性没有影响，但有修补痕迹，可能会影响心理安全和艺术效果。

（3）很难修补的裂缝　指裂缝修补比较难，或修补后还会反复。如刚性约束导致的裂缝。

（4）不可修补的裂缝　指裂缝不可修补，应当报废，如预制构件断裂裂缝。

大多数混凝土裂缝是可以修补的，但要做到没有修补痕迹比较难。所以，最重要的不是裂缝后的补救，而是应在前期避免裂缝。

GRC 是薄壁构件，厚度只有十几毫米，很容易出现冻融裂缝、碱-骨料反应裂缝和较多的贯通断面裂缝，并且很难修补，大都不可修补。

1.3 混凝土裂缝的危害与影响

混凝土裂缝分为无害裂缝与有害裂缝。

1. 无害裂缝

无危害裂缝是指对结构安全、耐久性、心理安全和艺术效果没有影响的裂缝，包括细微裂缝和对各种功能没有影响的裂缝。

（1）细微裂缝　混凝土内部只有在显微镜下才能看见的细微裂缝不会产生直接危害。一般认为，肉眼无法看见的宽度小于 0.05mm 的裂缝属于无害裂缝。

（2）对各种功能没有影响的裂缝　有些裂缝虽然清晰可见，但在结构安全方面是可接受的。如钢筋混凝土受弯构件在钢筋受力时，保护层混凝土已经开裂，结构设计计算时只要控制裂缝宽度即可。

当裂缝宽度小于国家标准允许的宽度，且对使用功能（渗水）没有影响，深度较浅，也不会加速碳化和锈蚀，即对耐久性没有影响；或被装饰遮住或不在室外环境裸露，也不会产生对心理安全及艺术效果表述的影响，这都属于无害裂缝。

国家标准《混凝土结构设计规范》GB50010 中关于裂缝允许宽度的规定：

（1）普通钢筋混凝土结构裂缝控制等级为三级

一类环境裂缝允许宽度是 0.3mm（0.4mm）；括号中数值是一类环境时地区年平均相对湿度小于 60% 的受弯构件取值。也就是干燥地区允许宽度可更宽些。

二 a、二 b、三 a、三 b 类环境裂缝允许宽度均为 0.2mm。

（2）预应力混凝土结构

一类环境和二 a 类环境裂缝控制等级为三级。

一类环境裂缝允许宽度是 0.2mm。

二 a 类环境裂缝允许宽度是 0.1mm。

二 b 环境裂缝控制等级为二级，三 a、三 b 类环境裂缝控制等级为一级时，都不允许出现裂缝。

（3）混凝土结构的环境类别

一类环境包括：室内干燥环境，无侵蚀性静水浸没环境。

二 a 类环境包括：室内潮湿环境，非严寒和非寒冷地区的露天环境，非严寒和非寒冷地区与无侵蚀性的水或土壤直接接触的环境，严寒和寒冷地区的冰冻线以下的与无侵蚀性的水或土壤直接接触的环境。

二 b 类环境包括：干湿交替环境，水位频繁变动环境，严寒和寒冷地区的露天环境，严寒和寒冷地区的冰冻线以上的与无侵蚀性的水或土壤直接接触的环境。

三 a 类环境包括：严寒和寒冷地区冬季水位变动区域环境，受除冰盐影响环境，海风环境。

三 b 类环境包括：盐渍土环境，受除冰盐作用环境，海岸环境。

2. 有害裂缝

有害裂缝是指影响结构安全、耐久性、使用功能、交付验收、心理安全和艺术效果的裂缝。很多裂缝或者说大多数裂缝属于有害裂缝。

（1）对结构安全有危害的裂缝　超出国家标准允许宽度的裂缝，如荷载作用下的构件断裂、预制构件尚未安装就在受拉区出现的裂缝等。

（2）对耐久性有危害的裂缝　所在环境类别不允许出现的会影响混凝土耐久性的裂缝，如会导致或加速钢筋锈蚀的裂缝，冻融裂缝，混凝土材质问题导致的严重龟裂，保护层过薄引起的裂缝、应力集中裂缝等。

（3）影响使用的裂缝　使用功能中规定不允许出现的裂缝，如导致渗漏的贯穿性裂缝。

（4）影响交付验收的裂缝　预制混凝土构件运到工地或安装前发现的裂缝。

（5）影响心理安全的裂缝　导致用户产生不安全感甚至恐惧感的裂缝。这类裂缝虽然对结构安全、耐久性和使用功能没有影响，但裂缝清晰可见，会产生使用者心理上的不安全感，例如多条并行的长裂缝。

（6）影响艺术效果的裂缝　有建筑艺术功能的清水混凝土、装饰混凝土墙板和装饰构件的可视裂缝、GRC 墙板和装饰构件的可视裂缝。

1.4　本书讨论的混凝土裂缝范围

本书所讨论的关于建筑的混凝土的裂缝，聚焦于有艺术表达功能的混凝土和预制混凝土构件的裂缝。讨论范围既包括现浇混凝土，也包括预制混凝土；既包括结构构件、也包括外围护构件、其他功能构件、装饰构件，以及多功能一体化构件，具体为：

（1）有着建筑艺术功能的现浇清水混凝土的裂缝。

（2）预制混凝土构件的裂缝。

（3）装饰混凝土构件的裂缝。

（4）玻璃纤维增强的混凝土（GRC）构件的裂缝。

对只具有结构功能的混凝土，如基础和主体结构混凝土的裂缝，本书不单独讨论。但本书讨论的混凝土裂缝，涵盖了结构功能混凝土可能出现的大部分裂缝，而且对裂缝控制的要求更为严格。

第2章　混凝土裂缝的形成机理

关于裂缝的“三不主义”——不可知论、不可控论和不作为——是裂缝越来越多的首要原因。

2.1　混凝土裂缝形成机理概述

1. 预防裂缝的障碍

裂缝是固体的分离或错位。

绝大多数混凝土裂缝的原因是清楚的。认为“混凝土裂缝成因复杂无法搞清楚”的“不可知论”，是预防裂缝的第一个障碍。

绝大多数混凝土裂缝是可以避免的。认为“混凝土裂缝防不胜防”的“不可控论”，是预防裂缝的第二个障碍。

混凝土裂缝成因可分为外因和内因。

2. 混凝土裂缝外因

混凝土裂缝的外因包括荷载效应和非荷载效应。

（1）荷载效应　荷载效应是力学因素，包括重力、风荷载、地震作用、活荷载、雪荷载、施工荷载等。

（2）非荷载效应　非荷载效应是物理因素和化学因素。

物理因素包括：干湿变形、温度变形、徐变、沉降等因素，必须强调，自由的变形或位移不会产生裂缝，只有变形或位移被约束时，才会发生裂缝。

没有约束就没有变形或位移裂缝。

化学因素包括碳化反应、碱-骨料反应、钢筋锈蚀、氯离子反应等。

（3）荷载效应与非荷载效应比较　非荷载效应裂缝发生的概率远高于荷载效应裂缝。

对荷载效应裂缝，关于混凝土设计、施工的国家和行业标准规定得明确、具体，有定量计算公式，结构设计软件也能给出定量的计算结果。而对非荷载效应裂缝，国家和行业标准给出的定量分析与计算办法在实践不能满足需求，有的规定空泛，操作性不强，设计软件覆盖也不够。

3. 混凝土裂缝内因

混凝土裂缝内因是指人为因素，包括设计、材质和制作环节的原因。内因是技术与管理问题。对绝大多数裂缝而言，内因更为关键。

（1）设计原因　设计原因包括：设计了易出现裂缝的形体、体量和造型，对混凝土变形有刚性约束，但未采取相应的避免裂缝的措施；在结构设计和构造设计中预防裂缝的措施缺失；有设计错误或漏项等。

（2）材质原因　材质原因包括：混凝土材料——水泥、骨料、外加剂——选用不当；配合比设计或执行存在问题；混凝土搅拌、运输环节中存在问题。

（3）制作原因　制作原因包括：模具的刚度或坚固性不够；钢筋保护层误差大；钢筋与混凝土结合存在问题（间距过小）；混凝土浇筑、振捣、养护、脱模中的问题；预制混凝土构件存放、运输、安装环节的问题。

4. 混凝土裂缝具体原因的类别

混凝土裂缝的具体原因可分成6类：

1）收缩变形被约束。

2）内部物质膨胀。

3）荷载作用。

4）位移影响。

5）构件之间作用。

6）制作施工环节的直接原因。

有些裂缝是由单一成因所致；有的裂缝是由多种因素所致。多种因素作用时，裂缝或叠加，如基础沉降与温度收缩叠加形成剪拉裂缝；或部分抵消，如炎热干燥环境下，干湿变形是收缩，温度变形是膨胀，两者变形叠加后部分抵消。

2.2 收缩变形被约束因素

混凝土收缩变形被约束是裂缝最主要的成因。

混凝土收缩变形导致的裂缝包括：凝缩裂缝、自生收缩裂缝、养护期失水收缩裂缝、干湿变形收缩裂缝、温度变形收缩裂缝、碳化收缩裂缝和高强混凝土自收缩裂缝。

混凝土浇筑后，荷载尚未施加就出现的裂缝，包括基础梁、地下室墙、筒体剪力墙、剪力墙、梁、柱、楼板等构件的表面龟裂和条形裂缝，大都是收缩变形被约束而导致的。

2.2.1 塑性凝缩

塑性凝缩发生在混凝土终凝前的凝结过程中。

混凝土浇筑3~12h（或4~15h）以内会出现塑性凝缩，即水泥与水的激烈的水化反应中出现体积收缩，伴随着泌水和水分蒸发现象，收缩量为绝对体积的1%。

水泥水化反应形成的胶凝体（即水泥石）在凝固阶段的塑性收缩使骨料受压。由于骨料的抗压强度高于凝固阶段还没有形成强度的水泥石的抗拉强度，就形成了对收缩的约束，使凝固阶段的水泥石容易被拉裂。也就是说，正在凝固的“弱不禁风”的水泥石向周围骨料施压，骨料没被压变形，水泥石自己却被拉裂了。

养护好的情况下，混凝土塑性收缩不会导致开裂。大体积混凝土养护不好的部位可能会出现龟裂，裂缝宽1~2mm，间距5~10cm，属于表面裂缝。参见彩插图C-6，属于凝缩龟裂。

混凝土塑性收缩与材料、配合比、振捣和浇筑时的温度有关。控制水灰比和做好养护是防止塑性凝缩裂缝的关键。

2.2.2 自生收缩裂缝

自生收缩裂缝是混凝土硬化过程中产生的收缩裂缝。

自生收缩也是水化反应产生的，与前面介绍的塑性凝缩不同的是，自生收缩不是在凝固阶段形成的，而是在硬化阶段水化反应过程中形成的，而且与湿度和温度变化无关。自生收缩的体积收缩率约为（40～100）$\times 10^{-6}$。相当于4～10℃的温差所引起的变形，大约是干燥收缩的1/10。使用低热膨胀水泥、矿渣水泥或掺加粉煤灰，也有自生膨胀（即负收缩）的可能，至少可以减小收缩。

有经验的预制混凝土构件工厂，模具尺寸会比构件设计尺寸大1～2mm，就是为应对混凝土自生收缩现象，使收缩后的构件尺寸符合设计尺寸。

与湿度和温度变化引起的变形不一样的是，自生收缩是不可逆的，即收缩后不会再膨胀。

如果混凝土在硬化阶段是自由状态，没有被约束，自生收缩就不会导致裂缝。但是，以下几种情况可能发生裂缝：

1）混凝土体积较大，如断面尺寸比较大的高层建筑底层柱子。

2）混凝土构件比较长，如连续墙体。

3）混凝土构件被约束，如长墙被基础或端部刚性大的构造约束。

4）混凝土构件被复杂模具约束。

5）混凝土被预埋件、预埋灌浆套筒约束等。

自生收缩受到约束产生的裂缝不是网状裂缝，而是一条或多条裂缝，或垂直于约束方向；或在构件转角、预埋件处等应力集中的部位出现。

自生收缩率与以下因素有关：

1）水泥品种，如使用矿渣水泥就不会收缩，还会膨胀（即负收缩）。

2）水泥用量越大，收缩率越大。

3）掺加粉煤灰等活性细骨料会降低收缩率。

2.2.3 养护期失水收缩裂缝

养护期是混凝土中水泥与水发生化学反应的硬化阶段。如果这个阶段失水，使混凝土表皮无法进行充分的水化反应，就会降低其强度，增加其孔隙率，混凝土表面有浮灰，显得发“糠”。

混凝土表皮失水导致收缩，但内部混凝土失水较少或没有失水，两者无法同步收缩，由此内部不收缩的混凝土对表皮混凝土的收缩形成了约束，导致表皮混凝土产生拉应力，出现龟裂现象，见图2-1。

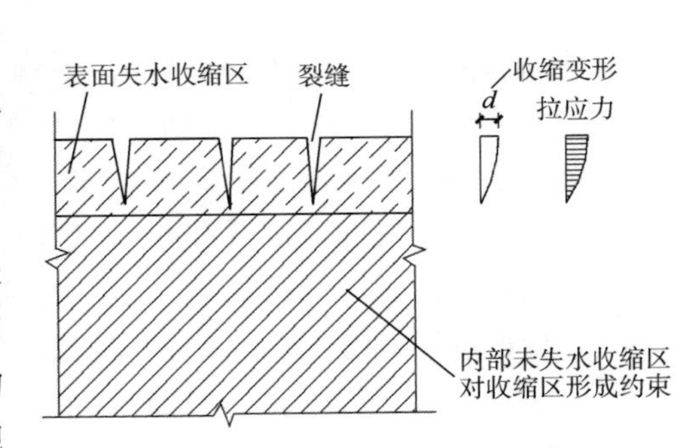

图2-1　养护期失水收缩裂缝示意图

养护期失水收缩也是湿度变形收缩的一种，之所以单独列出来讨论，因为：

1）它不属于正常的干湿变形，而是明显的生产过失——如模板吸水、养护过程失水——所致。

2）与干湿变形部分可逆——即干燥收缩和潮湿膨胀交替——不同，养护期的失水变形是不可逆的。

3）裂缝形状呈网状，即龟裂，与正常干湿变形受到约束而产生的条形裂缝不一样。

4）构件自由状态下，也就是没有外部约束的情况下，干湿变形不易导致裂缝出现，但失水收缩会导致裂缝出现。

2.2.4　干湿变形收缩裂缝

混凝土所含水分减少会导致体积缩小。

混凝土的收缩性取决于超出水化用水的多余水占据的空间，当这些水分蒸发或流失，就会形成失水收缩。

在水中养护的混凝土完全干燥时，收缩率约在0.06%～0.09%。混凝土实际收缩率为0.02%～0.1%。不同水泥品种，收缩率不一样。

混凝土构件如果在自由状态中，收缩没有被约束，或约束力不够大，就不会出现裂缝。如果混凝土被约束，无法自由收缩，就会产生拉应力，超过混凝土抗拉强度时就会出现裂缝。

干湿变形裂缝是条形裂缝。

干湿收缩对厚度超过10cm的混凝土不是大问题。干缩扩散速度仅为温度扩散速度的千分之一，干透60mm厚混凝土需要1个月。但15mm厚的GRC薄壁构件容易干透，干湿变形是裂缝产生的最主要原因。

干湿变形部分可逆。干燥时收缩，潮湿时膨胀。所以有些裂缝会反复出现。

影响干湿变形的原因及条件包括：

1）水泥强度等级越高，收缩率越大。

2）水泥含量大会增加收缩量。

3）混凝土强度等级越高越易导致收缩量大。

4）水灰比大的混凝土收缩率大，是影响收缩量最大的因素。

5）骨料含量大、弹性模量高，收缩量小。

6）骨料粒径大，达到相同稠度用水量少，收缩量小。

7）河卵石骨料收缩率小于碎石骨料。

8）振捣密实的混凝土收缩率小。

9）混凝土湿养护条件下的收缩率小于标准养护条件下的收缩率。

10）外加剂和掺合料对干燥收缩作用不大或没有作用。

11）结构、形体和构造设计使混凝土构件受到刚性约束。

2.2.5　温度变形收缩裂缝

混凝土与其他物质一样会热胀冷缩，环境温度降低时体积缩小，发生收缩变形。

混凝土热膨胀系数是 0.001%。但在零度以下混凝土体积会膨胀。

混凝土如果在自由状态下，收缩没有被约束，或约束力不够大，就不会出现裂缝。如果混凝土是被约束的，无法自由收缩，就会产生拉应力。当拉应力超过混凝土抗拉强度时就会出现裂缝。

混凝土温度应力产生的裂缝，既有龟裂，也有条形裂缝。

1）混凝土蒸汽养护急速降温时，表面因降温产生的收缩被内部未降温的混凝土所约束，就可能产生表面龟裂现象。其原理与养护期失水收缩形成的裂缝一样，参见本书 2.2.3 节及图 2-1。

2）当混凝土构件的温度收缩被端部构造、其他构件和基础约束时，或构件自身太长未设置伸缩缝，就会产生垂直于约束力方向的条形裂缝。所以，在进行混凝土结构、形体和构造设计中应尽可能减少刚性约束（详见第 8 章）。

3）当混凝土墙体或结构内外环境温差较大时，会在混凝土断面形成温度梯度，导致低温面产生条形裂缝。设计中对此须给出预防措施。

2.2.6　碳化收缩裂缝

碳化收缩是指混凝土碳化反应所发生的收缩现象。

碳化反应，即混凝土中的碱性物质与空气、土壤和水中的酸性物质——主要是空气中的二氧化碳（CO_2）——发生反应。碳化反应的结果是混凝土碱性降低，趋于中性，所以碳化反应也称为中性化。

水泥与水发生化学反应生成水泥石。水泥石中大约有 1/4 ~ 1/3 是碱性物质$Ca(OH)_2$，以结晶体和孔隙内的饱和水溶液的形态存在。早期混凝土的 pH 值一般大于 12.5。

由于空气中的 CO_2 向混凝土内部扩散，与混凝土中的氢氧化钙发生化学反应，生成碳酸钙（$CaCO_3$）和其他物质，还有游离水。碳化可以使混凝土的 pH 值降到 8.5 左右，即中性化了。

混凝土碳化是较为缓慢的过程，与环境和混凝土材质有关，一般在混凝土浇筑几年或十几年后开始出现，深度从几毫米到几十毫米。

混凝土碳化会提高其强度，但有两点很不利：一是钢筋容易锈蚀；二是会产生收缩变形并可能导致混凝土出现龟裂。

早期混凝土碱性高，在钢筋表面生成了碱性钝化膜，由此钢筋不易被腐蚀。混凝土碳化后，钝化膜被破坏，钢筋容易被锈蚀，而铁锈膨胀会将混凝土保护层胀裂，反应过程及原理详见第 6 章。

混凝土碳化具有收缩性，碳化生成的游离水的空间即是收缩空间。混凝土表面的碳化收缩被未碳化的内部混凝土所约束，由此导致混凝土表面出现龟裂。其原理与养护期失水收缩形成的裂缝一样，参见本书 2.2.3 节及图 2-1。

一些混凝土使用多年后出现龟裂，人们习惯地说法是混凝土“老化”了，或者说混凝土强度衰减了。其实，混凝土强度会随着龄期延长而略有提高，“老化”裂缝大都是因碳化所致。

混凝土碳化与以下因素有关：

1）碳化在相对湿度为50%～70%时容易发生。

2）温度高碳化会加速。

3）风压大的地区碳化加速。

4）空气中二氧化碳浓度高容易碳化。

混凝土的抗碳化性能详见本书3.3.4节。

2.2.7　高强混凝土自收缩裂缝

混凝土收缩有自生收缩和自收缩两个概念。

自生收缩在2.2.2节中介绍了，是混凝土在硬化阶段水化反应中形成的收缩，是普通混凝土都有的特性。

而自收缩特指高强混凝土在水与水泥水化反应之外又增加的收缩。

高强混凝土指强度等级C50以上的混凝土。由于高强度混凝土会掺加具有活性的超细粉，如粉煤灰、磨细的矿渣粉和硅灰等，而这些活性细粉与水泥石中的氢氧化钙发生化学反应，又由于高强混凝土的水与胶凝材料（水泥和活性骨料）的比例较低，水化反应把水消耗得差不多了，细粉与氢氧化钙的反应便吸收了毛细管中的水分，使毛细管形成真空，如此会导致收缩。水胶比越低的高强混凝土，自收缩率越大。

自收缩一般不会导致龟裂，因为自收缩是混凝土内外均衡的，没有梯度约束。高强混凝土自收缩裂缝只会发生在构件变形被约束的情况下，多为条形裂缝。所以，在混凝土结构、形体和构造设计中应尽可能减少刚性约束。

2.3　内部物质膨胀因素

内部物质膨胀因素包括碱-骨料反应、冻融及钢筋锈蚀。

2.3.1　碱-骨料反应

1. 碱-骨料反应机理

碱-骨料反应是指混凝土中的碱（包括外界渗入的碱）与骨料中的活性矿物成分发生的化学反应，会导致混凝土膨胀开裂等现象的发生。

碱-骨料反应机理如下：

1）水泥与水化学反应后形成的水泥石中含有碱性物质氢氧化钙。

2）氢氧化钙与砂子中的二氧化硅（SiO_2）、微晶白云石、变形石英反应，生成碱性溶液（KOH和NaOH）。

3）碱性溶液与骨料中的活性物质发生化学反应形成胶凝体。

4）胶凝体吸水后体积会膨胀，达到原体积的3倍，从而对其周围的混凝土形成压力，当膨胀压力足够大时，胶凝体周围的混凝土将会被胀裂。

2. 碱-骨料反应类型

碱-骨料反应有两种类型：碱-硅型和碱-碳型，即碱硅酸反应和碱碳酸反应。

（1）碱-硅酸反应　碱-硅酸反应是碱与具有活性的二氧化硅 SiO_2（微晶氧化硅）反应生成硅胶体。含有活性二氧化硅的骨料包括：蛋白石、黑硅石、燧石、鳞石英、玻璃质火山岩、玉髓及微晶或变质石英、黏土质等。

（2）碱-碳酸反应　碱-碳酸反应是指碱与碳酸盐骨料中的活性白云石晶体发生化学反应生成硅胶体的过程。

含有活性碳酸盐的骨料包括：白云质类石灰岩、黏土质页岩、白云石质、石灰石和含有方解石和黏土的细粒等。

2.3.2　冻融

把瓶子里装满水放在冰柜里冻，瓶子会胀裂，因为水结冰后体积增加9%，在封闭空间里会形成对周围约束体的压力。

混凝土冻融破坏的根本原因是混凝土孔隙里的水冻结膨胀，早期冻融破坏理论是：当混凝土孔隙内溶液体积大于孔隙容积91%时，就开始出现冻胀压力。

但由于混凝土内部分布着诸多大大小小的孔隙，许多孔隙是相通的，不是全封闭空间，裂缝形成机理比瓶子冻胀开裂更复杂一些。准确地说，冻融裂缝是静水压力和渗透压力联合反复作用的结果。

（1）静水压力　混凝土内的水结冰膨胀，会挤压毛细孔中未结冰的水向外迁移，如此产生静水压力，作用于水泥石孔壁上，反复作用后导致孔壁破坏。另外，骨料，特别是大颗粒骨料内的水结冰膨胀时，也会挤出尚未结冰的水，形成静水压力。

（2）渗透压力　混凝土孔隙内含有弱碱溶液，随着温度下降，大孔先结冰，孔内尚未结冰的水溶液的碱浓度提高，与毛细孔等小孔还未开始结冰（即碱浓度未提高）的水溶液形成浓度差，如此，形成了碱离子和水分子的相向运动，即大孔的碱离子向碱浓度小的小孔运动，小孔的水分子向碱浓度高的大孔运动，水分子和碱离子的渗透阻力和速率不同，水渗透得更快更多，大孔中水增加，渗透压力产生。

在静水压力和渗透压力联合作用下，混凝土开始出现细微裂缝。随着多次冻融反复作用，裂缝由细变宽、由短变长、由各自独立变成互相连通，如此疲劳作用，最终形成冻融破坏。

影响混凝土冻融性能的混凝土孔隙包括：

1）毛细孔，约占混凝土体积的10%～15%。

2）水化反应后多余水分蒸发时留下的孔隙。

3）混凝土搅拌、振捣过程中形成的气孔。

4）混凝土振捣泌水形成的孔隙。

5）振捣不好导致的蜂窝。

6）混凝土各种收缩裂缝。

7）混凝土各种膨胀裂缝，如碱-骨料反应裂缝等。

毛细孔是冻融破坏的主要发生点，是“作案”现场；而2）～7）的孔隙和裂缝使混凝土渗水，是冻融破坏的最重要因素——水——的通道。

冻融裂缝发生在潮湿和冻融交替频繁的环境中。有的建筑在向阳面反而发生冻融破坏，而更冷的背阴面却没有问题。

最容易发生冻融破坏的部位是混凝土构件边角部位、积雪积冰积水部位和水位变化区域。

混凝土孔隙越少，抗冻融性越好。混凝土毛细孔之外的孔隙和裂缝的多少与混凝土质量有直接关系。降低水灰比，掺加减水剂和粉煤灰，提高密实度、养护好是提高混凝土抗冻融性的主要措施。

构件和构造设计中，应对积雪积冰积水的部位设计好通畅的排水构造和防水构造，并尽可能避免小断面的凸出构造和尖角。

2.3.3　钢筋锈蚀因素

钢筋因氧化锈蚀生成铁锈，体积会膨胀 2～4 倍，如此会使钢筋保护层胀裂。从钢筋与混凝土的界面处裂开，由里及外，导致保护层脱落。

导致混凝土内钢筋锈蚀的原因包括：碳化作用、氯盐作用、保护层过薄、保护层混凝土不密实及其他原因裂缝等。

1. 碳化

混凝土碳化机理在本章 2.2.6 节已经介绍了。碳化会导致混凝土收缩，更重要的是，碳化会降低混凝土碱性，破坏钢筋钝化膜，使钢筋容易锈蚀。

水泥是高碱性物质，水化反应后在钢筋表面生成钝化膜，保护钢筋不锈蚀。但钝化膜必须在高碱性环境中才会稳定，当 pH 值小于 11.5 时就开始不稳定了，当 pH 值小于 8.5 时，已经生成的钝化膜会逐渐破坏，钢筋锈蚀就会展开。

2. 氯盐

氯离子对钢筋钝化膜具有很强的破坏性，是最危险的侵蚀介质。侵入混凝土内部的氯离子会依附在钢筋钝化膜处，使该处 pH 降到 4 以下，并在腐蚀处与未腐蚀钢筋之间形成电位差，即腐蚀电池作用，加剧腐蚀。氯离子还会加速阳性极化作用（即去极化作用），提高导电性，加剧腐蚀。

本书彩插图 C-14 就是海边混凝土柱因氯离子侵入导致严重锈蚀，把整个混凝土保护层都胀裂脱落的实例，可见氯盐侵蚀的危害性。

氯离子源于混凝土内部或外部。混凝土内部的氯离子与骨料和水有关，如使用海砂或氯离子含量高的水等。外部盐的侵蚀主要是盐碱地区的土壤侵蚀混凝土基础或海风海浪侵蚀混凝土所致。

3. 钢筋保护层过薄

钢筋保护层过薄（小于设计规定的保护层厚度）缩短了碳化路径，使水分容易渗入，与钢筋发生氧化反应，导致钢筋锈蚀。

4. 保护层不密实

钢筋保护层混凝土不密实使得二氧化碳和水分容易渗入，导致钢筋锈蚀。

5. 其他原因形成的裂缝

各种收缩裂缝、膨胀裂缝和荷载作用形成的裂缝都可能成为进水通道，导致钢筋锈蚀胀裂。

2.4 荷载作用因素

2.4.1 荷载作用因素概述

导致混凝土裂缝的荷载因素包括使用荷载、施工荷载和预制荷载。

使用荷载包括：自重、屋面活荷载、楼面活荷载、风荷载、雪荷载、检修荷载、地震作用等。

施工荷载包括：自重、施工活荷载、施工检修荷载、施工期风荷载、预制构件安装荷载等。

预制荷载包括：构件自重荷载、初凝后震动荷载、脱模荷载（附着力 + 自重 × 动力系数）、构件翻转荷载（自重 × 动力系数）、多层存放时上面各层构件的重量作用于最底层构件上的荷载、多层运输时上面各层构件的重量作用于最底层构件上的荷载、以及车辆加速、刹车和转弯时的附加荷载、装卸荷载、构件自重等。

单一荷载或多荷载组合作用下形成的内力是形成混凝土裂缝的直接原因。导致裂缝出现的最主要的内力是弯矩、拉力、剪力、扭力、压力；振动力也会导致裂缝出现。压力作用下的裂缝一般是混凝土破坏阶段被压碎前的状况。

荷载因素导致的裂缝有 5 种情况：

第 1 种情况是实际荷载大于规范标准。例如，实际发生的地震烈度高于设防烈度，这种情况很少见。

第 2 种情况是实际荷载符合规范标准，但建设项目对裂缝的限制比规范更严。例如，按照规范允许的裂缝宽度，如果能看见裂缝，在有艺术功能的清水混凝土和装饰混凝土中就很难被接受。

第 3 种情况是新结构、特殊形体或新材料，规范和计算软件尚未覆盖，无据可依，无程序可算。如非线性曲面墙体的结构计算与构造设计。

第 4 种情况是设计环节的错误、忽略和遗漏导致正常荷载作用下出现了裂缝。

第 5 种情况是施工与预制环节未按照规范和设计要求做，导致正常荷载作用下出现了裂缝。

平时发现的绝大多数裂缝是第 4 类、第 5 类原因造成的。

对大地震震害调查发现：整体浇筑的混凝土多、高层建筑在大震作用下破坏受损乃至倒塌的主要表现是柱、墙脆性剪切破坏或压屈破坏，严重者裂缝贯穿，墙柱折断、压屈，房屋倒塌。与此同时，整浇钢筋混凝土楼盖框架梁未见正截面裂缝钢筋屈服，未形成塑性较，仅有未设置箍筋和箍筋极少的个别连梁及梁柱节点出现剪切斜裂缝破坏。

2.4.2　裂缝允许宽度的决策

按照建筑结构规范，各类室外环境的混凝土裂缝允许宽度均为0.2mm；室内环境裂缝允许宽度是0.3mm。但是0.05mm宽的裂缝肉眼就能看见。清水混凝土、装饰混凝土表面出现肉眼可见的裂缝会影响心理安全和艺术效果。而且，清水混凝土和装饰混凝土直接暴露在自然环境中，出现裂缝对预防碳化、冻融和钢筋锈蚀非常不利。因此，需要分析不同荷载组合裂缝出现的概率，复核计算裂缝宽度，如有必要，调整裂缝的允许宽度。至少对重点部位，如人员可以看到裂缝的区域与高度、迎雨立面，允许裂缝宽度要小一些。

2.4.3　规范和计算软件未覆盖

非荷载效应裂缝和一些新结构、特殊形体或新材料的结构计算，规范和计算软件未覆盖，无据可依，无程序可算，例如：

1）温度变形和干湿变形应力计算、裂缝复核与构造要求。

2）连续长墙基础约束的计算与减少约束的构造要求。

3）连续墙体端部约束的计算与构造要求。

4）非线性曲面墙体结构计算与构造设计。

5）形体复杂构件的计算与构造要求等。

笔者建议设计人员不要被动地依赖规范与计算程序，对规范未覆盖到的问题，要有结构概念设计的意识，灵活运用计算软件，必要时建立计算模型手算，作为定量参考的依据。笔者在日本了解到，日本结构设计师在设计外挂墙板时，既用计算机计算，也进行手算，将计算结果进行对比分析，一般选用更保守的计算结果。

2.4.4　设计错误或遗漏

设计中，对使用荷载的分析、组合与计算一般不会出错或遗漏。

对温度作用、湿度作用和徐变的分析、组合与计算由于没有规范可依而容易漏项，结构和构造设计考虑得可能不够，导致裂缝出现。

对施工荷载和预制荷载的裂缝预防容易“闪空”、遗漏和出错，设计认为应当由施工企业与制作企业考虑，而施工和制作企业的技术能力不强，或不了解结构设计的具体计算情况。施工荷载和预制过程荷载的分析、组合与计算可能漏项或出错。

设计出错、遗漏情况包括：

1）设计了有刚性约束的形体。

2）连续长墙设置伸缩缝或引导缝不够。

3）设计未采取减少刚性约束的措施。

4）脱模荷载未考虑脱模时的混凝土强度。

5）对于需要翻转的预制构件未给出预埋件设计或绑带位置要求。

6）未给出构件存放要求和支点位置，工厂并不知道构件配筋计算情况。

7）预埋件、吊点、预留孔、构件阴角等应力集中部位未设置加强筋。

8）集中布置管线或箱盒，削弱了混凝土断面，影响对钢筋的握裹力。

9）钢筋拥堵，影响混凝土密实度及其对钢筋的握裹力。

10）钢筋间距小于最小间距，影响了混凝土与钢筋的粘结力。

11）对于曲面墙体，钢筋随形没有给出要求和办法，造成保护层厚度不均。

12）设计了不易脱模和易于破损的尖锐造型。

2.4.5 制作或施工未按设计要求做

混凝土构件制作和施工中未按照设计要求做，这种现象非常普遍。除了混凝土材料、配合比、浇筑、振捣和养护外，对裂缝影响较大的问题包括：

1）钢筋根数对，但间距误差大，有的间距小于规范规定的最小间距。

2）保护层厚度误差大，过薄，影响了混凝土与钢筋的粘结力。

3）钢筋深入支座锚固长度未达到设计要求。

2.5 位移作用因素

位移作用因素包括模具变形和基础沉降与地基沉降或膨胀导致的裂缝。

1. 模具变形

模具变形导致尚未凝固或尚未达到足够强度的混凝土随之沉降，出现裂缝。模具变形的具体原因包括：

1）模板自身刚度不够，发生变形或沉降。

2）模板或叠合板的临时支撑刚度不够，发生变形或失稳。

3）混凝土尚未达到足够强度就提前拆除模板或支撑。

2. 基础沉降与地基沉降或膨胀

1）基础沉降形成的作用导致混凝土构件出现裂缝，一般为斜裂缝。

2）地基沉降或膨胀形成的作用导致混凝土构件出现裂缝。

2.6 构件作用因素

构件之间相互作用导致的裂缝包括：

1. 短柱效应

短柱效应是指非结构构件造成结构柱或剪力墙肢的实际长度变短，削弱了柱子或墙肢的延性，从而导致结构发生脆性剪切破坏效应。

例如，阳台板或窗间墙与柱子之间没有缝隙，而是与之连接或靠紧，就相当于柱子侧边有了支点，缩短了柱子的实际长度。通过图 2-2 可以看出，图 2-2b 不留缝情况比图 a 留缝情况，柱子长度 L 变短了。

柱子变短有什么危害？

我们知道，柱子的抗弯性能与柱长的平方成反比。也就是说，柱子越短，抗弯性能越

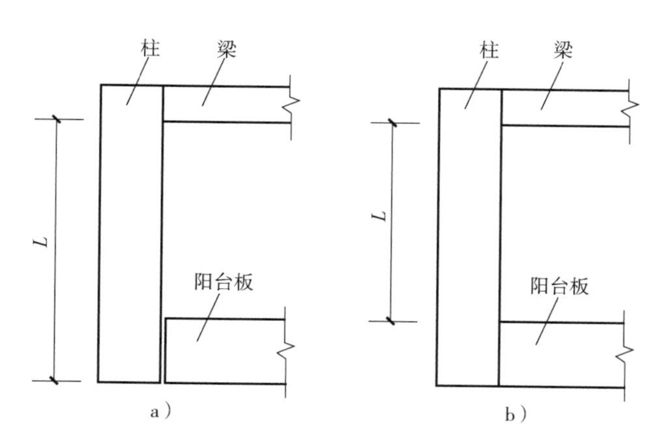

图 2-2 留缝与否对柱子长度的影响

a）留缝 b）不留缝

好。柱子长度变短后，抗弯性能增加，但抗剪性能没有增加，由此，在地震作用下，首先发生的不是弯曲破坏或弯剪破坏，而是剪切破坏。

弯曲破坏具有延性，可以消耗能量，但剪切破坏没有延性，不消耗地震作用的能量，直接就破坏了，即脆性破坏，容易造成结构坍塌。

由于短柱延性不好，容易出现剪切破坏。所以，设计中应避免短柱。尤其要避免在同一层结构中，既有长柱又有短柱。好的结构设计应当遵循“强剪弱弯”的设计思路，竖向结构柱（或墙肢）应具有延性，以消耗能量，避免出现脆性破坏。

所以，混凝土阳台板与结构柱（或墙肢）之间应留有缝隙；窗下墙如果是混凝土的，与结构柱（或墙肢）之间也须有缝隙。缝宽应经过计算，并填充压缩比高的密封胶；外挂墙板与结构柱或外挂墙板之间的缝隙宽度也须计算，填充压缩比高的建筑密封胶。

2. 附加作用

附加作用是指非结构构件在地震时对结构构件产生的附加作用，或造成结构构件的损坏，或非结构构件自身损坏。

阳台板、窗下墙和外挂墙板在地震作用下可能产生对结构柱（或墙肢）的附加破坏，即使与柱子（或墙肢）之间留有缝隙，如果密封胶压缩后的有效宽度不够，也会产生附加作用，如：

1）缝宽不经过计算，随意设置。

2）设计选用密封胶没有压缩比要求。

3）一体化整间墙板与结构墙、柱连接，未进行附加作用分析。

4）整体飘窗与结构墙、柱连接，未进行附加作用的分析。

5）外挂墙板与主体结构的连接节点都是刚性连接，主体结构变形导致墙板受扭，形成裂缝。

6）外挂墙板在柔性连接之外又伸出钢筋与柱梁连接。

7）外挂墙板安装缝未预留足够的位移净空间，在地震作用下互相作用。

8）室内隔墙预制墙板刚度过大，破坏结构的刚度均衡。甚至还有人直接用 PC 墙板做内隔墙。

9）楼梯板避免附加作用的措施不清晰，表述不清晰，施工时将滑动端做成了固定端等。

3. 徐变差效应

高层建筑竖向构件受压徐变，内柱荷载大徐变大，外柱荷载小徐变小，由此形成徐变的变形差，导致非结构填充墙出现强迫剪切45°斜裂缝。

2.7 施工中的因素

本节讨论的裂缝产生的施工因素不是指间接因素，如混凝土振捣不密实导致收缩率高进而导致裂缝发生这样的间接因素，而是讨论施工原因直接导致的裂缝，包括：

1）混凝土浆料接近初凝才入模具，振捣时已经开始初凝。

2）混凝土构件较高，分层浇筑时，分层处出现裂缝。

3）混凝土凝固前沉降，钢筋、预埋件、吊钩、套筒等对混凝土产生阻挡，形成裂缝。浇筑面高低不平或浇筑面为斜面时也容易发生，一般在浇筑后2h内出现。

4）混凝土振捣不当导致的裂缝。

5）有装饰面层的混凝土，面层浇筑后相隔时间较长再浇筑结构层，扰动了开始初凝的面层混凝土。

6）对于预制混凝土构件，有的在一块平台底模上同时制作几个构件，每个构件浇筑后整个模台进行震动振捣，但后浇筑构件振捣时，之前浇筑的构件已经初凝。

7）保护层过薄产生沿着钢筋的劈裂裂缝。

第3章 收缩龟裂的成因、预防与处理

龟裂与混凝土材质有关，或因收缩所致，或因碱性胶凝体吸水膨胀所致。

3.1 龟裂的类型

龟裂，即网状裂缝，因形状像乌龟壳花纹而称为龟裂。龟裂在各种水泥基材料中——包括现浇清水混凝土、预制混凝土、装饰混凝土和 GRC 中——都可能出现。

龟裂的成因有两类，一类是混凝土收缩引起的；一类是碱-骨料反应形成的胶凝体吸水膨胀引起的。

本章将讨论混凝土收缩引起的龟裂，碱-骨料反应裂缝在第 4 章讨论。

混凝土收缩还会引起各种条形裂缝，在第 7 ~ 11 章讨论。

同一部位的收缩龟裂，裂缝宽度基本是均匀的，与“碱-骨料反应”龟裂不同。“碱-骨料反应”龟裂的裂缝宽度不均匀，粗裂缝网格内有细裂缝小网格。龟裂裂缝宽度是否均匀，是判断龟裂成因的主要依据之一。

3.2 收缩龟裂实例

先看看收缩龟裂实例。

文前彩插图 C-6 是某预制混凝土构件工厂预制墙板脱模后出现的凝缩裂缝。彩插图 C-7 是另一个预制混凝土构件工厂预制楼梯脱模后不久出现的失水收缩裂缝。图 C7 右下角是破坏检查的混凝土碎块，可看出粗骨料较少。水泥含量高的混凝土收缩率较大，容易出现收缩裂缝。

彩插图 C-6 和图 C-7 的裂缝都是混凝土脱模时或脱模后不久出现的早期收缩裂缝。我们再看看混凝土服役多年后出现的收缩裂缝。

彩插图 C-8 是贝聿铭设计的纽约吉普斯湾高层公寓清水混凝土柱出现的龟裂，该建筑已经建成半个多世纪了，龟裂因混凝土劣化所致，具体成因或与碳化收缩有关，或与碱-骨料反应引起胶凝体膨胀有关。从裂缝宽度均匀的特征看，应当是碳化收缩引起的裂缝。

彩插图 C-10 是 GRC 龟裂。彩插图 C-11 是装饰混凝土刚出现的不规则裂缝。

3.3 收缩龟裂的成因与预防

收缩龟裂的成因包括：塑性凝缩、养护期失水收缩、温度收缩和碳化收缩。这 4 种收缩的机理已经在第 2 章中介绍了，形成裂缝的原理是，混凝土表面因以上 4 种原因收缩，但混凝土内部没有收缩。如此，不收缩的内部对收缩的表皮形成约束，不让表皮自由收缩，由此产生了拉应力。当应力大于混凝土抗拉强度时，就产生了裂缝。

3.3.1 塑性凝缩

1. 塑性凝缩裂缝

混凝土塑性凝缩发生在混凝土浇筑 3 ~ 12h 以内，即水泥与水激烈水化反应阶段出现的体积收缩。

在养护好的情况下，塑性凝缩一般不会导致裂缝。养护不好的混凝土则会出现裂缝。

塑性凝缩裂缝的形态是龟裂。脱模时即可发现。或者说，如果脱模时未发现混凝土表面有龟裂现象，后来才出现龟裂，则可排除塑性凝缩原因。

2. 影响塑性凝缩的因素

混凝土塑性凝缩是必然发生的。下面这些因素对混凝土凝缩率的大小有不同的影响：

1）使用收缩率大的水泥，混凝土的塑性凝缩收缩率也大。

2）使用高强度等级水泥的混凝土的塑性凝缩收缩率比使用低强度等级水泥的混凝土要大。

3）混凝土中水泥含量大会增加塑性凝缩收缩。

4）水灰比大的混凝土塑性凝缩收缩率大。

5）粗骨料比例小的混凝土塑性凝缩收缩率大。

6）使用保水性差的外掺剂，塑性凝缩收缩率大。

7）掺加保水性好的细掺合料（如粉煤灰等）会降低塑性凝缩收缩率。

8）混凝土浆料搅拌时间过长或入模过快会增加塑性凝缩收缩率。

9）高频振捣器振捣的混凝土密实度好，会减少塑性凝缩收缩率。

10）GRC 采用滚压方式密实，塑性凝缩收缩率较大。

3. 降低塑性凝缩率的措施

降低混凝土塑性收缩率可以减少或避免出现塑性收缩裂缝，具体措施如下：

（1）混凝土配比设计

1）在保证混凝土强度的前提下，宜控制混凝土水泥含量。但在寒冷潮湿地区，需要权衡降低塑性凝缩与混凝土抗冻融性能的矛盾，因为水泥含量大对混凝土抗冻融性能有利。

2）在保证混凝土浆料和易性的前提下，尽可能降低水灰比，但水灰比宜错开 0.4 上下区间；因为水灰比 0.4 时，对碳化反应不利。

3）粗骨料比例大对降低塑性凝缩有利，对抗冻融性能不利，需要权衡。

4）使用保水性好的外加剂。

5）掺加粉煤灰等掺合料。

6）天气炎热时，宜掺加缓凝剂。

（2）材料选用

1）选用收缩率小的水泥。

2）在保证混凝土强度的前提下，宜选用低强度等级水泥。

（3）混凝土搅拌　避免混凝土浆料搅拌超时。

（4）混凝土浇筑

1）避免混凝土浆料入模过快。

2）浇筑混凝土时气温过低，宜加温水和骨料，或对浇筑区域进行局部围挡。

3）采用高频振捣器振捣，提高混凝土密实度。振捣时间以 5 ~ 15s/次为宜。

4）浇筑 1 ~ 2h 后进行二次振捣，浇筑表面应压实。

（5）GRC 滚压　GRC 浆料用喷射法或预混法入模后，应滚压密实。

3.3.2 养护期失水收缩龟裂

养护期混凝土失水产生收缩龟裂是常见现象。

1. 养护期失水收缩裂缝特征

养护期混凝土表面失水，受到未失水的混凝土内部约束，由此产生收缩裂缝，其主要特征是：

1）裂缝形状为龟裂。

2）混凝土表面有因失水而未水化的水泥“浮灰”。

3）混凝土表面强度低，发“糠”。

2. 养护期失水收缩裂缝出现时间

养护期收缩裂缝出现时间有如下几种情况：

1）蒸汽养护温度升高了，却未保证湿度，混凝土养护期间严重失水，脱模时或脱模后不久即出现裂缝。

2）模具吸水，导致混凝土表面水化不充分，脱模时或脱模后不久即出现裂缝。

3）自然养护时环境干燥，未浇水保证湿度，或养护时间不够，混凝土水化不充分，养护后期或养护期结束不久即出现裂缝。

4）蒸汽养护后未持续进行保持温度和湿度的后续养护，混凝土表面被晒干或风干，养护后期出现裂缝。

5）蒸汽养护的构件脱模后很快出现龟裂，也可能与急剧降温有关。

无论是工地现浇还是工厂预制，混凝土脱模时没有裂缝，之后不久出现龟裂，大概率是早期失水过快过多所致，属非正常的裂缝。

3. 养护期失水原因

养护期失水原因包括：

1）浇筑表面，特别是水平浇筑的板式构件表面，因蒸发失水。

2）模板吸水。

3）脱模后混凝土因风干、晒干失水。

4）自然养护环境温度过高导致快速失水。

5）蒸汽养护窑温度高湿度低导致失水。

6）蒸汽养护急剧升温或急剧降温。

4. 影响干燥收缩的要素

混凝土有潮湿膨胀干燥收缩的特性，即使养护期没有出现失水收缩，在以后的服役期间，受环境湿度变化的影响，也会出现干燥收缩，干燥收缩被约束就会形成龟裂或条形裂缝。所以，需要了解影响混凝土干燥收缩的因素，以便做出防范。

影响混凝土干燥收缩的因素包括：

1）混凝土水泥含量与收缩率成正比，水泥越多，收缩率越高。

2）水灰比与收缩率成正比，且影响较大，水灰比越高，收缩率越高。

3）普通硅酸盐水泥、低热水泥收缩率较低。

4）水泥强度等级与收缩率成正比，强度等级越高，收缩率越高。

5）粗骨料含量与收缩率成反比。

6）振捣密实度与收缩率成反比，混凝土越密实，收缩率越低。

5. 避免养护期失水收缩的措施

养护期失水收缩导致的裂缝完全可以避免，预防的关键是不能失水，具体措施包括：

1）使用吸水性强的木模竹模时，应在模板表面涂憎水性涂料。

2）混凝土浇筑后，浇筑面宜覆盖塑料薄膜保水。

3）现场混凝土脱模后须保湿养护。

4）混凝土自然养护应以保持表面潮湿为准，而不是一天浇几次水。

5）工地可设置移动式自动喷淋养护系统，让自控系统代替“责任心”。

6）预制构件入窑蒸汽养护，必须有窑内湿度检测和自动调控系统。

7）预制构件在固定模台蒸汽养护时，构件覆盖必须有防水塑料膜层。

8）蒸汽养护严禁急剧升温或急剧降温，具体要求见第 15 章。

9）预制构件脱模后必须继续进行保湿养护，构件堆放场应设置喷淋系统。

6. 降低混凝土干燥收缩率的措施

降低混凝土干燥收缩率的措施包括：

（1）配合比

1）在保证混凝土强度的前提下，降低水泥含量。

2）尽可能采用低水灰比。

3）宜提高粗骨料含量。

4）掺加粉煤灰或磨细矿渣等掺合料。

5）添加引气剂。

（2）材料

1）使用低收缩率水泥。

2）谨慎使用高强度等级水泥。

3）采用质地硬的粗骨料。

（3）浇筑与养护

1）混凝土施工中应注意振捣密实。

2）必须做好混凝土龄期的养护。

3.3.3　温度收缩裂缝（龟裂）

混凝土温度收缩产生裂缝的机理见第 2 章 2.2.5 节。

温度收缩裂缝既有龟裂，也有条形裂缝。本小节介绍因温度收缩而产生的龟裂。温度收缩产生的各种条形裂缝在第 7～11 章中介绍。

温度收缩产生的龟裂在现浇混凝土中较少出现，多发生在预制构件蒸汽养护后，因养护温度较高或急速降温所致。当混凝土表皮因急速降温出现收缩时，内部混凝土降温速度慢，没有同步收缩，如此对混凝土表皮收缩形成了约束，导致裂缝发生（图 3-1）。

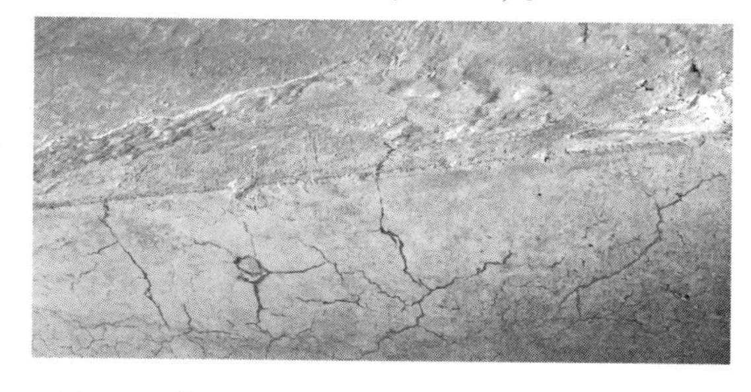

图 3-1　蒸汽养护急剧降温导致的温度收缩裂缝

避免混凝土温度收缩裂缝的主要措施包括：

1）蒸汽养护严格按照“静停—升温—恒温—降温”流程，避免从蒸汽窑未经降温直接出窑，详见第 15 章。

2）蒸汽养护温度宜在 40～50℃之间，不宜高于 50℃。

3）北方冬季，刚出蒸汽养护窑的构件不能直接放到室外。混凝土表面遇冷急剧收缩很容易产生裂缝。

4）蒸汽养护构件脱模时强度仅仅达到 15MPa，水化反应尚未完成，在室外存放时应继续浇水养护保持湿度，直至强度达到设计强度（同等条件养护试块，或用回弹仪测量）。要防止构件被晒干、风干，特别是夏季要防止暴晒。

3.3.4　碳化收缩裂缝

1. 碳化收缩裂缝特征

混凝土碳化反应会形成两种危害。第一个也是最主要的危害，是引起钢筋锈蚀，将在第 6 章中详加讨论。第二个危害是碳化收缩导致的龟裂，本小节讨论。

混凝土碳化反应收缩机理在第 2 章 2.2.6 节已经介绍。混凝土表面发生碳化收缩，而内部混凝土没有碳化，没有同步收缩，对表皮收缩的混凝土形成约束，导致裂缝发生。

碳化收缩裂缝的形态是龟裂。

混凝土早期碱性较高，pH 值为 12.5，如果在裂缝处测试混凝土 pH 值低于 12.5，即表明发生了碳化反应。碳化反应可使 pH 值降到 8.5。

碳化反应是缓慢的过程，碳化收缩龟裂一般在混凝土浇筑几年甚至几十年后才出现。

2. 影响碳化反应的因素

碳化反应的环境因素在第 2 章 2.2.6 节已介绍了，混凝土材质对碳化的影响因素包括：

1）水灰比，相同条件下，混凝土碳化深度与水灰比成正比。水灰比 0.6 的混凝土的碳化深度是水灰比 0.4 的混凝土的一倍。水灰比 0.8 的混凝土的碳化深度是水灰比 0.4 的混凝土的 3 倍。

2）碳化与混凝土密实度有关，显而易见，密实的混凝土空气渗透慢。

3）保护层厚度小，缩短了碳化反应的路径。

4）养护好坏对碳化反应影响较大，养护不好的混凝土密实度差，空气渗透就快。

5）碳化与混凝土强度等级有关，混凝土强度低等级，碳化发生得快。

6）碳化与水泥品种有关，硅酸盐水泥好于矿渣水泥和火山灰水泥。

7）碳化与混凝土中水泥用量有关，水泥用量大，碳化反应弱。

8）加引起剂有助于减弱碳化反应。

9）掺加大量（如水泥重量的40%）粗颗粒粉煤灰会加深碳化，一方面粉煤灰在水化过程中吸收 $Ca(OH)_2$，弱化碱性；另一方面粗掺合料形成的孔隙多，空气易扩散。如果掺加少量细粉煤灰则不会加深碳化。

10）相同条件下，表面有保护涂料的混凝土，碳化深度是无保护涂料混凝土的1/3。

3. 弱化碳化反应的措施

从上述影响碳化反应的因素可以看出，预防碳化收缩与预防混凝土干燥收缩在水灰比、水泥品种、密实度、外加剂方面是一致的；而在混凝土强度等级、水泥用量和掺加粉煤灰方面是矛盾的。所以，采取弱化碳化反应的措施应当权衡干燥收缩反应。一般而言，如果避免了早期失水，养护得好，混凝土干燥收缩的危害特别是长期危害小于碳化反应的危害；而GRC干燥收缩的危害大于碳化反应的危害。

弱化碳化反应的措施包括：

1）配合比设计：高强度等级混凝土、低水灰比、加引气剂。

2）材料选用：用普通硅酸盐水泥。

3）混凝土浇筑：振捣密实，充分养护。

4）表面保护：喷涂具有防水性、防污染性和防碳化性的保护涂料。

3.4 收缩龟裂的危害

收缩龟裂对混凝土的结构安全、耐久性、心理安全和艺术效果都有影响，必须修复。

（1）结构安全　出现裂缝部位的混凝土部分失去了抗拉强度、抗压强度，钢筋与混凝土的粘结力也降低，降低了钢筋混凝土的承载力。

（2）耐久性　出现裂缝的部位容易渗水或缩短碳化途径，导致钢筋锈蚀。

（3）心理安全和艺术效果　由于裂缝不是一条两条，而是成片出现，有的工程裂缝面积较大，显而易见，会对心理安全和艺术效果造成重大的负面影响。

3.5 收缩龟裂的调查处理

收缩龟裂调查的流程与方法详见第17章，修补方法详见第18章。这里给出须强调的调查和处理要点。

1. 调查要点

产生收缩龟裂的原因有4种，塑性凝缩、养护期失水收缩、温度收缩、碳化收缩，首先应查清是哪一种原因，为从根本上解决收缩裂缝危害提供依据。可根据裂缝发生的时间、pH值测定、养护方式等确定收缩原因。

其次应调查收缩龟裂的范围、程度、深度、混凝土强度（采用回弹仪）等。

2. 处理要点

（1）原则　所有收缩龟裂都必须修补处理。

（2）措施　龟裂严重的部位应采取如下修补工艺：

1）凿除破坏面。

2）对凿除面进行清理。

3）如有锈蚀钢筋，须除锈。

4）抹压修补浆料。

5）用塑料膜封闭修补区域进行保湿养护。

6）弱化修补痕迹处理。

7）修补区域表面进行防水保护。

（3）其他　只有细微裂缝的不严重部位可采取如下修补工艺：

1）洗刷表面。

2）用防水涂料封闭。

第 4 章　碱-骨料反应造成龟裂的成因、预防与处理

有粗有细的龟裂大都是碱-骨料反应造成的龟裂。

4.1　从两个龟裂实例说起

1. 上海喜马拉雅中心

第 1 章介绍了上海喜马拉雅中心裙楼清水混凝土“丛林”局部出现的各种类型裂缝，其中有较多属于龟裂。

这些龟裂的成因是什么？根据裂缝形状判断属于碱-骨料反应形成的裂缝（图 4-1）。

图 4-1　上海喜马拉雅中心的碱-骨料反应裂缝示例

龟裂出现在建筑物裙楼东立面（图 4-2a），而裙楼西立面（图 4-2c）没有裂缝，与室外相通的开敞式大堂里的“丛林”混凝土柱（图 4-2b）也没有裂缝。

碱-骨料反应裂缝是混凝土材质原因裂缝，为什么此建筑用了相同的混凝土，而只有东侧出现了裂缝？

风向！上海夏季，即下雨多的季节，常风向和强风向是东向——经常有来自海洋的东风。东墙是迎风雨面，水更容易渗入混凝土内部。

还有一个现象，墙下部尤其是墙脚裂缝比上部严重，与雨水顺墙流淌时墙下部和墙脚过水时间长有关。

碱-骨料反应裂缝是混凝土内的胶体遇水膨胀引起的，水是最重要的因素。

a）

b）

c）

图 4-2　上海喜马拉雅中心的碱-骨料反应裂缝

a）出现裂缝的东面　b）开敞式大堂没有出现裂缝　c）西面没有出现裂缝

2. 温哥华冬奥会体育馆

温哥华 2010 年冬奥会体育馆是钢筋混凝土结构、钢结构和木结构的混合建筑（图 4-3），体育馆人字形钢筋混凝土结构柱的清水混凝土表面有很多龟裂，根据裂缝形状判断属于碱-骨料反应裂缝（图 4-4）。

图 4-3　温哥华冬奥会体育馆

这座建筑的裂缝有两个特点：

一是结构柱子西侧裂缝较严重，其他面裂缝少很多，甚至没有。分析原因也与常风向有关。温哥华西临太平洋，常风向是来自大洋的西风，柱子西侧面是迎风雨面，水更容易渗入混凝土内部。

二是柱子底部裂缝比上部严重得多（图 4-5），与上海喜马拉雅中心情况一样，与雨水顺墙流淌时下部和柱根部过水时间长有关。

图 4-4　温哥华冬奥会体育馆结构柱龟裂

通过以上两个例子，我们知道了碱-骨料反应裂缝形状和裂缝形成与水的关系。

4.2　碱-骨料反应裂缝的成因

1. 碱-骨料反应裂缝的形成机理

碱-骨料反应裂缝的机理在第 2 章 2.3 节已经介绍，简单地说就是混凝土中的碱性溶液（包括外界渗入的碱）与骨料中的碱活性物质发生化学反应后形成胶凝体，胶凝体吸水后体积膨胀，将混凝土胀裂。

即使混凝土发生了碱-骨料反应，生成了胶凝体，没有水就不会膨胀，就不能导致裂缝出现。水是诱发裂缝的直接原因。

2. 哪些骨料有可能发生碱-骨料反应

在我国，碱骨料反应普遍是碱-硅酸反应，一些用于混凝土骨料的岩石中有可能存在含活性 SiO_2 的矿物，与混凝土中的碱溶液发生化学反应形成胶凝体。如蛋白石、火山玻璃体、玉燧、玛瑙和微晶石英等，当含量达到一定程度时就有可能在混凝土中引发碱-

图 4-5　柱西侧尤其是柱根裂缝严重

硅酸反应的破坏。

国家标准《预防混凝土碱骨料反应技术规范》GB/T 50733—2011（以下简称《碱规》）认为："碱-碳酸盐反应破坏的情况很少，也不易确认。通常只有碳酸盐骨料中可能存在活性白云石晶体，如细小菱形白云石晶体等，对于纯粹的碱-碳酸盐反应活性的骨料，目前尚无公认的好的预防措施。"

但《混凝土结构耐久性》（金伟良、赵羽习著）一书认为"碱-碳酸盐反应问题在加拿大和我国更为严重，碱-硅酸盐反应并不普遍。"与规范说法恰恰相反。

3. 碱-骨料反应裂缝出现时间

碱-骨料反应裂缝不会在混凝土早期出现，一般在混凝土浇筑 3 年后出现。

笔者在纽约公园大道 432 号公寓看到的底层梁柱的碱-骨料反应裂缝是该建筑交付使用第 2 年，考虑到四百多米超高层建筑的施工期，也是 3 年左右。

4. 碱-骨料反应裂缝形成过程与形状

（1）裂缝形成发展过程　笔者在上海喜马拉雅中心拍到一张墙根部的裂缝照片，最下部裂缝充分发育（因为有水的毛细作用），上部裂缝开展不久，由上及下，恰好可以看清楚裂缝发展的过程（图 4-6），彩插图 C-9 也与之相似。

碱-骨料反应裂缝形成过程大约为 4 个阶段：

1）从一个点开始形成有三个分岔的裂缝。

2）相邻的三岔裂缝连接，形成树杈状裂缝。

3）"树杈"与"树杈"围合形成网状。

4）网状内新裂缝出现，形成小的细裂缝网，即老缝宽，新缝细。

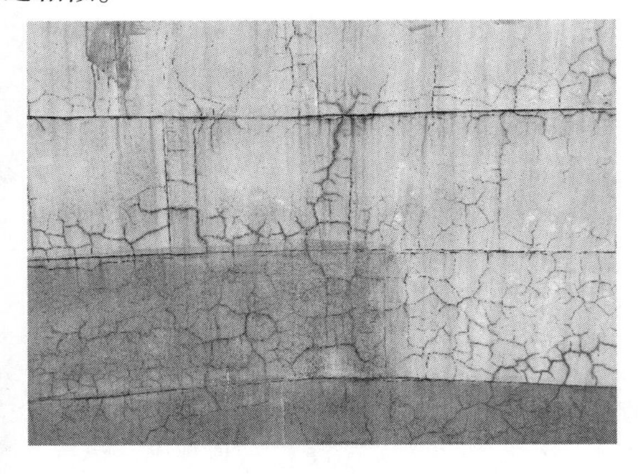

图 4-6　碱-骨料反应裂缝形成过程

（2）裂缝形状　碱-骨料反应裂缝网格有多边形和矩形。

1）多边形。钢筋间距大的构件或部位，如剪力墙、较高的梁和扁柱侧面，网格以多边形为主（图 4-1、图 4-4、图 4-7）。图 4-7 是喜马拉雅中心的墙体裂缝。

2）矩形。钢筋密集的构件或部位，裂缝会顺着钢筋方向，形成大致为矩形的网格。第 1 章介绍的纽约公园大道 432 号公寓首层梁柱结合部的裂缝就以钢筋为坐标大致为矩形网格（图 4-8）。

3）直缝与多边形网格。受钢筋影响的水平或垂直树杈形状，见图 4-6 中部。图 4-9

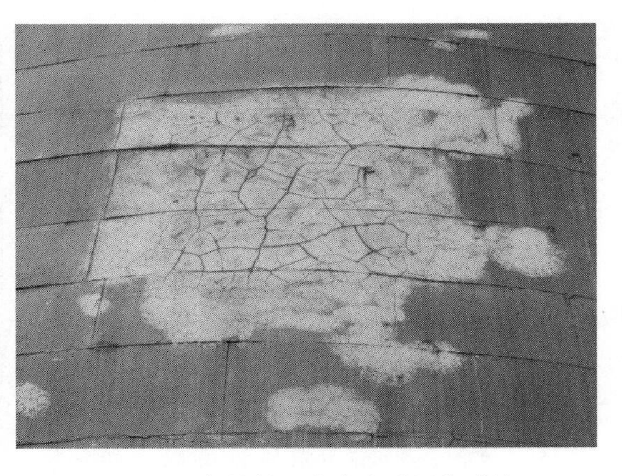

图 4-7　碱-骨料反应多边形网格裂缝

所示为北京某酒店美术馆墙柱裂缝，是受钢筋影响的水平缝与多边形网格缝的结合。

图 4-8　裂缝受钢筋影响大致为矩形网格

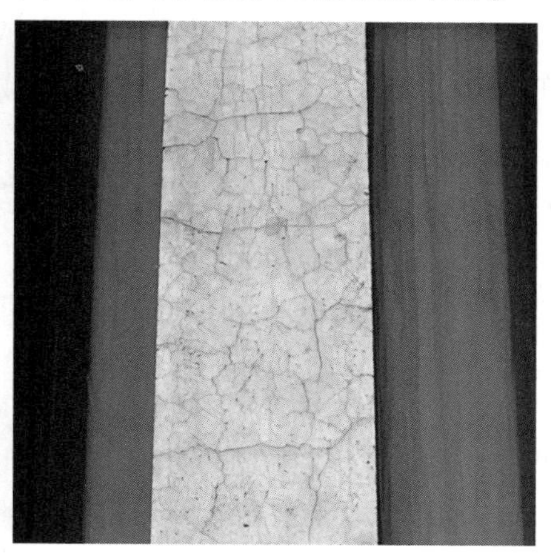

图 4-9　直裂缝与多边形网格的结合

4）斜缝与多边形网格结合。北京某酒店美术馆墙裂缝是 45°斜裂缝与多边形网格缝结合，见图 4-10。

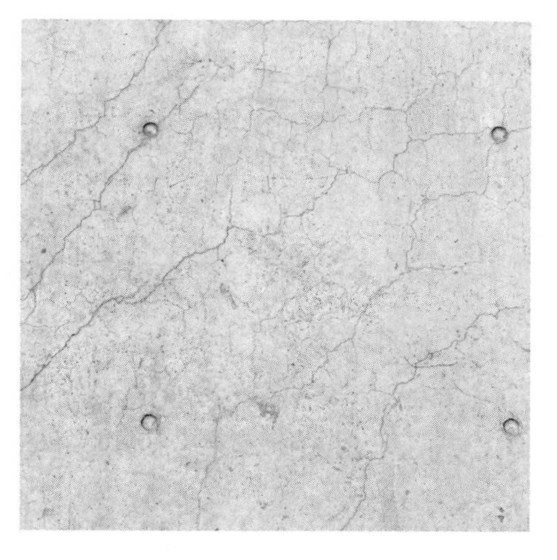

图 4-10　斜裂缝与多边形网格结合

5. 碱-骨料反应裂缝深度

碱-骨料反应裂缝是由内而外胀裂，深度通常达 25～50mm，可能更深。薄板构件有可能贯通。

25mm 深的裂缝已达到或接近钢筋，易导致钢筋锈蚀，造成进一步的破坏。

6. 形成碱-骨料反应裂缝的三个因素

形成碱-骨料反应裂缝的三个因素是碱、骨料和水。

（1）碱　混凝土中碱的主要来源是水泥、外加剂及外来的碱离子。

1）水泥。水泥有高碱水泥、中碱水泥和低碱水泥。使用碱性高的水泥，易发生碱-骨料反应。没有混合料的水泥，如普通硅酸盐水泥，碱性较高。

2）外加剂。有些外加剂，如早强剂、抗冻剂是含碱的，也对碱-骨料反应有促进作用。

3）外来的碱离子。海边混凝土受到海雾海风等带来的碱侵蚀，碱附着在混凝土表面并逐渐渗入到混凝土结构中。

（2）骨料　骨料中含有活性硅酸、硅酸盐和碳酸盐，就会发生碱-骨料反应。这些骨料包括：乳白色燧石质、玉髓状燧石质、乳白色砂岩、白云质灰岩等。

（3）水　当相对湿度高于 80%，或混凝土浸泡在水中，或有风压将水“压”进混凝土，胶凝体就会吸水膨胀，导致裂缝发生。

混凝土环境湿度低于 80% 时，即使发生了碱-骨料反应，也不会出现裂缝，因为碱-骨料反应形成的胶凝体吸水后才会膨胀，导致裂缝产生。

混凝土表面涂防水保护涂料可以阻断水源，避免胶凝体吸水。

混凝土的水灰比与碱-骨料反应有重大关系，当水灰比为0.4时，碱-骨料反应最大。水灰比低于或高于0.4，碱-骨料反应都会减弱。

4.3 碱-骨料反应裂缝的危害

碱-骨料反应裂缝一般情况下不会直接影响结构安全，但有如下危害：

（1）影响耐久性

1）出现裂缝的部位容易渗水或缩短碳化路径，导致钢筋锈蚀。

2）在潮湿寒冷地区，渗水会加速混凝土冻融破坏。

（2）影响心理安全和艺术效果　清水混凝土和装饰混凝土表面出现成片裂缝，即使修补也会留下痕迹，对心理安全和艺术效果影响很大。特别是艺术效果，会大打折扣。

如纽约公园大道432号公寓，4百多米的超高层建筑，交付使用一年后就出现裂缝，会使人产生“住在这里安全吗”的疑问。

如上海喜马拉雅中心，尽管是世界建筑大师的得意作品，但看上去艺术效果并不理想。

GRC是薄壁构件，厚度只有15mm，一旦出现碱-骨料反应裂缝，就易形成贯通裂缝，很难修复。

4.4 碱-骨料反应裂缝的预防

建筑中采用清水混凝土、装饰混凝土和GRC时，水泥基材料裸露在自然环境中，发生碱-骨料反应裂缝的概率较大，需采取预防措施，以避免裂缝的发生。

4.4.1 调查与检验

预防碱-骨料反应裂缝一般从工程调查、骨料的碱活性检验开始。

1. 工程调查

1）对当地水利、港口、道路、桥梁等裸露在自然环境中的混凝土进行调查，看有没有碱-骨料反应裂缝。如果有，进一步了解该工程所用水泥、外加剂和骨料的情况，作为混凝土材料选用和配合比设计的参考。

2）对当地气候水文情况进行调查，了解相对湿度、雨季常风向、强风向的数据，作为设计资料。

2. 骨料碱活性检验

预防碱-骨料反应裂缝最有效的办法就是尽可能避免使用含有活性二氧化硅和活性碳酸盐的骨料。为此，需要对骨料的碱活性进行检验。《碱规》[㊀]给出了检验方法和要求。检验项目包括：

1）检验岩石类型。

㊀ GB/T 50733—2011《预防混凝土碱骨料反应技术规范》的简称，本书余同。

2）各类岩石制作的骨料均应进行碱-硅酸反应活性检验。

3）碳酸盐类岩石制作的骨料应进行碱-碳酸盐反应活性检验。

4）河砂和海砂不用进行岩石类型和碱-碳酸盐反应活性检验。因为我国尚未有检验确定为碱-碳酸盐反应活性的河砂和海砂。

3. 抑制骨料碱活性措施有效性检验

当不得不采用碱活性骨料，或者设计要求预防碱骨料反应，《碱规》要求，应采取预防混凝土碱骨料反应的技术措施。为此，应对抑制骨料碱活性措施的有效性进行检验。

4. 不同实验室比对试验

《碱规》还要求：大型或重要混凝土工程，采料场的骨料碱活性检验和抑制骨料碱活性有效性检验宜进行不同实验室的比对试验，以提高试验结果及其分析的准确性和可靠性。

4.4.2　预防碱-骨料反应裂缝措施

本书所列的预防碱-骨料反应措施主要取自《碱规》，具体内容包括：

1. 骨料

1）尽量采用非碱活性骨料。

2）在盐渍土、海水和受除冰盐作用等含碱环境中，重要结构的混凝土不得采用碱活性骨料。

3）不得用具有碱-碳酸盐反应活性的骨料。

4）对快速砂浆棒法检验结果膨胀率不小于 0.10% 的骨料，应进行抑制骨料碱-硅酸反应活性有效性试验，并验证有效。

2. 水泥

1）宜采用碱含量不大于 0.6% 的通用硅酸盐水泥。

2）硅酸盐水泥目前各地难以买到，普通硅酸盐水泥质量相对比较稳定，可以用较大掺量的矿物掺合料抑制骨料碱活性，耐久性也可以达到要求。

3）其他品种的通用硅酸盐水泥中混合材比较复杂并掺量较大，用于混凝土时应将水泥中的粉煤灰、粒化高炉矿渣等混合材与配制混凝土外掺的粉煤灰、粒化高炉矿渣等矿物掺合料统筹考虑，可用比普通硅酸盐水泥掺加量少的矿物掺合料。

4）若购买不到碱含量不大于 0.6% 的低碱水泥，如果能够控制混凝土中碱含量不超过 $3kg/m^3$，水泥碱含量略微大于 0.6% 也是可以的。

3. 矿物掺合料

1）粉煤灰应采用 F 类的Ⅰ级或Ⅱ级粉，碱含量不宜大于 2.5%。

2）粒化高炉矿渣粉宜采用碱含量不大于 1.0% 的。

3）硅灰宜采用二氧化硅含量不小于 90%、碱含量不大于 1.5% 的。

4. 拌合水

应采用碱含量不大于 1500mg/L 的拌合用水。

5. 外加剂

1）混凝土外加剂碱含量对混凝土碱骨料反应影响较大，只可用低碱含量的外加剂。

2）在混凝土中宜掺用适量引气剂，掺量应通过试验确定。由于掺加大量粉煤灰会明显影响混凝土的抗冻和抗碳化性能，掺加引气剂可以改善混凝土抗冻和抗碳化性能。

6. 混凝土碱含量

混凝土中的碱含量是影响碱骨料反应的重要因素。混凝土原材料中或多或少存在 Na_2O 和 K_2O，可采用标准方法予以测定。混凝土碱含量表达为每立方米混凝土中碱的质量（kg/m^3），水的碱含量表达为每升水中碱的质量（mg/L），其他原材料的碱含量表达为原材料中碱的质量相对原材料质量的百分数（%）。外加剂的碱含量称为总碱量。

1）混凝土碱含量不应大于 $3.0kg/m^3$。混凝土碱含量应为配合比中各原材料的碱含量之和。

2）水泥、外加剂和水的碱含量可用实测值计算。

3）粉煤灰碱含量可用1/6实测值计算。

4）硅灰和粒化高炉矿渣粉碱含量可用1/2实测值计算。

5）骨料碱含量可不计入混凝土碱含量。

以上为2011年版的《碱规》中的规定。

2019年版国家标准《混凝土结构耐久性设计标准》GB/T 50476附录B中关于含碱量的规定：

1）对骨料无活性且处于相对湿度低于75%环境条件下的混凝土构件，含碱量不应超过 $3.5kg/m^3$，当设计使用年限为100年时，混凝土的含碱量不应超过 $3.0kg/m^3$。

2）对骨料无活性但处于相对湿度不低于75%环境条件下的混凝土结构构件，含碱量不应超过3.0kg/m。

3）对骨料有活性且处于相对湿度不低于75%环境条件下的混凝土结构构件，应严格控制含碱量不应超过 $3.0kg/m^3$，并掺加矿物掺合料。

7. 矿物掺和料掺量

混凝土中矿物掺合料掺量宜符合下列规定：

1）对于快速砂浆棒法检验结果膨胀率大于0.20%的骨料，混凝土中粉煤灰掺量不宜小于30%。

2）当复合掺用粉煤灰和粒化高炉矿渣粉时，粉煤灰掺量不宜小于25%，粒化高炉矿渣粉掺量不宜小于10%。

3）对于快速砂浆棒法检验结果膨胀率为0.10%～0.20%范围的骨料，宜采用不小于25%的粉煤灰掺量。

4）当掺加粉煤灰和粒化高炉矿渣粉不能满足抑制碱-硅酸反应活性有效性要求时，可再增加掺用硅灰或用硅灰取代相应掺量的粉煤灰或粒化高炉矿渣粉，硅灰掺量不宜小于5%。

5）当采用除硅酸盐水泥和普通硅酸盐水泥以外的其他通用硅酸盐水泥配制混凝土时，可将水泥中混合材掺量20%以上部分的粉煤灰和粒化高炉矿渣掺量分别计入混凝土中粉煤灰和粒化高炉矿渣粉掺量，并应符1）～4）条的规定。

6）掺加大量粉煤灰混凝土拌合物的混凝土容易产生泌水。在掺加粉煤灰的同时，复合掺加粒化高炉矿渣粉将有利于控制泌水问题。

以上为2011年版的《碱规》的规定。2019年版国家标准《混凝土结构耐久性设计标准》GB/T 50476附录B中关于掺和料的说法如下：

对可能发生碱-骨料反应的混凝土，宜采用矿物掺合料；单掺的矿物掺合料（含水泥中已掺混合材）掺量占胶凝材料总重的比例，磨细矿渣不应小于50%，粉煤灰不应小于10%，火山灰质材料不应小于30%，并应降低水泥和矿物掺合料中的含碱量和粉煤灰中的氧化钙含量。

8. 混凝土搅拌与施工

1）混凝土拌合物不应泌水。

2）应保证混凝土的密实度。

3）对于大体积混凝土，混凝土浇筑时体内最高温度不应高于80℃。

4）采用蒸汽养护或湿热养护时，最高养护温度不应高于80℃。

5）混凝土潮湿养护时间不宜少于10d。

9. 表面防碱涂层

混凝土表面涂防碱防水涂料，一是可以防止外来的碱侵入，更主要的是防水。因为没有水就不会出现裂缝。但需要注意的是防水涂料的有效性和使用年限，须定期重新涂刷。

《碱规》条文说明中要求：对于采用快速砂浆棒法检验结果不小于0.10%膨胀率的骨料，当其配制的混凝土用于盐渍土、海水和受除冰盐作用等含碱环境中非重要结构时，除应采取抑制骨料碱活性措施和控制混凝土碱含量之外，还应在混凝土表面采用防碱涂层等隔离措施。同时，须注意选用涂料的耐久性和其长期有效性。

10. 《碱规》以外笔者的建议

1）水灰比应避开0.4及其附近区间，试验表明，水灰比0.4时，碱-骨料反应最大。

2）掺合料的补充：掺加粉煤灰、硅灰、矿渣、偏高岭土、天然沸石粉等活性掺合料有助于抑制碱-骨料反应。如掺入水泥质量5%～10%的硅灰或20%～25%的粉煤灰，会有效控制碱-骨料反应引起的裂缝。

3）使用低碱水泥，如硫铝酸盐水泥和铁铝酸盐水泥，可作为一个选项。使用低碱水泥应考虑对避免碳化反应的不利影响，须权衡两方面利弊。

4）掺加引气剂可减少胶凝体膨胀，4%的空气量可减少40%的胶凝体膨胀。

5）可考虑掺加碱-骨料反应抑制剂。

4.4.3 定期检查裂缝

混凝土浇筑后应定期检查是否出现碱-骨料反应裂缝。

工程验收交付前由施工企业定期检查。例如，平时可三个月全面检查一次，雨季一个月检查一次。

交付使用后委托建筑物管理部门（如物业公司）定期检查，平时六个月，雨季三个月检查一次。

一旦发现微小的三岔裂缝，即可能是碱-骨料反应裂缝，应立即进行处理，防止其蔓延。

4.5 碱-骨料反应裂缝的调查处理

裂缝的调查流程与方法详见第 17 章，修补方法详见第 18 章。这里只给出须强调的调查和处理要点。

1. 调查要点

1）调查碱-骨料反应裂缝的范围、程度、深度等。

2）全面调查，看是否有不明显的三叉形细缝。

2. 处理要点

从耐久性、心理安全和艺术效果的角度，清水混凝土、装饰混凝土和 GRC 出现了碱-骨料反应裂缝的都应当进行修复。但修复处理比较难，不易做到与原混凝土表面颜色和质感一致，往往会留下修补的痕迹。但如果早期发现三岔裂缝，相当于癌症早期，及时采取措施，还有防止蔓延的可能。

3. 修补

（1）早期修补　发现碱-骨料反应三岔裂缝（图 4-11）时，即对周围区域进行防水保护涂料的覆盖，堵住水源，防止裂缝继续发展。

（2）清水混凝土修补

1）凿除抹压法。如果裂缝面积不大，可采用凿除抹压法。即将裂缝区域凿至裂缝根部，用环氧树脂砂浆抹压，养护并干燥后表面涂透明或清水混凝土色防水涂料。

2）封闭覆盖法。如果裂缝面积较大，可采用封闭覆盖法。用环氧树脂涂料覆盖裂缝区域，表面再涂防水涂料。

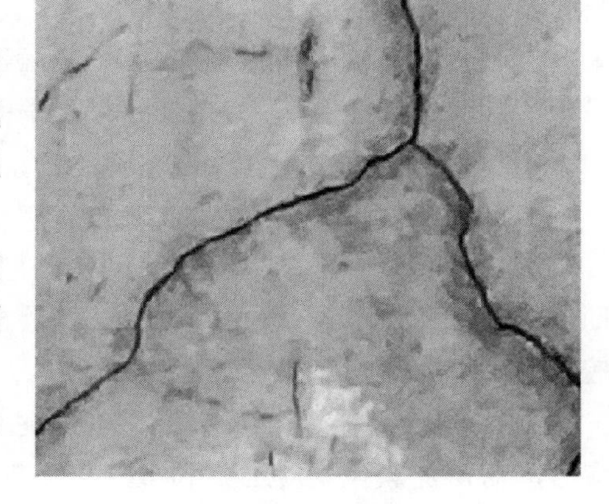

图 4-11　早期碱-骨料反应三岔裂缝

（3）装饰混凝土修补　露骨料的装饰混凝土，骨料颗粒大小修复方法不一样。

1）小骨料露明混凝土。小骨料是指粒径与砂子差不多的骨料，采用凿除抹压法修复，凿除-抹压树脂砂浆-表面用硅胶模压平-覆盖保水养护，表面涂透明防水涂料。

2）大骨料露明装饰混凝土。露大骨料的装饰混凝土如果裂缝明显，可采用与露小骨料的同样方式。如果裂缝不明显，可采用每条缝用树脂堵缝剂堵缝，表面再涂防水涂料。

第 5 章　冻融裂缝的成因、预防与处理

孔隙越少，冻害越轻。

5.1　冻融裂缝实例

冻融裂缝多发生在严寒或寒冷且潮湿、正负温度交替频繁的地区。例如，日本东北地区混凝土冻融破坏比更寒冷的北海道严重，因为那里冬季正负温度交替频繁。

严寒和寒冷地区水利工程、港口工程和道桥工程中混凝土冻融破坏现象较多，建筑混凝土出现冻融破坏的情况要少很多。

近年来，越来越多的建筑表皮用清水混凝土、装饰混凝土和 GRC，有的建筑形体或构件造型复杂，积雪积冰积水，再加上对冻融破坏重视不够，预防不够，建筑工程的冻融破坏渐渐多了起来。

冻融裂缝多表现为混凝土表面特别是边角部位的剥离性裂缝（彩插图 C-12），伴随着混凝土表面的酥松（彩插图 C-13）。构件边角部位，冻融裂缝方向顺着边线；平面部位，冻融裂缝方向无规则。冻融裂缝宽度较宽，裂缝部位混凝土强度大幅度降低。冻融破坏在混凝土、装饰混凝土和 GRC 中都可能出现。

彩插图 C-12、图 C-13 和图 5-1 都是河北邯郸一座建筑出现的冻融裂缝。邯郸不是很冷的地区，也不临海，出现冻融裂缝时，工程竣工只有一年。图 5-2 是裂缝区域，可以看出，裂缝发生在坡度较缓且凸凹不平的屋面，积雪积冰易，清理冰雪难，排水也不畅。裂缝出现在积雪最多的部位。又由于冬季不是很冷，夜里结冰，白天化冻，正负温度交替频繁，混凝土很快就破坏了。

图 5-1　冻融裂缝

图 5-2　容易积雪积冰且凸凹不平的屋面

5.2 冻融裂缝的成因

混凝土冻融破坏机理在2.3节中已经介绍。

1. 混凝土冻融破坏的条件

形成混凝土冻融裂缝的主要条件有两个：

1）混凝土孔隙内有充足的水，饱水度高于85%。

2）冻融变化。

2. 冻融裂缝成因

（1）形成混凝土冻融破坏的环境因素

1）严寒或寒冷环境。

2）温度正负交替频繁。

3）环境湿度大。

4）构件或被水浸或表面被冰雪覆盖，融化的水渗入混凝土内。

（2）形成混凝土冻融破坏的具体原因

1）未根据环境特点按规范要求设定混凝土抗冻强度等级并进行设防。

2）装饰混凝土和GRC未按照混凝土标准设定抗冻强度等级并进行设防。

3）室外构件水平面未考虑排水坡度，或坡度过缓，易积水积雪积冰。

4）易积雪积冰积水的混凝土构件表面未做防水保护。

5）构件的凸出造型易发生冻融损坏。

6）未按照抗冻要求进行配合比设计。

7）水灰比大，导致混凝土孔隙率高。

8）未加外加剂或外加剂质量不好。

9）未采取抗冻融混凝土措施，如添加憎水性细骨料如粉煤灰等。

10）水泥质量不好，或安定性不好；或过期或受潮。

11）选用的骨料（如石子）吸水率高。

12）轻质混凝土选用的轻骨料（如陶粒）吸水率高。

13）混凝土搅拌时产生泌水，导致孔隙率较高。

14）混凝土振捣不密实，特别是边角部位未振捣密实，导致孔隙率较高。

15）GRC滚压不密实，特别是边角不密实，导致孔隙率高。

16）未充分保湿养护，导致孔隙率高。

17）养护温度低，水化不充分，导致孔隙率高。

18）蒸汽养护后未保湿，因晒干风干失水，导致孔隙率高。

3. 裂缝的形成时间

冻融裂缝的出现与温度正负交替次数有关，也与混凝土抗冻融性能有关。抗冻融性能差的混凝土，浇筑后一两个冬季后就会出现裂缝。抗冻融性稍好一点的混凝土可能在经过几个冬季后才出现裂缝。

如果按照规范抗冻融要求进行构件形体设计，设定混凝土抗冻等级，根据抗冻等级进行配合比设计并保证材料、混凝土制备和施工质量，就可以避免混凝土服役期内出现冻融裂缝。

4. 裂缝的形状与特点

混凝土冻融裂缝是剥离性裂缝，表现为混凝土表面酥松，抗压强度大幅度降低。

5.3　冻融裂缝的危害

1）冻害严重的部位混凝土会失去强度，构件断面被削弱。

2）裂缝不严重的部位混凝土强度也会大幅度降低。

3）裂缝部位混凝土与钢筋的结合力被削弱。

4）导致钢筋锈蚀，减弱了钢筋承载力。

以上 4 条会影响结构安全。

5）混凝土冻融裂缝如果不处理还会持续发展，对结构安全构成更大的危害。

6）冻融裂缝比较宽，且不是一条两条，有的工程冻融裂缝成片出现，面积较大，会对心理安全和艺术效果产生重大的负面影响。

7）现浇清水混凝土、预制混凝土构件、装饰混凝土和 GRC（玻璃纤维增强混凝土）等有艺术效果要求的混凝土表面，修复处理比较难，不易做到与原混凝土表面颜色和质感一致，往往会留下修补痕迹。

5.4　冻融裂缝的预防

5.4.1　抗冻融冻预防工作内容

混凝土结构的耐久性设计应包括下列内容：

1）冻融环境作用等级。

2）抗冻耐久性指数。

3）形体构造设计。

4）保护层厚度。

5）胶凝材料。

6）配合比设计。

7）材料性能指标。

8）混凝土成型。

5.4.2　冻融环境作用等级

1. 冻融环境

冻融环境是指混凝土结构或构件经受反复冻融作用的暴露环境。

冻融作用是指环境作用对结构和材料性能产生的影响。

冻融环境的环境类别是Ⅱ类，或者说Ⅱ类环境就是冻融环境。在冻融环境下，反复冻融会导致混凝土损伤。

与冻融有关的环境作用等级有三级：中度（C）、严重（D）、非常严重（E）。

Ⅱ-C——冻融环境中度作用等级；

Ⅱ-D——冻融环境严重作用等级；

Ⅱ-E——冻融环境非常严重作用等级。

1）冻融环境下混凝土结构的耐久性设计，应控制混凝土遭受长期冻融循环作用引起的损伤。

2）长期与水体直接接触并可能会发生冻融循环的混凝土结构构件，应考虑冻融作用。

3）冻融环境下混凝土构件在施工养护结束至初次受冻的时间不得少于一个月并避免与水接触。

4）冬期施工中混凝土接触负温时的强度应大于 $10N/mm^2$。

2. 冻融环境作用等级

1）冻融环境对混凝土结构的环境作用等级分为三级，即：Ⅱ-C、Ⅱ-D、Ⅱ-E 级，按表 5-1确定。该表摘自《混凝土结构耐久性设计标准》GB/T 50476—2019（以下简称《耐规》）中表 5. 2. 1。

表 5-1　冻融环境的作用等级

环境作用等级	环境条件	结构构件示例
Ⅱ-C	微冻地区的无盐环境 混凝土高度饱水	微冻地区的水位变动区构件和频繁受雨淋的构件水平表面
	严寒和寒冷地区的无盐环境 混凝土中度饱水	严寒和寒冷地区受雨淋构件的竖向表面
Ⅱ-D	严寒和寒冷地区的无盐环境 混凝土高度饱水	严寒和寒冷地区的水位变动区构件和频繁受雨淋的构件水平表面
	微冻地区的有盐环境 混凝土高度饱水	有氯盐微冻地区的水位变动区构件和频繁受雨淋的构件水平表面
	严寒和寒冷地区的有盐环境 混凝土中度饱水	有氯盐严寒和寒冷地区受雨淋构件的竖向表面
Ⅱ-E	严寒和寒冷地区的有盐环境 混凝土高度饱水	有氯盐严寒和寒冷地区的水位变动区构件和频繁受雨淋的构件水平表面

注：1. 冻融环境按最冷月平均气温划分：

微冻地区最冷月平均气温 −3 ~ 2. 5℃；

寒冷地区最冷月平均气温 −8 ~ −3℃；

严寒地区最冷月平均气温 −8℃以下。

2. 饱水程度

中度饱水指冰冻前处于潮湿状态或偶与雨、水等接触，混凝土内饱水程度不高；

高度饱水指冰冻前长期或频繁接触水或湿润土体，混凝土内高度水饱和。

3. 无盐或有盐指冻结的水中是否含有盐类，包括海水中的氯盐、除冰盐和有机类融雪剂或其他盐类。

2）处于冻融环境、海水变动区的混凝土构件，其环境作用等级应根据当地调查确定。无调查资料时，微冻地区可按Ⅱ-C 等级考虑，寒冷和严寒地区可按Ⅱ-D 等级考虑；考虑浮冰撞击对构件的影响，可将环境作用等级提高一个等级。

3）位于冰冻线以上土中的混凝土结构构件，其环境作用等级应根据当地实际情况和经验确定；无调查资料或经验数据时，环境作用等级可按本书表 5-1 的规定降低一个等级。

4）直接接触积雪的混凝土墙、柱底部，宜适当提高环境作用等级，可比表 5-1 的规定提高一个等级。

5）最冷月平均气温高于 2.5℃的地区，混凝土结构可不考虑冻融环境作用。在极端天气条件下，可能偶然遭受冻融作用的混凝土构件，其环境作用等级可按表 5-1 的Ⅱ-C 等级确定。

5.4.3　抗冻耐久性指数

1. 抗冻耐久性指数

采用标准试验方法、经规定次数快速冻融循环后混凝土的动弹性模量与初始动弹性模量的比值，通常用百分数表示。

2. 抗冻耐久性指数确定

重要工程和大型工程，混凝土的抗冻耐久性指数不应低于表 5-2（《耐规》中表 5.3.3）的规定。

表 5-2　混凝土的抗冻耐久性指数 *DF*（%）

设计使用年限	100 年			50 年			30 年		
环境条件	高度饱水	中度饱水	含盐环境下冻融	高度饱水	中度饱水	含盐环境下冻融	高度饱水	中度饱水	含盐环境下冻融
严寒地区	80	70	85	70	60	80	65	50	75
寒冷地区	70	60	80	60	50	70	60	45	65
微冻地区	60	60	70	50	45	60	50	40	55

注：1. 抗冻耐久性指数为混凝土试件经 300 次快速冻融循环后混凝土的动弹性模量 E_1 与其初始值 E_0 的比值，$DF = 100 \times E_1/E_0$；在达到 300 次循环之前 E_1 已降至初始值的 60% 或试件重量损失已达到 5% 的试件，以此时的循环次数 N 计算其 DF 值，即 $DF = 100 \times 0.6 \times N/300$。

2. 对于厚度小于 150mm 的薄壁混凝土构件，其 DF 值宜增加 5%。

3. 清水混凝土与装饰混凝土抗冻耐久性指数

笔者认为，清水混凝土和装饰混凝土在露天环境，有些构件造型复杂，有艺术功能，对裂缝和表面破坏更为敏感，在确定抗冻耐久性指数时宜适当提高。

4. GRC 抗冻耐久性指数

目前 GRC 抗冻等级是按照行业标准《玻璃纤维增强水泥外墙板》JC/T 1057 和《玻璃纤维增强水泥（GRC）装饰制品》JC/T 940 的规定执行，抗冻性 25 次，即“冻融循环 25 次无起层、剥落现象”。此标准太低，实践中导致 GRC 构件冻融破坏较多。

GRC 孔隙率大，抗冻性能比混凝土差；再加上构件积雪积冰积水的造型多，易冻融破坏的凸出造型多，且由于是薄壁构件，一旦冻融破坏，构件无法修复，只能报废。笔者认为应参照装饰混凝土来确定抗冻耐久性指数，并采用同样的试验方法。

5.4.4 形体构造设计

1. 形体设计避免积雪积冰积水

1）室外构件设计应尽可能避免易积水积雪的形体，做好构件造型和构造设计。

2）受雨淋或可能积水的混凝土构件顶面应做成斜面，斜面应消除结构挠度和预应力反拱对排水的影响。

3）受雨淋的室外悬挑构件外侧边下沿，应做滴水槽、鹰嘴等防止雨水淌向构件底面的构造措施。

4）屋面应专门设置排水系统等防止积水或将水直接排向下部构件混凝土表面的措施。

5）非线性曲面的凹面最容易积雪积冰积水，排水必须顺畅。

6）在混凝土结构构件与上覆的露天面层之间，应设置防水层。

7）构件的水平面必须考虑排水坡度，且不宜过缓。

2. 混凝土表面防护

易积雪积冰积水的表面，如阳台、线脚等探出构件的顶面；直接接触积雪的混凝土墙、柱底部；宜设置表面防护措施，如防水卷材、防水砂浆和表面防水涂层及硅烷浸渍等。表面涂层最低保护年限应达到10年；硅烷浸渍最低保护年限应达到15年。预防钢筋锈蚀的措施参见第6章。

3. 构件设计尽可能避免尖凸造型

凸出构造特别容易冻融破坏，越是小的凸出构造越容易破坏，因此尽可能避免尖细的凸出造型，因为尖细凸出造型制作或施工时很难做到密实。

4. 悬臂构件梁-板结构

《混凝土结构设计规范》要求处于二、三类环境中的悬臂构件宜采用悬臂梁-板的结构形式，或在其上表面设置防护层。

5. 薄壁构件加厚

《耐规》要求冻融环境中混凝土结构的薄壁构件，宜增加构件厚度或采取有效的防腐蚀附加措施。

6. D、E等级防范

环境作用等级为D、E的混凝土构件，应采取下列减小环境作用的措施：

1）减少混凝土结构构件表面的暴露面积。

2）避免表面的凹凸变化。

3）宜将构件的棱角做成圆形。

7. 裂缝控制

抗冻混凝土表面裂缝最大宽度计算值不应超过：

1）环境作用等级C和等级D下不超过0.2mm。

2）环境作用等级E下不超过0.15mm。

8. 其他

1）可能遭受碰撞的混凝土结构，应设置防止出现碰撞的预警设施和避免碰撞损伤的防护措施。

2）施工缝、伸缩缝等连接缝的设置宜避开局部环境作用不利的部位，当不能避开不利部位时应采取防护措施。

3）暴露在混凝土结构构件外的吊环、紧固件、连接件等金属部件，其表面应采用防腐措施。

5.4.5　保护层厚度

1. 保护层厚度的确定

冻融环境中的配筋混凝土结构构件，其普通钢筋的混凝土保护层最小厚度与相应的混凝土强度等级、最大水胶比应符合表5-3（《耐规》表5.3.2）的规定。其中，有盐冻融环境中钢筋的混凝土保护层最小厚度，应按氯化物环境的有关规定执行。

表 5-3　冻融环境中混凝土材料与钢筋的保护层最小厚度 *c*　　（单位：mm）

<table>
<tr><th rowspan="2" colspan="3">设计使用年限
环境作用等级</th><th colspan="3">100 年</th><th colspan="3">50 年</th><th colspan="3">30 年</th></tr>
<tr><th>混凝土强度等级</th><th>最大水胶比</th><th>c</th><th>混凝土强度等级</th><th>最大水胶比</th><th>c</th><th>混凝土强度等级</th><th>最大水胶比</th><th>c</th></tr>
<tr><td rowspan="6">板、墙等面形构件</td><td rowspan="3" colspan="2">Ⅱ-C 无盐</td><td>C45</td><td>0.40</td><td>35</td><td>C45</td><td>0.40</td><td>30</td><td>C40</td><td>0.45</td><td>30</td></tr>
<tr><td>≥C50</td><td>0.36</td><td>30</td><td>≥C50</td><td>0.36</td><td>25</td><td>≥C45</td><td>0.40</td><td>25</td></tr>
<tr><td>Ca35</td><td>0.50</td><td>35</td><td>Ca30</td><td>0.55</td><td>30</td><td>Ca30</td><td>0.55</td><td>25</td></tr>
<tr><td rowspan="2">Ⅱ-D</td><td>无盐</td><td rowspan="2">Ca40</td><td rowspan="2">0.45</td><td>35</td><td rowspan="2">Ca35</td><td rowspan="2">0.50</td><td>35</td><td rowspan="2">Ca35</td><td rowspan="2">0.50</td><td>30</td></tr>
<tr><td>有盐</td><td></td><td></td><td></td></tr>
<tr><td colspan="2">Ⅱ-E 有盐</td><td>Ca45</td><td>0.40</td><td></td><td>Ca40</td><td>0.45</td><td></td><td>Ca40</td><td>0.45</td><td></td></tr>
<tr><td rowspan="6">梁、柱等条形构件</td><td rowspan="3" colspan="2">Ⅱ-C 无盐</td><td>C45</td><td>0.40</td><td>40</td><td>C45</td><td>0.40</td><td>35</td><td>C40</td><td>0.45</td><td>35</td></tr>
<tr><td>≥C50</td><td>0.36</td><td>35</td><td>≥C50</td><td>0.36</td><td>30</td><td>≥C45</td><td>0.40</td><td>30</td></tr>
<tr><td>Ca35</td><td>0.50</td><td>35</td><td>Ca30</td><td>0.55</td><td>35</td><td>Ca30</td><td>0.55</td><td>30</td></tr>
<tr><td rowspan="2">Ⅱ-D</td><td>无盐</td><td rowspan="2">Ca40</td><td rowspan="2">0.45</td><td>40</td><td rowspan="2">Ca35</td><td rowspan="2">0.50</td><td>40</td><td rowspan="2">Ca35</td><td rowspan="2">0.50</td><td>35</td></tr>
<tr><td>有盐</td><td></td><td></td><td></td></tr>
<tr><td colspan="2">Ⅱ-E 有盐</td><td>Ca45</td><td>0.40</td><td></td><td>Ca40</td><td>0.45</td><td></td><td>Ca40</td><td>0.45</td><td></td></tr>
</table>

注：1. 采取表面防水处理的附加措施时，可降低大体积混凝土对最低强度等级和最大水胶比的抗冻要求。
2. 预制构件的保护层厚度可比表中规定值减少 5mm。

2. 保护层厚度的实现

应确保混凝土施工环节保护层厚度符合质量要求。

5.4.6　胶凝材料

胶凝材料是混凝土原材料中具有胶结作用的水泥和粉煤灰、硅灰、粒化高炉矿渣粉等矿物掺合料的总称。

《耐规》附录B给出了单位体积混凝土胶凝材料的用量，见表5-4（《耐规》表B-1）。

表5-4 单位体积混凝土胶凝材料用量

单位体积混凝土胶凝材料用量			
强度等级	最大水胶比	最小用量/(kg/m³)	最大用量/(kg/m³)
C25	0.60	260	—
C30	0.55	280	—
C35	0.50	300	—
C40	0.45	320	—
C45	0.40		450
C50	0.36		500
≥C55	0.33		550

注：1. 表中数据适用于最大骨料粒径为20mm的情况。骨料粒径较大时，宜适当降低胶凝材料用量；骨料粒径较小时，可适当增加胶凝材料用量。
2. 引气混凝土与非引气混凝土胶凝材料用量相同。
3. 当胶凝材料中矿物掺合料掺量大于20%时，最大胶凝比不应大于0.45。

配筋混凝土的胶凝材料中，矿物掺合料用量占胶凝材料总量的比值应根据环境类别与作用等级、混凝土水胶比、钢筋的混凝土保护层厚度以及混凝土施工养护期限等因素综合确定，对于防冻融混凝土应符合下列规定：

1）Ⅱ-C、Ⅱ-D、Ⅱ-E环境中的混凝土结构构件，可使用少量矿物掺合料，并可随水胶比的降低适当增加矿物掺和料用量。当混凝土的水胶比 $W/B \geqslant 0.45$ 时，不宜使用矿物掺合料混凝土。

2）常温下硬化及C60以上的高强混凝土，可掺入不大于10%的石灰石粉或不大于5%的硅灰，以减小拌合物的黏性，并提高拌合物的抗离析能力。

5.4.7 配合比设计

1. 最低强度等级

混凝土的强度等级与抗冻性能有关联，强度等级越高，抗冻性越好。

满足抗冻要求的混凝土最低强度等级见表5-5（摘自《耐规》表3.4.4）。

表5-5 满足抗冻要求的混凝土最低强度等级

满足抗冻融要求混凝土最低强度等级			
环境类别与作用等级	设计使用年限		
	100年	50年	30年
Ⅱ-C	Ca35、C45	Ca30、C45	Ca30、C40
Ⅱ-D	Ca40	Ca35	Ca35
Ⅱ-E	Ca45	Ca40	Ca40

2. 各种混凝土抗冻融配合比设计的通用要求

1）须按照设计要求的抗冻等级进行配合比设计。

2）掺和细骨料如粉煤灰、硅灰、矿渣、偏高岭土等会提高混凝土的抗冻性能。

3）水胶比是指单位体积混凝土拌合物中用水量与胶凝材料总量的质量比。水胶比越大，孔隙率越高，抗冻性越差。

4）胶凝材料中含有不小于30%的矿物掺合料（含水泥中的混合材）及需要采取较低的水胶比和特殊施工措施的混凝土。

5）宜掺加减水剂降低水胶比。

6）掺引气剂可提高抗冻性能，含气量以4%～6%为宜；但可能会降低混凝土的强度。

7）水泥用量小对抗冻性不利，但对减少收缩变形有利，应权衡后取舍。

3. 清水混凝土配合比设计

清水混凝土与其他建筑结构用的混凝土比较，直接裸露在自然环境中，对裂缝宽容度低，所以应专门设计水灰比低的配合比。不应照搬普通商品混凝土配合比。

4. 预制混凝土配合比设计

预制混凝土没有长途运输和泵送环节，每个构件厂应专门设计配合比，降低含水量。不应照搬商品混凝土配合比。

5. 装饰混凝土配合比设计

装饰混凝土配合比设计时应考虑彩色骨料用量和颜料掺量对混凝土强度和抗冻性能的不利影响。颜料掺量不应大于水泥重量的6%。

6. GRC 配合比设计

1）水泥骨料比以1:1为宜。

2）必须掺加短玻纤，不可只敷设玻纤网。

3）大型构件和墙板采用喷射工艺，玻纤含量不应低于水泥重量12%。

4）小型构件采用预混工艺，玻纤含量不应低于水泥重量的7%。

7. 配合比试验

抗冻混凝土配合比设计必须经过试验达到强度和抗冻耐久指数后才能作为实际工程中采用的配合比。

5.4.8　材料性能

1）用作矿物掺合料的粉煤灰，其氧化钙含量不应大于10%。

2）冻融环境下用于引气混凝土的粉煤灰掺合料，其烧失量不应大于5%。

3）配筋混凝土中的骨料最大公称粒径应满足表5-6（《耐规》表B.3.1）的规定。

表 5-6　配筋混凝土中骨料最大公称粒径　（单位：mm）

混凝土保护层最小厚度/mm		20	25	30	35	40	45	50	≥60
环境作用	Ⅰ-A	20	25	30	35	40	40	40	40
	Ⅰ-B	10	20	20	20	25	25	35	40
	Ⅰ-C，Ⅱ，Ⅴ	10	15	20	20	25	25	30	35
	Ⅲ，Ⅳ	10	15	15	20	20	25	25	25

4）混凝土骨料应满足骨料级配和粒形的要求，石子宜采用单粒级两级配或三级配，分级投料；级配后的骨料松堆空隙率不应大于 43%。

5）混凝土用砂在开采、运输、堆放和使用过程中，应采取防止遭受海水污染或混用不合格海砂的措施。

6）砂的密度应在饱和面干状态下检测，理论配合比中砂的用量以饱和面干质量计。

7）应选用质量稳定且安定性好的水泥；避免使用过期或受潮水泥。

8）装饰混凝土和 GRC 选用袋装的白水泥或低碱水泥时格外注意防潮。

9）应选用坚硬的优质骨料，如花岗岩和优质石灰石等。

10）不宜选用燧石、页岩和砂岩骨料。

11）骨料含泥量控制在 2% 以下；粗骨料吸水率控制在 2% 以下。

12）细骨料吸水率控制在 3% 以下。

13）采用陶粒等轻质骨料时，应选用憎水性骨料。

14）使用非自来水，特别是盐碱地或海边井水时，须化验合格后才能使用。

15）选用外加剂时，减水、产生的效果和对强度的影响，必须经过试验验证。

16）颜料应选用无机颜料，并通过试验验证其对强度和抗冻性的影响。

17）混凝土表面防水材料，特别是防水砂浆和涂料，须通过抗冻性试验验证。

以下为针对 GRC 材料的要求。

18）耐碱玻纤的氧化锆含量不低于 16%。

19）采用低碱水泥时，应考虑其对碳化收缩的不利影响。

20）用于 GRC 的预埋件和锚杆须进行热镀锌，镀层厚度可参照当地高压线塔。

5.4.9 混凝土成型

1. 混凝土搅拌与运输

混凝土搅拌与浆料运输环节预防冻融裂缝的要点如下：

1）设定适宜的混凝土坍落度。

2）不符合坍落度要求的混凝土禁止使用，可预备模具将不符合规定的混凝土用于庭院构件小品的浇筑等。

3）装饰混凝土和 GRC 浆料搅拌采用非自动化系统时，应严格控制水灰比。

4）构件厂混凝土浆料运输如有露天路段，料斗需有防雨覆盖措施。

2. 混凝土浇筑

混凝土浇筑中预防冻融裂缝的要点如下：

1）混凝土振捣须确保密实，特别是边角部位的密实度。

2）混凝土振捣应防止泌水。

3）装饰混凝土面层须滚压密实。

4）GRC 须滚压密实，边角应用专用工具压实。

3. 保护层控制

《耐规》要求：保护层厚度的施工质量验收应符合下列规定：

1）对选定的每一配筋构件，选择有代表性的最外侧钢筋 8 ~ 16 根进行混凝土保护层厚度的无破损检测；对每根钢筋，应选取 3 个代表性部位测量。

2）当同一构件所有测点有 95% 或以上的实测保护层厚度 c_1 满足下式要求时，则应认为合格：

$$c_1 \geqslant c - \Delta$$

式中　c——保护层设计厚度；

Δ——保护层施工允许负偏差的绝对值，对梁、柱等条形构件取 10mm，板、墙等面形构件取 5mm。

3）不能满足 2）的要求时，可增加同样数量的测点进行检测，按两次测点的全部数据进行统计；仍不能满足 2）要求的，则判定为不合格，并要求其采取相应的补救措施。

4. 混凝土养护

混凝土养护是预防冻融破坏极其重要的环节。养护不好的混凝土不仅强度低，而且孔隙率高、裂缝多，使冻融破坏的进水通道畅通。《耐规》要求：

对于一般混凝土，应养护到现场混凝土强度不低于 28d 标准强度的 50%，且不少于 3d。

对矿物掺合料混凝土，浇筑后应立即覆盖，加湿养护至混凝土强度不低于 28d 标准强度的 50%，且不少于 7d。

上面的要求适用于混凝土表面大气温度不低于 10℃ 的情况下，否则应延长养护时间。

现浇混凝土养护要求详见第 16 章。

预制混凝土和装饰混凝土养护要求详见第 15 章。

GRC 养护要求详见第 11 章。

5.5　冻融裂缝的调查处理

冻融裂缝调查的流程与方法见第 17 章，修补方法见第 18 章。这里给出须强调的调查和处理要点。

1. 调查要点

1）产生冻融裂缝的根本原因是水，调查裂缝状况时，必须查清水的来源，为从根本上解决冻融危害提供依据。

2）须调查冻融破坏的范围、程度、深度、混凝土强度（采用回弹仪）、钢筋锈蚀情况等。

3）对裂缝区域附近或相同环境的部位也要调查，用放大镜观察判断有没有细微裂缝。

2. 处理要点

（1）通用原则　所有的冻融裂缝都必须修补处理。

（2）特殊情况　冻融裂缝严重的部位应采取如下修补工艺：

1）凿除冻融破坏面。

2）对凿除面进行清理。

3）对锈蚀钢筋表面进行除锈。

4）抹压修补浆料。

5）用塑料膜封闭修补区域进行保湿养护。

6）弱化修补痕迹处理。

7）修补区域表面进行防水保护。

（3）普通情况　只有细微裂缝的不严重部位应采取如下修补工艺：

1）洗刷表面。

2）用防水涂料进行封闭。

第6章　钢筋部位裂缝的成因、预防与处理

钢筋部位裂缝无小事，会危及结构安全。

6.1　钢筋部位裂缝的类型

1. 钢筋部位裂缝实例

下面先看几个钢筋裂缝实例。

文前彩插图 C-14 和图 6-1 的钢筋锈蚀实例是大连某企业离海边不到 50m 远的火车站台柱的裂缝。站台建成 10 年左右开始出现钢筋锈胀裂缝，进行一轮修补后，10 年多后又出现钢筋锈胀裂缝，没有及时修补，柱子朝海面的保护层已经胀裂脱落了，由此可见海风海雾强大的破坏力。

图 6-2 是上海喜马拉雅中心清水混凝土曲面墙钢筋锈蚀裂缝，拍照片时工程竣工不到 5 年，钢筋锈得挺严重。

图 6-3 是长沙某工程清水混凝土楼板沿着钢筋的裂缝。

图 6-1　海边柱子钢筋锈蚀保护层胀裂

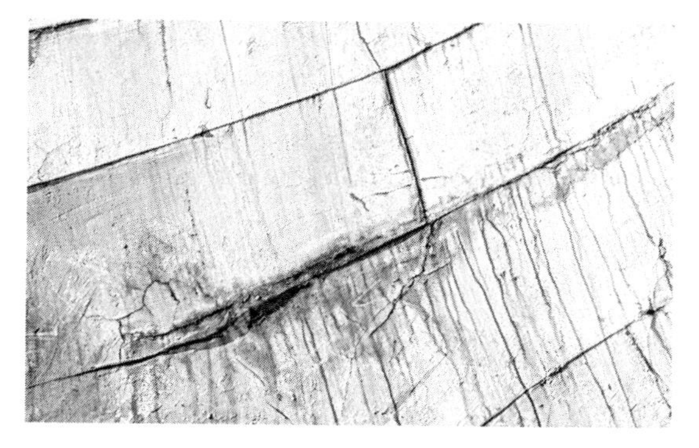

图 6-2　喜马拉雅中心钢筋锈蚀胀裂

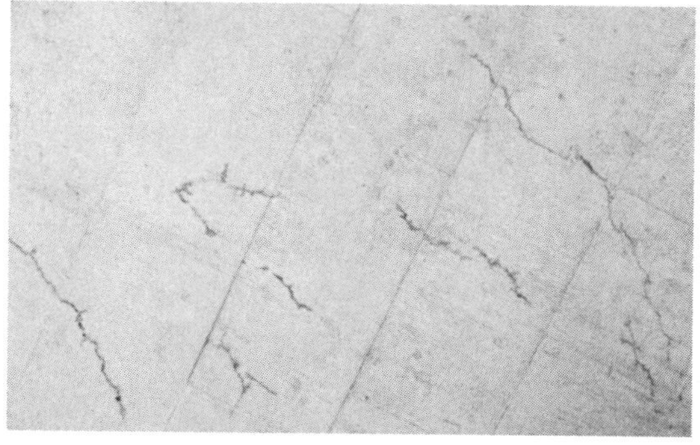

图 6-3　长沙某工程清水混凝土楼板沿钢筋裂缝

2. 钢筋部位裂缝的类型

钢筋部位裂缝就位置和方向而言主要有 3 种类型：

1）钢筋处胀裂。

2）顺筋裂缝。

3）垂直于钢筋的裂缝。

6.2 钢筋部位裂缝的成因

钢筋部位裂缝成因有4类：

1）钢筋锈蚀胀裂。

2）钢筋间距、保护层问题导致的裂缝。

3）碱-骨料反应沿钢筋裂缝。

4）混凝土凝固前出现的沉降裂缝。

碱-骨料反应沿钢筋裂缝在第4章已经讨论；混凝土凝固前的沉降裂缝在第8章讨论。本章讨论钢筋锈蚀胀裂和钢筋间距、保护层问题导致的裂缝。

6.2.1 钢筋锈蚀胀裂

钢筋锈蚀裂缝机理已经在2.3节中讨论过了，下面讨论具体原因。

1. 碳化破坏钢筋钝性保护膜

混凝土碳化反应会形成两种危害。一种危害是碳化收缩导致龟裂，已经在3.3.4节中讨论过；另一种危害，也是最主要的危害，是会导致钢筋锈蚀，本节将加以讨论。

碳化反应是导致钢筋锈蚀最常见和最主要的原因。碳化反应降低了混凝土碱性，破坏了钢筋钝性保护膜，为钢筋氧化反应打开了通道，导致锈蚀发生。

碳化反应机理见2.2.6节；碳化反应的具体成因和预防措施见3.3.4节。混凝土强度等级、水泥用量、水泥品种、水灰比、掺加引气剂、表面涂防护剂、混凝土密实度、保护层厚度、养护质量等都与碳化反应有关；特定比例范围的硅灰掺加量有助于减弱碳化反应。

2. 氯离子侵蚀

氯离子侵蚀混凝土的危害性非常大，彩插图C-14和图6-1钢筋胀裂实例就是由氯离子侵蚀所致，保护层都胀裂剥落了。不过，氯离子侵蚀只限于海边和盐碱地区建筑，危害范围有限。

氯离子致使钢筋锈蚀的机理见本书2.3.3节，与碳化反应一样，它破坏了钢筋钝化膜；比碳化反应严重的是，氯离子侵蚀形成了腐蚀电池，可加速阳性极化作用，提高了导电性，使锈蚀更加严重。

发生氯离子侵蚀具体的原因包括：海风海雾或盐碱地区土壤侵蚀混凝土，或骨料、水、外加剂中已含有氯离子。

3. 保护层过薄导致钢筋锈蚀

钢筋保护层过薄，二氧化碳和氯离子侵入路径缩短，空气、湿气、水也容易渗入，致使钢筋锈蚀。保护层过薄的具体原因包括：

1）对湿热或沿海地区环境分析不够，设计的保护层厚度偏小。

2）保护层垫块（即间隔件）的厚度小于设计要求。

3）保护层垫块垫在主筋下，而不是垫在箍筋下，箍筋保护层厚度小于设计要求。

4）保护层垫块间距过大，钢筋出现“塌腰”。

5）竖向浇筑的构件，如柱子和墙体，保护层垫块未绑牢，掉了。

6）曲面墙体钢筋未随形加工导致混凝土保护层或厚或薄。

7）施工荷载，如作业工人踩在钢筋网上，导致钢筋网下沉或“塌腰”。

4. 混凝土密实度不好导致钢筋锈蚀

混凝土不密实，孔隙率大，二氧化碳、氯离子侵蚀阻力小，水和空气就容易进入，致使钢筋锈蚀。混凝土不密实的原因包括：

1）水灰比大，孔隙率高。

2）振捣不好。

5. 各种裂缝渗水导致钢筋锈蚀

当混凝土出现各种裂缝时，如收缩裂缝、碳化收缩裂缝、碱-骨料反应裂缝、冻融裂缝、荷载裂缝和施工裂缝等，都可能成为进水通道，使水或湿气渗到钢筋处，导致钢筋锈蚀胀裂。所以，所有裂缝都必须及时修补并做好防水保护。混凝土收缩裂缝、碱-骨料反应裂缝和冻融裂缝的成因与预防见第 3 ~ 5 章。

6.2.2　钢筋间距与保护层问题导致的裂缝

荷载作用产生的裂缝，对于现浇混凝土在将第 8 章讨论；对于预制混凝土将在第 9 章讨论。本小节讨论因钢筋保护层和混凝土握裹力问题，在荷载作用下出现的裂缝：

1）保护层过薄，混凝土未形成与钢筋粘接，受力后钢筋部位出现裂缝。

2）受力钢筋间距过小，影响混凝土与钢筋粘接，受力后钢筋部位出现裂缝。

3）混凝土内集中埋设管线，相当于钢筋间距变小，混凝土断面被削弱，影响了混凝土对钢筋的握裹力，受力后钢筋部位出现裂缝。

4）受弯构件受拉区钢筋保护层过厚，受力后裂缝宽度大于设计允许宽度。

6.3　钢筋部位裂缝的危害

钢筋部位裂缝的危害包括：

（1）钢筋锈蚀导致保护层胀裂，钢筋与混凝土的粘接力被破坏，各自为战，影响结构承载力。

（2）裂缝使二氧化碳、氯离子、水、湿气更容易渗入混凝土内，破坏钢筋防锈蚀的保护膜，导致或加剧钢筋锈蚀，钢筋断面被削弱，降低了其承载能力。

（3）顺着纵向钢筋的裂缝危害较大，因为裂缝处钢筋都会锈蚀。

（4）梁、柱构件箍筋锈蚀会降低混凝土构件的抗剪性能。

（5）胀裂处混凝土断面被削弱，受压构件或受弯构件受压区的抗压性能降低。

总而言之，钢筋部位裂缝会直接危及结构安全。

6.4 钢筋部位裂缝的预防

6.4.1 钢筋部位裂缝预防重点

1. 预防重点

1）盐碱地和沿海地区，要重点预防氯化物侵蚀。

2）注意保护层与钢筋间距的正确设计与施工。

3）应对各种原因造成的裂缝及时修补、防水，避免“殃及”钢筋。

2. 具体内容

钢筋部位裂缝预防工作包括：确定海洋氯化物环境作用等级，确定混凝土抗氯离子侵入性指标，确定混凝土强度等级，设计混凝土配合比、钢筋保护层厚度，保证材料性能，混凝土浇筑、养护及其他工作。

6.4.2 海洋氯化物环境作用等级

氯化物环境是指混凝土结构或构件受到氯盐侵入作用并引起内部钢筋锈蚀的暴露环境，包括海洋氯化物环境和除冰盐等其他氯化物环境。

海洋氯化物环境是Ⅲ类环境；除冰盐等其他氯化物环境是Ⅳ类环境。房屋建筑主要是在Ⅲ类环境，即海洋氯化物环境中。本章重点介绍海洋氯化物环境作用与预防。

海洋氯化物对配筋混凝土结构构件的环境作用等级有四级：中度（C）、严重（D）、非常严重（E）、极端严重（F），根据表6-1（《耐规》表6.2.1）确定。

表6-1 海洋氯化物环境的作用等级

环境作用等级	环境条件	结构构件示例
Ⅲ-C	水下区和土中区： 周边永久浸没于海水或埋于土中	桥墩，承台，基础
Ⅲ-D	大气区（轻度盐雾）： 距平均水位15m高度以上的海上大气区 涨潮岸线以外100～300m内的陆上室外环境	桥墩，桥梁上部结构构件 靠海的陆上建筑外墙及室外构件
Ⅲ-E	大气区（重度盐雾）： 距平均水位上方15m高度以内的海上大气区 离涨潮岸线100m以内、低于海平面以上15m的陆上室外环境	桥梁上部结构构件 靠海的陆上建筑外墙及室外构件
	潮汐区和浪溅区，非炎热地区	桥墩，承台，码头
Ⅲ-F	潮汐区和浪溅区，炎热地区	桥墩，承台，码头

注：1. 轻度盐雾区与重度盐雾区界限的划分，宜根据当地的具体环境和既有工程调查确定。靠近海岸的陆上建筑物，盐雾对室外混凝土构件的作用尚应考虑风向、地貌等因素。密集建筑群，除直接面海和迎风的建筑物外，其他建筑物可适当降低作用等级。

2. 炎热地区指年平均温度高于20℃的地区。

6.4.3　氯离子扩散系数

氯离子扩散系数是用来表示氯离子在混凝土中从高浓度区向低浓度区扩散速率的参数。

对于氯化物环境中的重要配筋混凝土结构工程，设计时应提出混凝土的抗氯离子侵入性指标——氯离子扩散系数，并应满足表 6-2（《耐规》表 6. 3. 6）的要求。

表 6-2　混凝土的抗氯离子侵入性指标

设计使用年限	100 年		50 年	
环境作用等级 / 侵入性指标	D	E	D	E
28d 龄期氯离子扩散系数 D_{RCM}/（$\times10^{-12}m^2/s$）	≤7	≤4	≤10	≤6

注：1. 表中的混凝土抗氯离子侵入性指标与表 6-5（《耐规》表 6. 3. 2）中规定的混凝土保护层厚度相对应，实际采用的保护层厚度高于表 6-5 的规定时，可对表中数据作适当调整。

2. 表中的 D_{RCM} 值适用于矿物掺合料混凝土，对于胶凝材料主要成分为硅酸盐水泥的混凝土，应采取更为严格的要求。

混凝土氯离子扩散系数 D_{RCM} 通过外加电场快速迁移试验测定，测试方法应采用现行国家标准《普通混凝土长期性能和耐久性能试验方法标准》GB/T 50082 的 RCM 法。

6.4.4　混凝土强度等级

混凝土强度等级高一些对预防钢筋裂缝有利，尤其在氯盐侵蚀环境中。

在满足承载能力的前提下，防氯盐侵蚀要求的混凝土最低强度等级应符合表 6-3（《耐规》表 3. 4. 4）的规定。

表 6-3　满足防氯盐侵蚀要求的混凝土最低强度等级

环境类别与作用等级	设计使用年限		
	100 年	50 年	30 年
Ⅲ-C、Ⅳ-C、Ⅲ-D、Ⅳ-D	C45	C40	C40
Ⅲ-E、Ⅳ-E	C50	C45	C45
Ⅲ-F	C50	C50	C50

6.4.5　混凝土配合比

1）海洋氯化物环境应按照设计要求进行抗氯化物配合比设计。

2）抗氯化物混凝土配合比设计必须经过试验达到强度和氯离子扩散系数指数后才能作为工程采用的配合比。

3）单位体积混凝土胶凝材料用量应符合表 5-4（《耐规》表 B-1）的要求。

4）保证和易性的前提下，采用尽可能小的水灰比。可掺加外加剂降低水灰比。

5）混凝土中不得使用含有氯化物的防冻剂和其他外加剂。

6）氯化物环境中的混凝土结构构件，应采用矿物掺合料混凝土，Ⅲ-D、Ⅳ-D、Ⅲ-E、Ⅳ-E、Ⅲ-F环境中的混凝土结构构件，应采用水胶比 $W/B \leqslant 0.4$ 的矿物掺合料混凝土，且宜在矿物掺合料中再加入胶凝材料总重3%～5%的硅灰。

7）海水冰冻环境与除冰盐环境下宜采用引气混凝土。

8）混凝土氯离子含量控制应满足表6.4的要求。

配筋混凝土中氯离子含量用单位体积混凝土中氯离子与胶凝材料的重量比表示，其含量不应超过表6-4（《耐规》表B.2.1）的规定。设计使用年限50年以上的钢筋混凝土构件，其混凝土氯离子含量在各种环境下均不应超过0.08%。

表6-4　混凝土中氯离子的最大含量

环境作用等级	构件类型	
	钢筋混凝土	预应力混凝土
Ⅰ-A	0.3%	0.06%
Ⅰ-B	0.2%	
Ⅰ-C	0.15%	
Ⅲ-C、Ⅲ-D、Ⅲ-E、Ⅲ-F	0.1%	
Ⅳ-C、Ⅳ-D、Ⅳ-E	0.1%	
Ⅴ-C、Ⅴ-D、Ⅴ-E	0.15%	

6.4.6　钢筋与保护层厚度

1. 钢筋锈蚀极限状态

混凝土结构和构件的耐久性极限状态可分为下列三种：

1）钢筋开始锈蚀的极限状态。

2）钢筋适量锈蚀的极限状态。

3）混凝土表面轻微损伤的极限状态。

设计使用年限50年以上的混凝土结构主要构件以及使用期难以维护的混凝土构件，宜采用钢筋开始锈蚀的极限状态。

钢筋开始锈蚀的极限状态应为大气作用下钢筋表面脱钝或氯离子侵入混凝土内部并在钢筋表面积累的浓度达到临界浓度的状态。

对锈蚀敏感的预应力钢筋、冷加工钢筋或直径不大于6mm的普通热轧钢筋作为受力主筋时，应以钢筋开始锈蚀作为极限状态。

钢筋适量锈蚀的极限状态应为钢筋锈蚀发展导致混凝土构件表面开始出现顺筋裂缝，或钢筋截面的径向锈蚀深度达到0.1mm。对于混凝土结构中的可维护构件，可采用钢筋适量锈蚀的极限状态。

2. 钢筋设计要求

1）曲面墙体设计应提出钢筋随形要求，宜增加辅助钢筋（图6-4）。

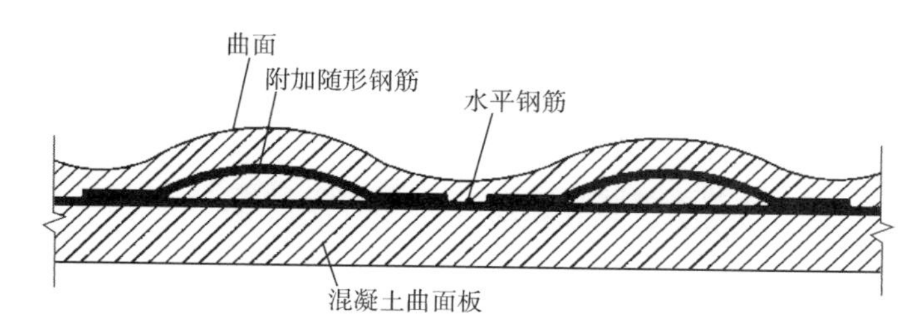

图 6-4　曲面墙板随形附加筋

2）纵向钢筋采用最小间距时，应给出间距的允许误差。

3）混凝土内埋设管线应避免集中布管，以影响钢筋与混凝土的粘结力。

4）直径 6mm 的热轧钢筋作为受力主筋，只限于在一般环境中使用。

5）氯化物环境中钢筋混凝土结构构件的纵向受力钢筋直径不应小于 16mm。

6）钢筋附加涂层：环氧涂层钢筋、阻锈剂、阴极保护。

7）暴露在混凝土结构构件外的吊环、紧固件、连接件等金属部件，表面应采用防腐措施。

3. 保护层设计

1）对项目所在环境需做认真分析。

2）高层、超高层建筑钢筋混凝土保护层宜适当加厚。

3）不同环境作用下钢筋主筋、箍筋和分布筋，其混凝土保护层厚度应满足钢筋防锈、耐火以及与混凝土之间粘结力传递的要求，且混凝土保护层厚度设计值不得小于钢筋的公称直径。

4）工厂预制的混凝土构件，其普通钢筋和预应力筋的混凝土保护层厚度可比现浇构件减少 5mm。

5）对大截面柱、墩等配筋混凝土受压构件中的钢筋，宜采用较大的混凝土保护层厚度，且相应的混凝土强度等级不宜降低。

6）保护层误差控制见本书 5. 4. 9 节第 3 条。

7）海洋氯化物环境作用等级为Ⅲ-E 和Ⅲ-F 的配筋混凝土，宜采用矿物掺合料混凝土，否则应提高表 6-5 中的混凝土强度等级或增加钢筋的保护层最小厚度。

8）氯化物环境中的配筋混凝土结构构件，其普通钢筋的保护层最小厚度及其相应的混凝土强度等级、最大水胶比应符合表 6-5（《耐规》表 6. 3. 2）的规定。

表 6-5　氯化物环境中混凝土材料与钢筋的保护层最小厚度 *c*　（单位：mm）

设计使用年限 / 环境作用等级		100 年			50 年			30 年		
		混凝土强度等级	最大水胶比	c	混凝土强度等级	最大水胶比	c	混凝土强度等级	最大水胶比	c
板、墙等面形构件	Ⅲ-C，Ⅳ-C	C45	0. 40	45	C40	0. 42	40	C40	0. 42	35
	Ⅲ-D，Ⅳ-D	C45	0. 40	55	C40	0. 42	50	C40	0. 42	45
		≥C50	0. 36	50	≥C45	0. 40	45	≥C45	0. 40	40

（续）

环境作用等级 \ 设计使用年限		100年			50年			30年		
		混凝土强度等级	最大水胶比	c	混凝土强度等级	最大水胶比	c	混凝土强度等级	最大水胶比	c
板、墙等面形构件	Ⅲ-E，Ⅳ-E	C50	0.36	60	C45	0.40	55	C45	0.40	45
		≥C55	0.33	55	≥C50	0.36	50	≥C50	0.36	40
	Ⅲ-F	C50	0.36	65	C50	0.36	60	C50	0.36	55
		≥C55	0.33	60	≥C55	0.36	55			
梁、柱等条形构件	Ⅲ-C，Ⅳ-C	C45	0.40	50	C40	0.42	45	C40	0.42	40
	Ⅲ-D，Ⅳ-D	C45	0.40	60	C40	0.42	55	C40	0.42	50
		≥C50	0.36	55	≥C45	0.40	50	≥C45	0.40	40
	Ⅲ-E，Ⅳ-E	C50	0.36	65	C45	0.40	60	C45	0.40	50
		≥C55	0.33	60	≥C50	0.36	55	≥C50	0.36	45
	Ⅲ-F	C50	0.36	70	C50	0.36	65	C50	0.36	55
		≥C55	0.33	65	≥C55	0.36	60			

注：1. 当满足本书表6-2中规定的扩散系数时，C50和C55混凝土所对应的最大水胶比可分别提高到0.40和0.38。
2. 预制构件的保护层厚度可比表中规定减少5mm。

4. 材料要求

1）氯化物环境下不宜使用抗硫酸盐硅酸盐水泥，宜选用普通硅酸盐水泥。

2）氯化物环境中应采用掺有矿物掺合料的混凝土。用作矿物掺合料的粉煤灰，其氧化钙含量不应大于10%。

3）材料的其他要求与抗冻融要求一样，见本书5.4.8节。

5. 混凝土浇筑

（1）钢筋间距　当受力钢筋间距较小时，确保钢筋间距误差在允许范围内。

（2）保护层垫块

1）垫块厚度符合设计要求。

2）垫块垫在外层钢筋下。

3）垫块间距要确保钢筋不“塌腰”。

4）竖向浇筑构件保护层垫块须绑牢，避免掉了。

（3）混凝土施工注意事项　楼板浇筑时避免人员或其他施工荷载导致钢筋网“塌腰”。

（4）混凝土振捣　混凝土振捣须确保密实。

（5）防泌水　混凝土振捣时应防过捣导致泌水。

（6）装饰混凝土　装饰混凝土面层须滚压密实。

6. 混凝土养护

混凝土养护是预防钢筋裂缝非常重要的环节。养护不好的混凝土不仅强度低，而且保护层不密实，使水和氯离子通道畅通。

氯盐侵蚀环境养护要求见表6-6（《耐规》表3.6.1）。

表 6-6　氯盐侵蚀环境施工养护制度要求

抗氯盐侵蚀养护要求		
环境类别与作用等级	混凝土类别	养护要求
Ⅲ-C，Ⅳ-C	一般混凝土	养护至现场混凝土强度不低于 28d 标准强度的 50%，且不少于 3d
	矿物掺合料混凝土	浇筑后立即覆盖，加湿养护至混凝土强度不低于 28d 标准强度的 50%，且不少于 7d
Ⅲ-D，Ⅳ-D，Ⅲ-E，Ⅳ-E，Ⅲ-F	矿物掺合料混凝土	浇筑后立即覆盖，加湿养护至混凝土强度不低于 28d 标准强度的 50%，且不少于 7d。继续保湿养护至现场混凝土强度不低于 28d 标准强度的 70%

注：1. 表中要求适用于混凝土表面大气温度不低于 10℃的情况，否则应延长养护时间。
2. 有盐的冻融环境中混凝土施工养护应按Ⅲ、Ⅳ类环境的规定执行。

特别要避免早期失水。

现浇混凝土养护要求见第 16 章；预制混凝土和装饰混凝土养护要求见第 15 章；GRC 养护要求见第 11 章。

7. 其他要求

（1）混凝土表面防护　海洋氯化物环境下，混凝土防护的附加措施是采取表面涂层和硅烷浸渍。

（2）裂缝允许宽度　《耐规》给出氯化物环境下混凝土允许的裂缝宽度：

环境作用等级为 C、D 时，最大裂缝宽度是 0.2mm；

环境作用等级为 E、F 时，最大裂缝宽度是 0.15mm。

《耐规》还要求，环境作用等级为 D、E 的混凝土构件，应减少混凝土表面面积的外露。但对清水混凝土、装饰混凝土和 GRC 来说，这个要求是无法实现的。

6.5　钢筋部位裂缝的调查处理

钢筋部位裂缝调查流程与方法见第 19 章，修补方法见第 20 章。这里给出须强调的调查和处理要点。

钢筋部位裂缝会影响结构安全，必须进行详细调查，找出原因，进行修补处理。

1. 调查要点

1）测量裂缝部位的保护层厚度。

2）测量裂缝部位混凝土的 pH 值。

3）调查钢筋锈蚀情况。

2. 处理要点

1）钢筋胀裂部位须凿掉胀裂处的混凝土保护层。

2）如有锈蚀钢筋，须除锈。

3）钢筋锈蚀严重的部位须搭接补筋。

4）胀裂部位保护层较薄，宜用树脂砂浆修补。

5）保护层测试仪检测保护层较薄但尚未裂缝部位，应用环氧树脂封闭。

6）钢筋处细缝可用注射器注入环氧树脂填充，或用环氧树脂做防水封闭。

7）所有修补处都应做防水涂料。

8）应弱化修补的痕迹。

第 7 章　应力集中处裂缝的成因、预防与处理

孔眼和阴角往往是裂缝的始点。

7.1　应力集中处裂缝的类型

应力集中是局部应力增加的现象，通常出现在形状、刚度或材质急剧变化的地方。应力集中裂缝是常见裂缝，现浇混凝土、预制混凝土、装饰混凝土和 GRC 发生频率都很高。应力集中裂缝类型包括：

1. 预留孔处裂缝

1）清水混凝土模板对拉螺杆孔处的裂缝（彩插图 C-18）；两个或多个对拉螺杆孔裂缝连通（彩插图 C-19）。

2）预留孔处裂缝（彩插图 C-20）。

2. 预埋件处裂缝

3）预埋螺母处裂缝（彩插图 C-21）。

4）预制混凝土预埋管筒处顺管筒方向裂缝（彩插图 C-38）。

3. 洞口裂缝

5）门、窗、设备、管道、施工洞口阴角处裂缝（图 7-1）。

6）门、窗、设备、管道、施工洞口边裂缝（图 7-2）。

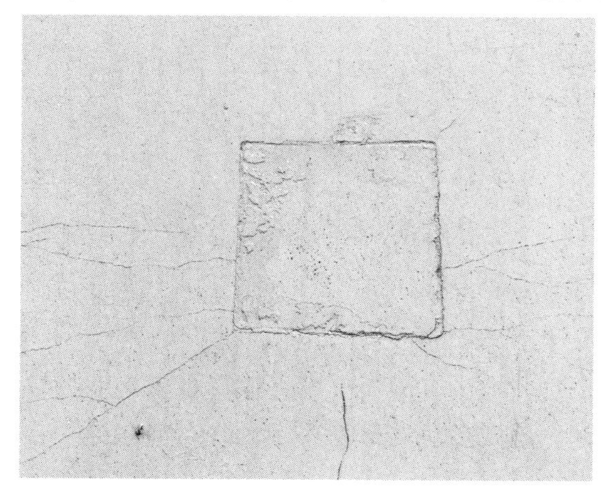

图 7-1　构件开口阴角处裂缝

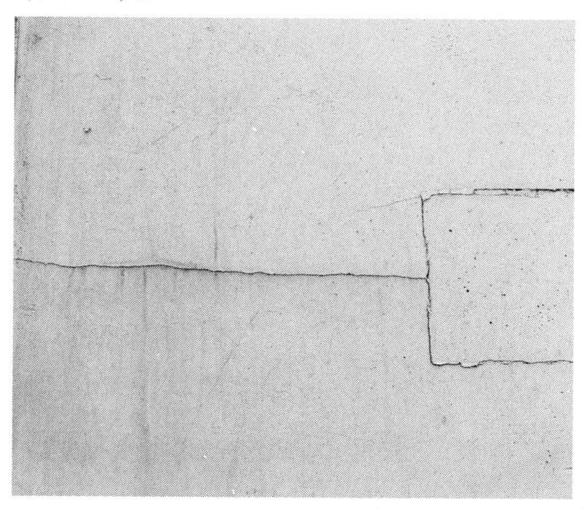

图 7-2　构件开口边裂缝

4. 构件截面转角处裂缝

7）预制楼梯踏步阴角处裂缝（彩插图 C-22）。

8）预制 V 形构件内侧裂缝（图 7-3）。

9）构件截面转角处阴角裂缝（图 7-4）。

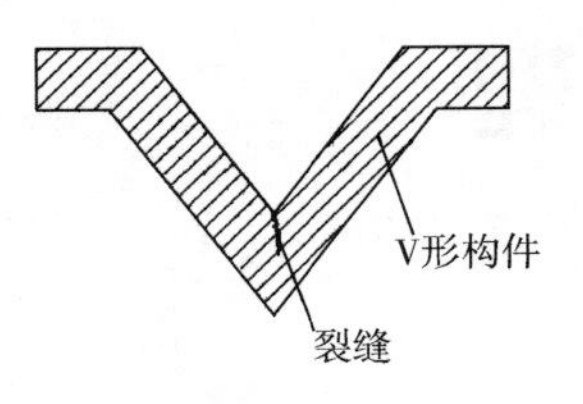

图 7-3　V 形构件阴角处裂缝

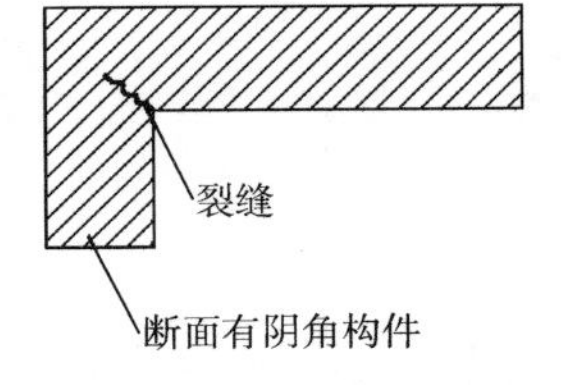

图 7-4　构件截面转角处裂缝

5. 形体或造型突变处裂缝

10）墙体洞口处（彩插图 C-28）。

11）造型突变处，如墙体厚度变化的部位（彩插图 C-23）。

12）结构有局部凹进的部位（彩插图 C-29）。

7.2　应力集中处裂缝的成因

7.2.1　应力集中处裂缝机理

1. 混凝土连续性局部断开导致应力重新分布

混凝土中预留孔处是固体连续性局部断开，当混凝土收缩变形被约束导致混凝土受拉时，混凝土断开的预留孔处不能承受拉应力，本应由预留孔部位混凝土分担的拉应力被分配到孔侧边，导致孔侧应力集中（图 7-5）。

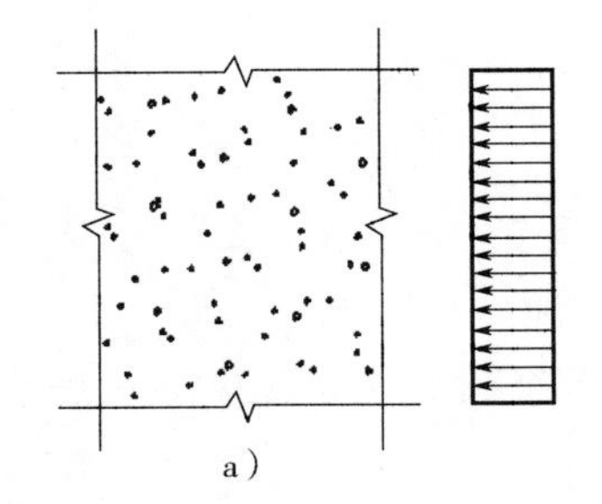

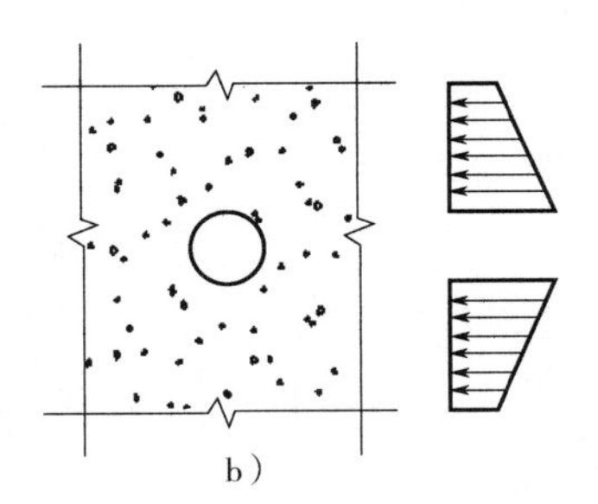

图 7-5　孔洞应力重新分布示意图

a）无孔板应力均匀　b）有孔板应力重新分布

清水混凝土墙板模板对拉螺杆处应力集中也是此道理。混凝土预埋螺母处出现的裂缝也是这个原因。虽然预埋螺母与混凝土粘接在一起，出现裂缝的概率小于孔眼，但在混凝土与螺母粘接力弱的情况下，螺母不能全部参与工作，就可能出现应力集中裂缝。特别是预埋螺母口处容易出现裂缝，但不会很深。

2. 混凝土连续性材质局部变化导致的温度应力裂缝

预制混凝土柱结构连接的灌浆套筒处，蒸汽养护后出现顺套筒方向裂缝，这是因混凝土材质变化导致的温度应力差所致。此类裂缝是装配式建筑预制构件中的严重裂缝，故放在第 9 章讨论。

3. 结构和构造形状阴角处刚性约束

阴角是应力集中部位，当混凝土收缩变形时，转角的两个方向互为刚性约束（图 7-6），由此形成阴角部位 45°裂缝；或在荷载作用下，突变部位应力不均匀分布，形成裂缝。

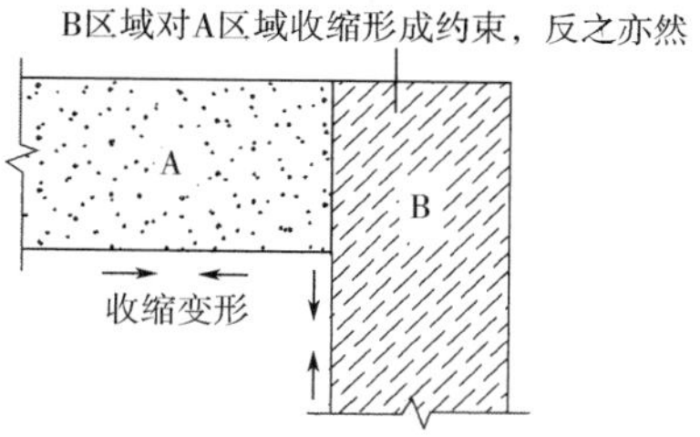

图 7-6　阴角两个方向互为刚性约束示意图

7.2.2　应力集中处裂缝的具体原因

应力集中处裂缝的根本原因是收缩变形被约束或由于荷载作用，具体原因包括：

1. 收缩变形被约束

收缩的原因包括：

（1）自生收缩　构件脱模即发现的应力集中裂缝和养护期出现的应力集中裂缝大都是由自生收缩受到约束所致。自生收缩的机理见本书 2.2.2 节。自生收缩是在硬化阶段水化反应中形成的。约束自生收缩的原因有：

1）混凝土体积比较大，或构件较长，如连续现浇墙体，或被基础或因构造变化约束。

2）混凝土被复杂模具约束，如预制楼梯的立式模具。

3）预埋件、预留孔处约束等。

（2）温度收缩　温度降低时混凝土会发生收缩变形。混凝土温度收缩机理见本书 2.2.5 节。当温度收缩变形被约束时，在应力集中部位会首先出现裂缝。具体原因包括：

1）蒸汽养护温度高。

2）蒸汽养护降温速率过快，表面急剧收缩，内部未收缩混凝土对表面形成约束。对工厂实际养护状况的调查表明，升温、降温速度快、养护温度高、出窑时温度陡降等是产生温度收缩的主要因素。

3）构件存放场所与构件出窑温度温差过大。

（3）干燥收缩　混凝土干燥收缩导致应力集中裂缝的现象较少。一是干燥收缩率比较低，二是干燥收缩速率很慢。

但 GRC 干燥收缩率较高，由于 GRC 是薄壁构件，干透比较容易，干湿变形收缩率大，受到约束很容易出现裂缝，干燥收缩是 GRC 应力集中裂缝的主要原因。

养护不好，保湿不够，是干燥收缩的主要原因。

（4）混凝土构件抗收缩变形能力不足

1）应力集中部位，如预留孔周围、洞口阴角部位，没有附加钢筋。

2）钢筋保护层过大。图 7-7 是对应力集中裂缝处进行破坏性检查，显示钢筋距离构件表面太远，约为 40mm，超过了规范允许误差。

3）因为钢筋骨架制作有误差，或钢筋骨架安放时下沉（图 7-8），导致上部边缘钢筋离混凝土表面距离过大。

图 7-7　裂缝楼梯破坏性检查，钢筋距离裂缝表面过远

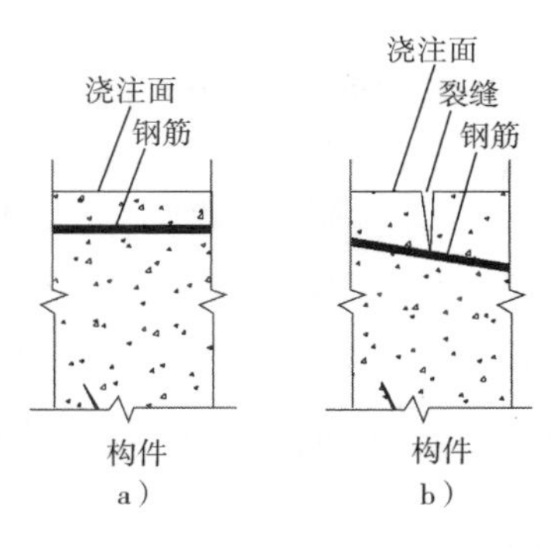

图 7-8　钢筋位移导致保护层过大
a）正确　b）错误

4）混凝土离析导致混凝土强度低也是因素之一。振捣不好和混凝土投料落差大都可能造成混凝土离析现象。

2. 荷载作用

荷载作用产生的应力集中裂缝大多发生在阴角部位。例如剪力墙在荷载作用下，门窗洞口阴角处的应力集中裂缝。再如有洞口的构件或偏心、异形构件起吊时，阴角受拉，出现裂缝。V 字形敞口构件运输时，未做拉结或支撑保护，在重力或振动力作用下出现裂缝。

具体原因包括：

1）构件设计时，对脱模、吊运、堆放荷载或关注不够，或计算简图与实际作业状态不符合，或有漏项。

2）应力集中部位未采取增强措施。

3）混凝土质量不好，强度低。

7.3　应力集中处裂缝的危害

应力集中裂缝可能造成的危害如下：

1. 影响结构安全

有些应力集中裂缝会影响结构安全，如装配式混凝土建筑灌浆套筒处的应力集中裂缝会影响混凝土与套筒的共同作用，进而影响结构连接的安全性。

预埋螺母处的应力集中裂缝削弱了预埋螺母的锚固度，降低了安全性。

2. 影响耐久性

应力集中处裂缝大多深及钢筋，如不及时封堵修补，会导致钢筋锈蚀。

3. 反复性与扩展性

温度变形引起的应力集中裂缝随着温度变化会有反复和扩展。

4. 心理安全与艺术效果

应力集中处裂缝大多清晰可见，且所在位置比较显眼，会对心理安全与艺术效果产生很不利的影响。

7.4 应力集中处裂缝的预防

应力集中处裂缝的预防须从三个方面入手：减少和弱化造成应力集中的造型与构造；增强应力集中处混凝土抗裂的能力；降低混凝土收缩率和收缩速率。

1. 造型和构造设计应避免应力集中

1）非线性曲面应尽可能避免形体突变，如果有变化宜应采用舒缓的弧线（图 7-9）。

2）墙厚度变化或纵横连接刚度应协调顺变（图 7-10）。

3）断面阴角处宜采用斜角或弧角（图 7-11）。

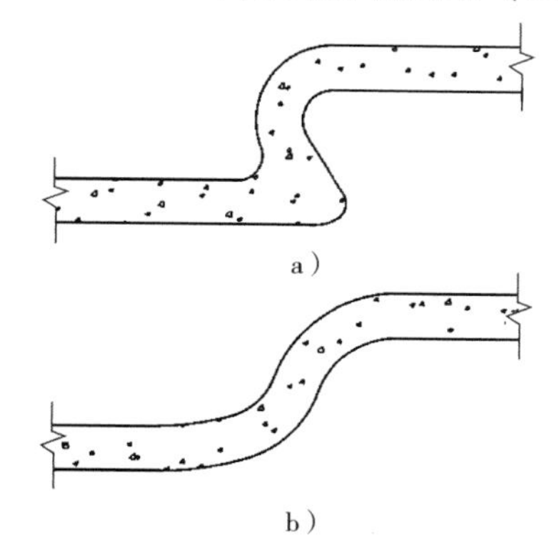

图 7-9　非线性曲面墙体应尽量避免形体突变
a）转角突变，易出现裂缝
b）转角舒缓，出现裂缝概率降低

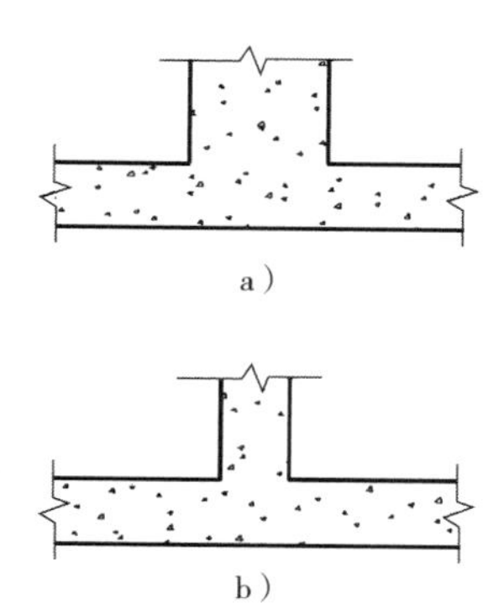

图 7-10　纵横墙刚度宜协调
a）刚度变化大，不协调，易出裂缝
b）刚度变化协调

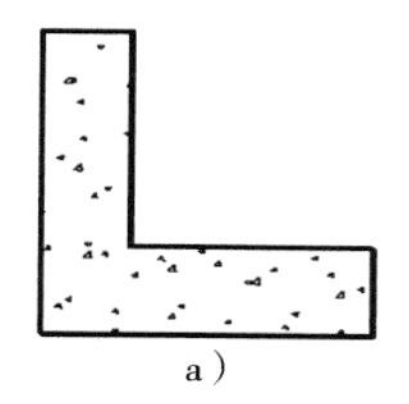

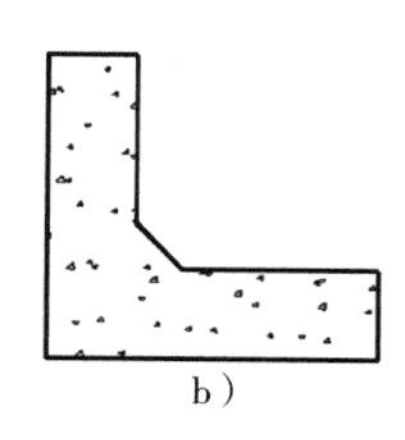

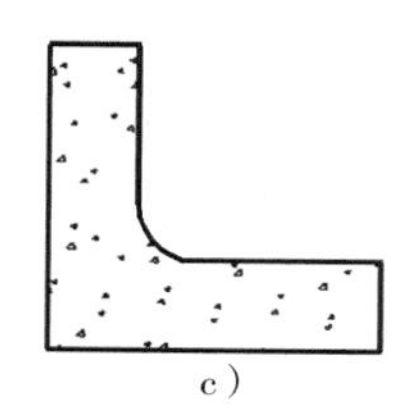

图 7-11　构件断面转角宜采用斜角或弧角
a）易出现裂缝　b）好的转角构造一　c）好的转角构造二

2. 应力集中部位加强

在混凝土结构下列形状、刚度突变的部位，宜配置防止应力集中裂缝的构造钢筋。

1）预留孔、对拉螺杆、预埋螺母处宜设置附加筋或网片（图 7-12）。

2）构件阴角处宜设置斜向附加筋（图 7-13），预制楼梯踏步阴角处可设置斜筋，保护层厚度 15 ~ 20mm。

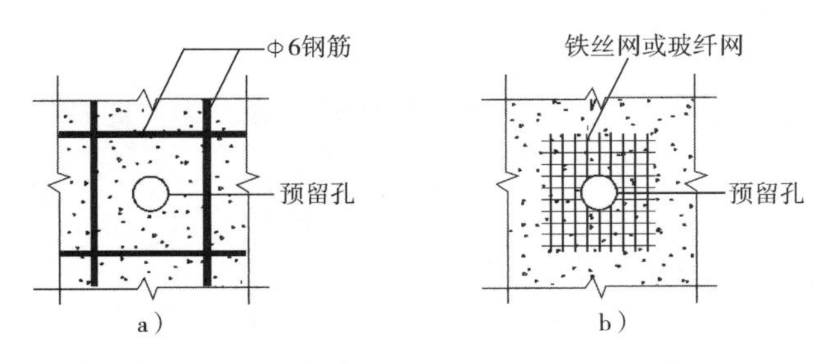

图 7-12　预留孔、预埋螺母处局部增强措施

a）局部增强钢筋　b）局部增强钢丝网或玻纤网

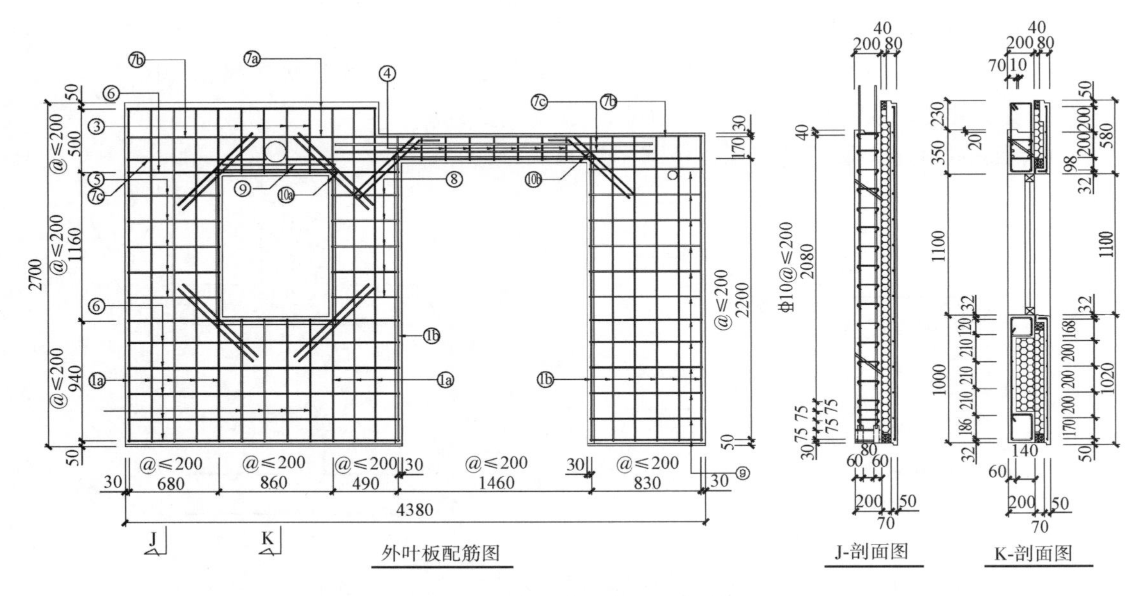

图 7-13　洞口阴角处增强斜筋

3）预制敞口形构件设置临时拉杆（图 7-14、图 7-15）。

4）现浇混凝土墙体有洞口，墙体与洞顶洞壁混凝土应设置伸缩缝，详见第 8 章。

5）规范要求：在混凝土构件容易引起收缩变形积累的下列部位，宜增加抵抗收缩变形的构造配筋或钢筋网片：

图 7-14　V 形构件设置临时拉杆

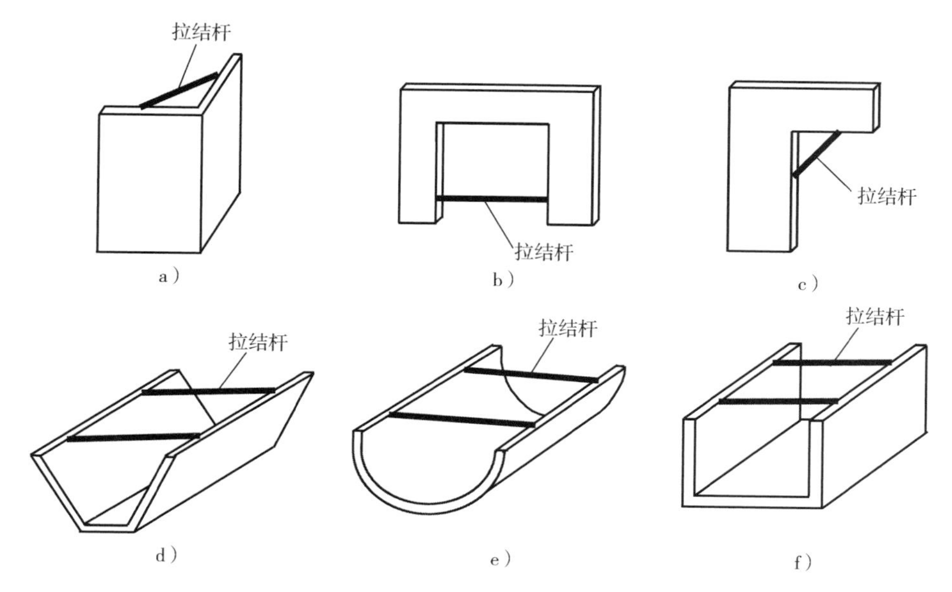

图 7-15　各种敞口构件设置临时拉杆

a）L 形折板　b）开口大的墙板　c）平面 L 形板　d）V 形板　e）半圆柱　f）横形板

①现浇混凝土板面的板芯部位。

②板边、板角部位。

③墙面水平部位。

④梁类构件侧面。

⑤混凝土保护层中。

3. 降低收缩率与收缩速率

1）蒸汽养护温度以 40～50℃ 为宜，严格控制升、降温速度。

2）养护窑须保证湿度，固定模台养护覆盖被应当有隔水膜。

3）最小边长大于 800mm 的大体积混凝土构件不宜采用蒸汽养护。

4）预防干燥收缩和温度收缩裂缝的措施对预防应力集中裂缝有益。

7.5　应力集中处裂缝的调查处理

应力集中裂缝调查的流程与方法见第 17 章，修补方法见第 18 章。这里给出须强调的调查和处理要点。

1. 调查要点

（1）查清发生应力集中的原因　为从根本上解决裂缝危害、判断裂缝发展趋势提供依据。

（2）调查应力集中的长度、深度等。

（3）分析是收缩所致还是荷载所致。

1）如果是收缩原因，再分析是温度收缩还是自生收缩，温度收缩如果是养护因素，裂缝就不会反复；如果是正常的热胀冷缩，裂缝还会反复，仅仅修复是不够的，须加强抗裂措施。

2）如果是荷载原因，再分析是临时荷载还是使用荷载。使用荷载因素还有可能扩展，仅仅修补是不够的，需要加强抗裂措施。

2. 解决根本原因

有可能反复的应力集中裂缝，宜采取补筋加强方式，但会留下修补痕迹。

预留孔等部位应力集中裂缝如非吊点预留孔、预埋螺母处等修补后不影响使用。

如果是预埋吊点部位的裂缝，应进行结构安全性分析。为保障安全，可做临时附加起吊的安全保障措施。

3. 处理要点

（1）所有应力集中都必须修补处理。

（2）宜采取如下修补工艺：

1）对裂缝注入有弹性的环氧树脂。

2）弱化修补痕迹处理。

3）用防水涂料封闭。

第 8 章　现浇清水混凝土的裂缝成因、预防与处理

作为艺术元素的清水混凝土对裂缝宽容度低，预防也比较难。

8.1　清水混凝土

按照国家行业标准定义，清水混凝土是“直接利用混凝土成型后的自然质感作为饰面效果的混凝土。”也就是说，清水混凝土不附加装饰层或涂层，以混凝土本色作为艺术元素。

普通清水混凝土是指对饰面效果无特殊要求的清水混凝土。饰面清水混凝土是指将对拉螺栓孔、明缝、蝉缝和假眼有规律地组合排列，以自然质感为饰面效果的清水混凝土。装饰清水混凝土是指表面形成装饰图案的，以自然质感为饰面效果的清水混凝土。

清水混凝土常用术语：明缝，凹入混凝土表面的分割线或装饰线；蝉缝，模板面板拼缝在混凝土表面留下的细小痕迹；假眼，在没有对拉螺栓的位置设置对头或接头形成饰面效果的孔眼。

清水混凝土具有艺术表达的功能。在用到“清水混凝土”这个概念时，不是指仅具结构和使用功能的混凝土，如混凝土基础，地下室混凝土柱、梁、墙等。

清水混凝土作为建筑艺术元素始于 20 世纪 20 年代，距今已有百年历史，用于高层住宅也有 70 年历史。

最初用清水混凝土是为了省钱。渐渐地，清水混凝土自然质朴的美学价值被越来越多的建筑师和公众喜欢。近年来，许多标志性公共建筑、高端写字楼和高档住宅也用清水混凝土，清水混凝土成为一种时尚。

清水混凝土可用于主体结构、外围护系统和内外装饰构件，包括钢筋混凝土柱、梁、墙板、楼板、楼梯、阳台护栏板等。

清水混凝土多使用普通水泥，是灰色的；也有使用白水泥，是白色的。

清水混凝土可现场浇筑，也可在工厂预制。

本章讨论现浇清水混凝土的裂缝。预制清水混凝土构件裂缝在第 9 章讨论。GRC 可实现清水混凝土效果，在第 11 章介绍。

现浇清水混凝土施工工艺与普通混凝土一样，包括模板工程——钢筋工程——混凝土搅拌与运输——混凝土浇筑、振捣、养护——模板拆卸——修补处理等工序。

8.2　清水混凝土裂缝的类型

1. 清水混凝土对裂缝的宽容度

清水混凝土对裂缝的宽容度很低。因为：

1）许多清水混凝土构件既是结构构件，又兼有艺术功能。由于表面没有抹灰、贴砖和涂料等保护层，在自然环境中风吹日晒雨淋，很容易出现裂缝，对结构安全、耐久性不利。

2）作为艺术元素的清水混凝土出现裂缝后艺术效果会大打折扣。结构规范允许的裂缝宽度肉眼可见，在清水混凝土中很难被接受。

3）修补清水混凝土裂缝很难做到无痕迹遗留。

2. 清水混凝土裂缝预防难度

清水混凝土裂缝预防比较难，因为：

1）一些混凝土构件直接裸露在自然环境中，更易发生温度收缩变形和干燥收缩变形，并且易发生碳化反应、碱-骨料反应和氯离子侵蚀等材质劣化现象。

2）有些清水混凝土建筑因平面布置、造型、体量和施工因素易出现裂缝。

3. 现浇清水混凝土常见裂缝类型

现浇清水混凝土常见裂缝包括：

（1）龟裂　脱模时就发现的龟裂或为塑性凝缩所致，或为脱模前失水收缩所致，不常见。养护期及之后出现的龟裂多为早期失水收缩所致，较为常见。多年后才出现的均匀性龟裂为碳化收缩所致，较为常见。收缩龟裂的成因与预防见第 3 章。

混凝土浇筑两三年后开始出现的龟裂，如果裂缝宽度不均匀，像渔网一样有纲有目，多为碱-骨料反应裂缝，其成因与预防见第 4 章。

（2）冻融裂缝　寒冷、潮湿、温度正负交替频繁的地区易发生冻融裂缝，多发生在积雪积冰积水部位，如凸出墙体的线脚、平缓的窗台、非线性建筑表皮凹处等。冻融裂缝的成因与预防见第 4 章。

（3）钢筋部位裂缝　钢筋部位裂缝在现浇清水混凝土建筑中较常见，特别是非线性曲面混凝土墙体，因钢筋保护层厚度不易保证，易发生裂缝。钢筋部位裂缝的成因包括锈蚀胀裂、碱-骨料反应、荷载作用和施工因素，前 3 个裂缝成因与预防见第 6 章。施工因素导致的钢筋部位裂缝将在本章 8.5 节讨论。

（4）应力集中裂缝　应力集中裂缝在现浇清水混凝土中出现较多，主要出现在模板对拉螺杆孔处，须重点关注。应力集中裂缝成因与预防见第 7 章。

（5）收缩变形受到约束引起的墙体条形裂缝　现浇清水混凝土长墙、端部有转角的墙和非线性曲面墙非常容易出现竖向条形裂缝，系自生收缩、干燥收缩和温度收缩变形受到约束所致，其中温度收缩变形是其主要成因，见本章 8.3 节。

（6）荷载或“荷载 + 收缩”引起的条形裂缝　现浇清水混凝土柱、梁、楼板、墙板和非结构构件，或因荷载作用，或由荷载与温度应力共同作用，都会导致裂缝出现，详见本章 8.4 节。

（7）沉降或位移因素引起的条形裂缝　现浇清水混凝土墙和柱、梁、楼板构件，由于构件位移或基础沉降，会出现条形裂缝。墙体裂缝见本章 8.3 节，柱、梁、楼板裂缝见本章 8.4 节。

（8）构件间相互作用引起的裂缝　现浇清水混凝土构件柱、梁、墙、楼板和非结构构件，由于构件间的相互作用，也会出现条形裂缝，详见本章 8.4 节。

（9）施工因素引起的条形裂缝和不规则裂缝　现浇清水混凝土由施工因素导致的条形裂缝和不规则裂缝，见本章 8. 5 节。

（10）预制清水混凝土的裂缝　预制清水混凝土构件制作、运输、安装过程中出现的裂缝将在第 9 章讨论。

8. 3　墙体裂缝的成因与预防

8. 3. 1　清水混凝土墙体裂缝类型

1. 易出现裂缝的现浇清水混凝土墙体类型

（1）长墙　现浇混凝土长墙非常容易出现裂缝，即使长度或伸缩缝间距在规范规定的 30m 以内，也会出现裂缝。国内多座著名清水混凝土建筑的长墙出现了裂缝。彩插图 C-24、图 C-25 都是现浇混凝土长墙裂缝，图 8-1是北京某酒店现浇围墙，30m 长，多达 22 条裂缝。图 8-2 是其中一段墙，长度不到 5m，就有 6 道裂缝。

图 8-1　北京某酒店现浇清水混凝土墙，30m 长内就有 22 道裂缝

（2）非线性曲面墙体　非线性曲面的墙体造型容易形成刚性约束，更易导致裂缝发生，如图 1-2 上海喜马拉雅中心混凝土丛林，彩插图 C-28 是海口某非线性曲面建筑，交付使用时即发现了裂缝。

（3）端部有约束的墙体　如四面墙围合的剪力墙筒体，每道墙对与之垂直的墙形成了约束，很容易出现裂缝，见图 1-15 智利天主教大学 UC 中心。彩插图 C-26、图 C-27。

图 8-2　北京某酒店现浇清水混凝土墙，此段墙有 6 道裂缝

（4）局部有约束的墙体　墙体局部造型突变形成约束，如墙体洞口处混凝土墙板向平面外延伸，形成约束，见彩插图 C-29。

2. 现浇清水混凝土墙体常见裂缝类型

第 3 ~ 7 章讨论的各种裂缝之外的清水混凝土墙体裂缝类型包括：

1）竖直或接近于竖直的裂缝（图 1-14）。

2）斜裂缝（图1-17）。

3）水平裂缝（图1-7）。

4）非线性墙体洞口上墙体竖直裂缝（图1-5）。

3. 现浇清水混凝土墙体常见裂缝成因

现浇清水混凝土墙体裂缝成因包括：

1）收缩变形被约束。

2）地基或基础沉降。

3）荷载作用。

4）施工因素。

其中最常见的是收缩变形被约束而产生的裂缝。

8.3.2 墙体竖直裂缝的成因与预防

1. 墙体竖直裂缝成因

墙体竖直裂缝是收缩变形被约束所致。混凝土墙如果是自由伸缩的，就不会产生内力。但如果存在约束，就会“拽住”混凝土不准其收缩，由此形成内力，将混凝土拉裂。

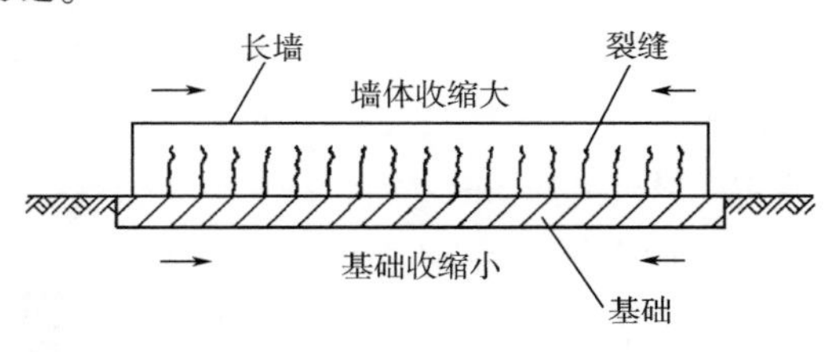

图8-3 长墙基础约束墙体示意图

（1）长墙被基础约束 温度发生变化，墙下基础温度变化小，墙体温度变化大，由此产生温度变形差异，温度收缩小的基础对温度收缩大的墙体形成约束，图8-1、图8-2墙体裂缝就是因基础约束形成的，约束简图见图8-3。

（2）筒体墙被端部转角约束 4面墙连续无缝围合，如图8-4所示建筑；或高层建筑剪力墙核心筒；或墙体端部有转角，墙体端部刚度较大，形成对墙体的约束。

图8-4 墙体围合转角处互相形成刚性约束

（3）曲面墙体被形体或断面变化约束 按说，曲线墙体比直线墙体多了法向的自由度，即平面外自由度，收缩变形的约束会小一些，但在局部造型突变，或墙体有内卷洞口时，会形成对墙体的约束，见彩插图C-29和图1-23。

（4）墙体内外温差 墙体内外温差，如夏季室外暴晒吸热，室内开空调温度低，有可能导致室内墙体裂缝。冬季室内开暖气温度高，室外温度低，有可能导致室外墙体裂缝（图8-5）。

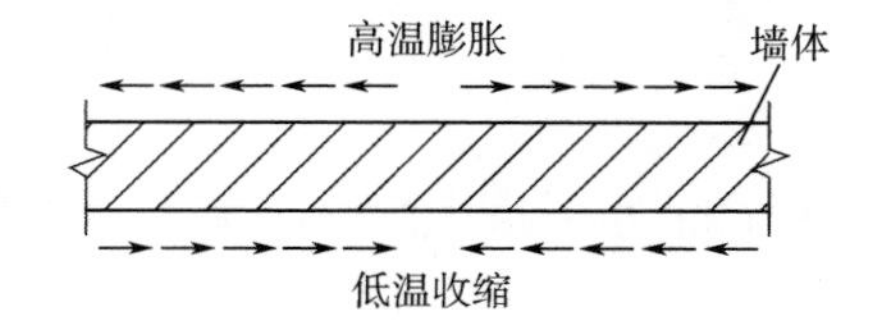

图8-5 室内外温差导致墙体收缩-膨胀变形

2. 墙体竖直裂缝预防

墙体竖直裂缝预防措施：

（1）设置伸缩缝　长墙应当按照规范要求设置伸缩缝，间距小于 30m。但有的长墙按 30m 间距设置了伸缩缝或者长度不到 30m，还是出现了裂缝。规范关于伸缩缝间距的规定也不是定量计算的结果，规范也没有给出计算非荷载效应的计算公式，30m 间距的规定是基于经验的，不能确保不出现裂缝。对于墙面不宜出现肉眼可见裂缝的清水混凝土工程，或将收缩缝间距设定得再小一些，如 20m，甚至更短；或设置引导缝、滑动层。

（2）设置引导缝　引导缝的原理是允许裂缝出现，但要引导它在设定的位置出现。具体做法是每隔一段距离（2 ~ 4m）削弱墙体断面（图 8-6），引导缝总深度≥截面宽度 20%，也可切断一根水平钢筋。如果墙体开裂，裂缝在引导缝内，不易看出来，修补痕迹也会削弱。

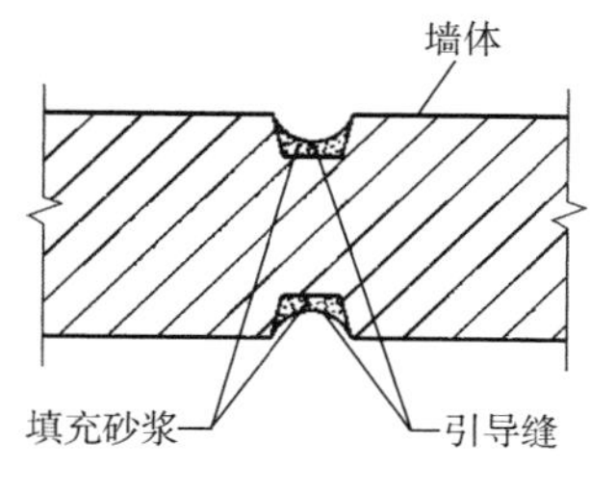

图 8-6　引导缝构造

引导缝宜在明缝（凹入式假缝）处设置，长墙和筒体墙都可以设置。

（3）设置滑动层　设置滑动层是指在墙体与基础之间设置滑动层，以减小摩擦力，进而减小基础对墙体的约束。王铁梦先生提出可铺设沥青油毡层，或选摩擦系数比油毡更小的防水卷材。

（4）筒墙转角断缝　四面围合的墙体，如筒体，或端部有转角的墙体，如果抗剪计算不用考虑剪力墙“翼缘”效应，可考虑在端部断开的方式，以减小刚性约束（图 8-7）。

（5）洞口内卷断缝　洞口墙体内卷时，洞顶与洞壁应与外墙断开并设置断缝（图 8-8）。

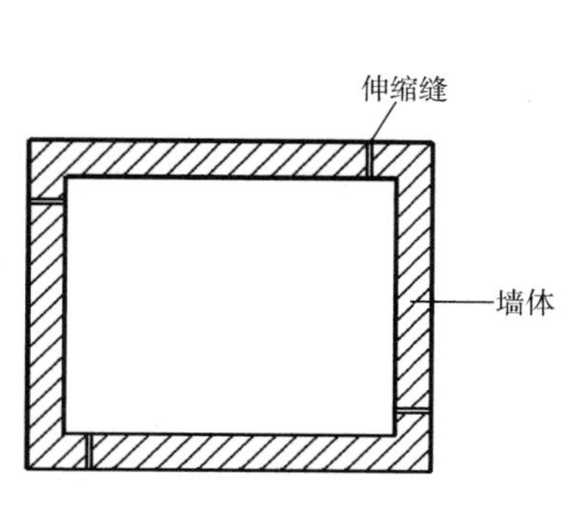

图 8-7　四面围合墙体用伸缩缝断开

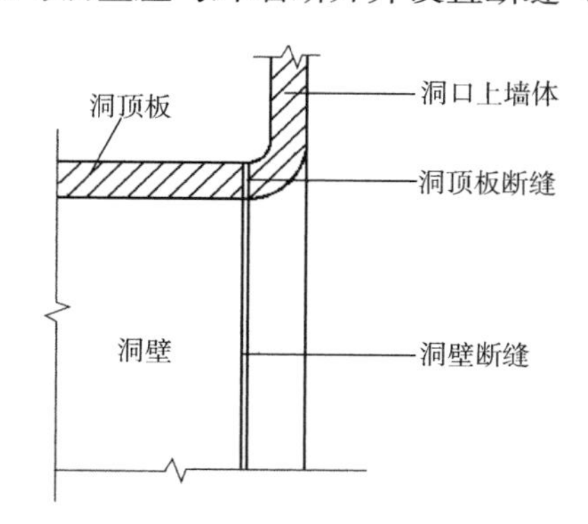

图 8-8　洞顶板与洞壁板与外墙断开

（6）曲面墙避免造型突变　曲面墙体造型舒缓，应尽可能避免局部突变形成约束。如无法完全避免突变，或设置引导缝，或加密水平钢筋，见下面一条。

（7）增加抗裂钢筋

1）墙体水平钢筋宜采用小直径带肋筋，小间距布置。

2）非线性曲面墙体钢筋随形并附加直筋，见图 7-10。

3）非线性曲面墙体突变处加密水平筋。

4）洞口上的墙体加密水平筋。

（8）伸缩缝构造　清水混凝土墙体采用金属伸缩缝构造会影响艺术效果，可用清水混凝土质感薄壁材料如 GRC 或超高性能混凝土制作伸缩缝构造，或遮盖金属伸缩缝。

（9）墙体保温　现浇清水混凝土墙体只要有保温层，无论是内保温还是夹心保温，墙体内外温差就不会太大，因墙体内外温差产生的温度变形裂缝出现的概率很低。

但有的建筑师追求内外墙面都是清水混凝土的统一质感，外墙不设置保温层。这样的设计不仅消耗能源多，不利于环保，室内外温差产生的墙体温度变形差还可能导致墙体裂缝。温度高的一侧的膨胀对温度低的一侧的收缩形成约束。在这种情况下，宜将墙体水平构造筋直径减小、加密布置。

（10）跳仓法　跳仓法是一种施工安排，就是间隔浇筑混凝土，像下跳棋一样，见图8-9，先浇筑A段混凝土，再浇筑B段混凝土。此方法是王铁梦先生提出的，规范也有介绍。

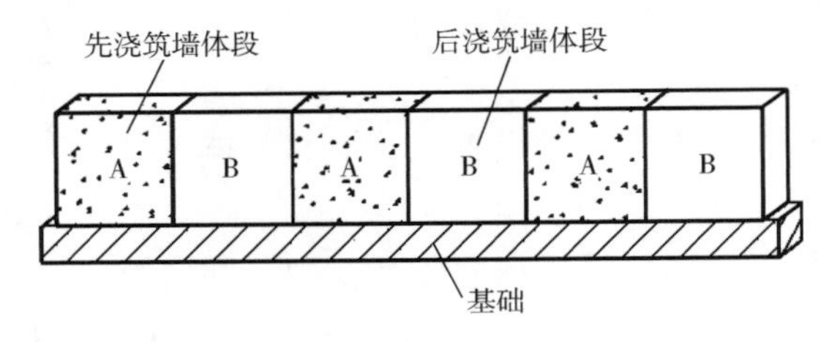

图8-9　长墙体“跳仓法”示意图

跳仓法每段浇筑的间隔周期一般是7天。跳仓法会降低干燥收缩、自生收缩等早期裂缝发生的概率，其原理是先浇筑的混凝土收缩完成后再浇筑插空段，减小了混凝土收缩量的影响。此法对预防混凝土的温度裂缝作用不大，因为温度变形是随温度变化而产生的。

（11）后浇带法　后浇带法原理与跳仓法一样，是将整体混凝土用后浇带分段，如图8-10所示，先浇筑A段混凝土，等2个月后早期收缩变形基本定型了，再浇筑后浇带混凝土合龙。后浇带法对应的是早期自生收缩和干燥收缩，但不能减少温度收缩缝。由于后浇筑混凝土间隔时间长达60d，早期收缩基本完成，后浇带法比跳仓法更有效。

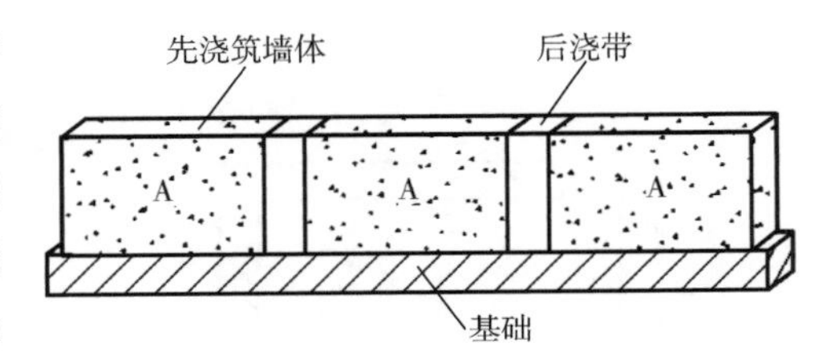

图8-10　长墙体后浇带示意图

8.3.3　墙体斜裂缝的成因与预防

1. 墙体斜裂缝成因

墙体斜裂缝一般由受剪或剪拉共同作用所致，具体成因包括：

1）基础或地基不均匀沉降，如中间大，两端小。

2）不同部位墙体混凝土徐变变形不均匀。

3）沉降、徐变和温度收缩受到约束。

2. 墙体斜裂缝预防

1）长建筑的地质钻探沿墙轴线应布置钻孔。可在施工图设计前补钻。

2）根据地质变化确定沉降缝的大体位置。

3）沉降缝布置应考虑建筑物高度和使用功能原因的荷载不均匀性。

8.3.4　墙体水平裂缝的成因与预防

1. 墙体水平裂缝成因

墙体水平裂缝出现得较少，但也有发现。除了钢筋部位因保护层等原因顺着水平钢筋开裂（见第6章）外，还有两种成因：

（1）荷载作用　某工程屋顶覆盖土做绿化，荷载通过屋盖传递给墙体，形成墙体平面外弯矩，如果墙体纵向钢筋仅按照构造配置，就可能导致配筋不足；或纵向钢筋保护层较厚，也容易出现水平裂缝。

（2）施工因素　施工因素导致墙体横向裂缝的原因包括：

1）混凝土凝固过程中产生沉降。

2）分层浇筑混凝土的结合部位出现裂缝。

2. 墙体水平裂缝预防

墙体水平裂缝预防措施包括：

1）如果存在平面外荷载作用，结构设计中须考虑，不能只做构造性设防。如果暗柱断面面积不够，可局部增加墙垛。

2）避免施工裂缝，具体措施见本书 8.5 节。

8.4　柱、梁、楼板及非结构构件裂缝的成因与预防

本节讨论现浇清水混凝土结构构件柱、梁、楼板和非结构构件的裂缝。混凝土外挂墙板裂缝在第 9 章讨论。

柱、梁、楼板及非结构构件可能会因荷载、构件相互作用、沉降、温度变形等因素出现条形裂缝。

8.4.1　现浇柱裂缝成因与预防

1. 柱子裂缝类型与成因

柱子日常所见裂缝有横向裂缝、纵向裂缝和梁柱结合部纵横裂缝。

（1）柱子横向裂缝　柱子横向裂缝有以下原因：

1）偏心受压柱受弯侧钢筋保护层过厚。

2）横向箍筋保护层过薄或混凝土不密实。

3）混凝土碳化导致钢筋锈蚀胀裂。

以上 3 条详见第 6 章。

4）碱-骨料反应裂缝（见第 5 章）。

5）施工因素所致（见 8.5 节）。

6）高层建筑竖向温差效应影响，底部若干层内外竖向构件将受到较大的轴向压力或拉力，外表竖向构件受到局部温差引起的较大弯矩。

（2）柱子纵向裂缝　柱子纵向裂缝比较少见，有以下原因：

1）受压破坏前出现的裂缝。

2）弱柱强梁情况下，荷载因素导致的裂缝。

3）纵向钢筋保护层过薄或混凝土不密实导致钢筋锈蚀胀裂（见第 6 章）。

4）混凝土碳化导致钢筋锈蚀胀裂（见第 6 章）。

（3）柱梁结合部纵横裂缝　柱梁结合部出现纵向和横向裂缝，除上述柱子的横向和纵向裂缝原因外，还有支座内钢筋拥挤的因素。

2. 柱子裂缝预防

1）对大偏心受压柱进行裂缝宽度复核。

2）避免弱柱强梁。

3）底层柱宜提高强度等级。

4）避免柱梁结合部位钢筋拥堵，间距过小。

5）为减弱高层建筑竖向温差效应影响，高层建筑需要控制竖向构件的轴压比，保证合适的含钢率。

6）外表竖向构件直接外露的高层建筑结构，竖向温差内力较大，对结构工作状态不利。建议采取保温隔热措施。

8.4.2　现浇梁裂缝成因与预防

1. 梁裂缝类型与成因

梁裂缝有梁底面跨中裂缝、梁侧面跨中竖向裂缝、梁侧面支座与跨中间斜裂缝、梁顶面靠近支座部位裂缝、主梁与次梁相交部位外侧面裂缝（图 8-11）。

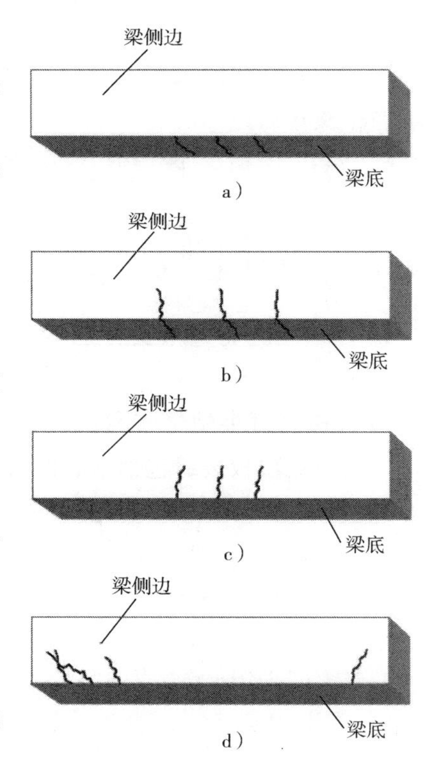

图 8-11　梁裂缝类型

（1）梁底面跨中裂缝（图 8-11a）　梁底面跨中垂直于梁轴线的裂缝多由弯矩所致，具体原因：

1）钢筋保护层过厚。

2）混凝土与钢筋的结合力不好。

3）施工环节钢筋直径错了或根数减少。

4）高层建筑竖向温差效应，顶部若干层框架梁受到较大的弯矩作用。

（2）梁侧面跨中竖向裂缝　梁侧面跨中附近竖向裂缝有两种情况：

1）梁底和侧面都出现裂缝（图 8-11b），主要是弯矩作用所致，也可能有温度收缩应力叠加作用。

2）梁底没有裂缝，只有梁侧面有裂缝（图 8-11c），多为温度收缩应力所致，见彩插图 C-33。

（3）梁侧面支座与跨中间斜裂缝（图 8-11d）　梁侧面支座与跨中间斜裂缝的成因：

1）荷载作用下剪力所致，或箍筋与弯起筋不足，或箍筋间距太大。

2）由结构柱或基础沉降所致。

3）竖向结构构件徐变差异所致。

（4）梁顶面靠近支座部位裂缝　梁顶面靠近支座部位垂直于轴线裂缝系负弯矩作用所致，具体原因：

1）负弯矩钢筋不足。

2）负弯矩钢筋保护层过厚。

3）顶部负弯矩钢筋伸入支座锚固长度不够或锚固板设置不当。

4）支座钢筋拥挤，造成混凝土握裹力不足。

（5）主梁与次梁相交部位外侧面裂缝　主梁-次梁相交部位外侧面裂缝主要是受扭作用产生。

2. 梁裂缝预防

1）梁裂缝宽度计算应考虑非荷载效应（主要是温度收缩应力）的附加影响。在规范没有给出计算方法与公式的情况下，关于温度附加应力的计算，笔者建议参照《实用高层建筑结构设计》一书给出的计算方法。

2）各部位钢筋，包括箍筋、腰筋，都必须严格控制保护层厚度。

3）为了防止高层建筑竖向温差效应引起裂缝，顶部若干层与内外竖向构件直接连接的框架梁宜适当增加配筋，配置或加密配置小直径腰筋。

4）梁易发生斜裂缝区域，加密箍筋布置。

5）避免梁柱结合部位配筋过于拥堵。如果钢筋间距较小，应对混凝土流动性提出要求，避免出现麻窝蜂洞，影响混凝土与钢筋的结合力。

6）重视主梁与次梁、墙体与平面外梁连接处的抗扭设计与构造。

7）施工环节避免钢筋直径与间距错误。

8）确保伸入支座钢筋锚固长度或锚固板的可靠性。

9）混凝土振捣密实，不泌水不离析，确保钢筋与混凝土的结合力。

8.4.3　现浇楼板裂缝成因与预防

1. 楼板裂缝类型与成因

日常所见楼板裂缝包括板底面跨中附近裂缝、板顶面支座附近裂缝、垂直长边的贯穿裂缝。具体原因包括：

1）板底钢筋保护层过薄导致顺钢筋裂缝。

2）板底钢筋保护层过厚导致垂直于钢筋的裂缝。

3）双向板板顶面钢筋保护层过薄导致顺筋裂缝。

4）双向板板顶面钢筋保护层过厚导致垂直于钢筋方向的裂缝。

5）受干燥收缩和温差收缩效应影响，筒体或剪力墙对屋盖楼盖梁板形成水平方向约束，导致板底面、顶面或贯穿裂缝。

6）受温度收缩效应影响，由于梁的厚度大于板厚，温度变化滞后，形成对楼板的约束，导致板底面、顶面或贯穿裂缝。

7）混凝土与钢筋的结合力不好。

8）施工环节发生下料钢筋直径错了或根数减少的现象。

9）钢筋间距误差过大。

10）双向板顶部负弯矩钢筋伸入支座锚固长度不够。

11）楼板浇筑混凝土后养护不好。

12）楼板浇筑混凝土后拆模或拆除支撑过早。

2. 楼板裂缝预防

1）应考虑非荷载效应（主要是温度收缩应力）的附加影响，温度附加应力计算可参照《实用高层建筑结构设计》一书给出的计算方法。

2）剪力墙结构楼板按组合内力偏心受拉计算配筋，双层构造抗拉贯通配筋。确保伸入支座钢筋锚固长度。

3）框架结构梁板之间钢筋不必连接，按搭接考虑。

4）剪力墙结构楼板整体浇筑应设置后浇带。

5）施工环节避免钢筋直径与间距错误。

6）严格控制保护层厚度，既不能厚，也不能薄。楼板浇筑混凝土时应架设桥板，施工人员不能踩在钢筋上作业。

7）混凝土振捣密实，保证其不泌水不离析，确保钢筋与混凝土的结合力。

8）楼板拆除模板或支撑时应保证混凝土达到设计和规范要求的强度。

8.4.4 非结构构件裂缝成因与预防

非结构构件包括阳台、阳台护栏、窗下墙、遮阳板、女儿墙等，下面分别讨论。

1. 非结构构件裂缝类型与成因

1）非结构构件与结构构件无缝连接形成刚性约束导致裂缝。例如图2-2b所示阳台护栏板与结构柱的无缝连接，造成柱子对护栏板形成刚性约束。

2）悬挑构件如阳台板、遮阳板顶面支座附近负弯矩钢筋保护层过大，或施工中将钢筋踩下去导致成型后混凝土保护层过厚出现裂缝。

3）悬挑构件伸入支座钢筋长度不足导致裂缝。

4）阳台护栏板内侧面底部因保护层过厚导致横向裂缝。

5）女儿墙因屋面板膨胀推力导致横向裂缝。

6）女儿墙因温度变形被约束出现竖向裂缝，或因墙、柱不均匀徐变出现斜向裂缝。

2. 非结构构件裂缝预防

1）非结构构件与结构构件或柔性连接，或采取预留缝。

2）严格控制钢筋保护层厚度。

3）悬挑构件钢筋伸入支座必须保证其锚固长度。

4）女儿墙与屋面板之间应当设置隔离缝。

3. 短柱效应与附加作用

本书2.6节介绍了短柱效应与附加作用。短柱效应是指非结构构件造成结构柱或剪力墙肢的实际长度变短，削弱了柱子或墙肢的延性，导致结构发生脆性剪切破坏效应，易造成结构坍塌。预防办法是在混凝土阳台板与结构柱（或墙肢）之间设置缝隙，图 8-12 是日本阳台的做法。混凝土窗下墙与结构柱（或墙肢）之间也须留有缝隙（图 8-13）。非结构构件与结构构件之间的缝填充压缩比高的建筑密封胶。

图 8-12　阳台板与柱子之间留有缝隙

图 8-13　窗间墙与柱间留缝（填密封胶）

附加作用是指非结构构件在地震时对结构构件产生的附加作用，或造成结构构件的损坏，或非结构构件自身损坏。

避免短柱效应和附加作用的具体做法包括：

1）在阳台护栏、窗下墙、预制整间板、预制整体飘窗设计中，应对非结构构件与结构柱、墙的关系进行分析，如对可能形成短柱效应与附加作用的部位进行留缝处理。

2）混凝土窗间墙板，从楼板或梁向上（向下）悬臂，不与柱子连接，而是留缝，缝隙处用高弹性密封胶填充。

3）外挂墙板不得伸出钢筋与结构柱、梁相连。

4）非结构构件与主体结构或外挂墙板之间的缝隙宽度应经计算确定，密封胶的选用应考虑其压缩比。

8.5　施工因素导致的裂缝成因与预防

1. 现浇清水混凝土施工裂缝类型与成因

现浇清水混凝土墙、柱、梁、楼板和非结构构件施工过程中都可能出现裂缝，其类型包括：

（1）混凝土沉降裂缝　混凝土浇筑、振捣过程中，或混凝土浆料不够黏稠，固体材料沉降；或流动性大即坍落度过大；或因离析，导致尚未凝固的混凝土发生沉降，形成裂缝。

1）水平构件梁和楼板施工时，混凝土沉降会形成浇筑面沿钢筋方向的条形裂缝。

2）竖向构件墙、柱施工时，混凝土沉降会形成模板面沿钢筋水平方向的条形裂缝（彩插图 C-32）。

（2）初凝后扰动裂缝　混凝土初凝后被扰动，形成混凝土表面的不规则裂缝。

1）混凝土开始初凝后才浇筑与此相连的另一部分混凝土。

2）混凝土初凝后还进行振捣。

（3）浇筑分层裂缝　混凝土分层浇筑缝，下层先浇筑的混凝土与上层后浇筑的混凝土结合不好。

（4）模具沉降

1）模具支撑力不够导致沉降或在鼓仓力的作用下发生侧向位移。

2）拆模过早导致的混凝土裂缝。

（5）施工荷载

1）施工荷载局部过大，如材料设备集中堆放。

2）施工过程中发生不应有的碰撞。

（6）拆模作业　拆模作用不当导致边角处裂缝。

2. 现浇清水混凝土施工裂缝预防

1）混凝土浆料接近初凝时不能浇筑，不得振捣。

2）为避免混凝土沉降，应采用二次振捣方式，即在两小时内振捣两次，第二次振捣必须在开始初凝前。

3）混凝土分层浇筑时，要清理好结合面。

4）混凝土振捣应充分，避免漏振、欠振和过振导致的混凝土不密实、泌水、离析、露筋等现象。

5）模具支撑须坚固，高墙高柱的侧向支撑应复核其变形。

6）混凝土拆模时间，应达到设计要求的强度。

7）禁止在未达到设计强度的混凝土结构上集中堆放材料和设备。

8）拆模作业中螺栓应全部去除，避免使用机械工具用蛮力强拆。

8.6　其他预防措施

需进一步强调的预防措施包括：

1. 伸缩缝间距

剪力墙结构：现浇为30m，装配式为40m。

框架结构：现浇为35m，装配式为50m。

伸缩缝间距不符合国家标准规定要求的楼盖、屋盖和墙体，水平钢筋宜采用带肋钢筋。

2. 沉降缝

地基地质状况不同，建筑结构刚度或荷载不均匀（如裙楼与主楼刚度不同），结构过长，上述情形下应设置沉降缝。

3. 加厚保护层

行业标准《清水混凝土应用技术规程》JGJ 69—2009规定，清水混凝土的钢筋保护层厚度比普通混凝土要厚，具体为：

板、墙、壳为25mm；梁、柱为35mm。

4. 混凝土强度等级

1）选用适宜的混凝土强度等级。一般而言，混凝土强度等级与收缩率成正比。在满足强度要求的前提下，低强度等级对预防裂缝有利。

2）大体积混凝土以 C30 ~ C35 为宜。高层建筑底层柱子强度宜高一些。

3）相邻混凝土结构强度等级应当一致。

5. 配筋

对无法定量计算非荷载效应内力增量的构件，可通过增加钢筋来提高抗裂作用：

1）适当提高含钢量。

2）采用小直径 + 小间距钢筋。

3）在形体突变处增加附加筋。

4）梁、板非受拉区配置构造配筋以对应温度应力，如受压区构造筋和侧边腰筋。

6. 降低混凝土收缩率

混凝土收缩累计值约为（2 ~ 4）$\times 10^{-4}$，降低收缩率就降低了裂缝出现的概率。

1）使用低收缩率的水泥。

2）采用尽可能小的水灰比。

3）控制骨料含泥量。

4）使用高效减水剂。

5）掺加粉煤灰。

6）控制混凝土坍落度。

7. 后浇带

后浇带主要解决早期混凝土收缩问题，因为早期收缩率一般要占总收缩的 50% 以上，因此后浇带就显得非常重要。后浇带宽度不宜小于 300mm，也可取两道明缝之间的宽度。

8. 施工缝

1）混凝土浇筑水平施工缝以设在楼层或明缝处为宜。

2）浇筑上层混凝土前应将施工缝处的浮浆凿去。

9. 混凝土养护

现浇清水混凝土应浇水养护，保持其高湿度，避免风干。

8.7　现浇清水混凝土裂缝的危害

受弯或受拉钢筋混凝土结构构件多是在有缝状态下工作的，即构件表面混凝土被拉裂之后，钢筋才“吃劲”。但清水混凝土构件不仅是结构构件，还有艺术角色，一旦出现裂缝，就会影响建筑艺术效果，也影响使用者对结构安全的信心。

室外构件表面裂缝还容易渗进水，导致钢筋锈蚀，影响结构的耐久性。因此，避免裂缝是清水混凝土工程必须认真对待的课题。下面将其在结构、使用和耐久性方面的危害分析如下：

1）连续墙体的温度收缩裂缝不会造成结构危害。但裂缝如果贯通会透水；修补后还可能反复开裂。裂缝会加速钢筋锈蚀，影响结构的耐久性。

2）梁、柱、楼板裂缝可能有结构危险。受弯构件受拉区出现裂缝时，应观察受压区，如果受压区也出现裂缝，表明混凝土临近破坏状态。

3）受弯构件受压区出现裂缝时，结构危险性较大。柱子出现竖向裂缝时，结构危险性较大。

4）剪力墙出现斜裂缝，很可能是由基础或地基沉降引起的，需要检查基础裂缝情况和地基沉陷情况。

5）施工裂缝一般没有结构危险，但会影响结构的耐久性。

8.8 现浇清水混凝土裂缝的调查处理

现浇清水混凝土裂缝调查的流程与方法见第 17 章，修补方法见第 18 章。这里给出须强调的调查和处理要点。

1. 调查要点

1）产生现浇清水混凝土裂缝的原因有多种，首先须查清是哪一种原因，为从根本上解决收缩裂缝危害提供依据。一般而言可以根据结构体系类型和裂缝方向判断裂缝原因。

2）须调查裂缝的范围、间距、宽度、深度（是否贯通）、长度等。受拉区出现裂缝时应观察受压区的情况。

3）出现斜裂缝时应调查基础沉降情况。

2. 处理要点

（1）连续长墙或非线性曲面墙的竖向裂缝如果很细，缝宽在 0.2mm 以内，或在 2m 外不是清晰可见，可以再观察一段时间。因为此类裂缝有反复，可观察在天气炎热时裂缝的变化。

（2）连续长墙或非线性曲面墙斜向裂缝如果是由基础或地基沉降导致，须加固基础或地基。

（3）其他裂缝宜采取如下修补工艺：

1）对裂缝用注射器或灌浆设备注入有弹性的环氧树脂。

2）弱化修补痕迹处理。

3）用防水涂料进行封闭。

第9章　预制混凝土构件裂缝的成因、预防与处理

预制构件裂缝既不该出现，也不会被甲方和施工方接受。

9.1　装配式混凝土建筑

预制混凝土构件主要用于装配式混凝土建筑。

现浇混凝土建筑或钢结构建筑也会用一些预制构件，如预制楼板、楼梯、外挂墙板等。

装配式混凝土建筑是由预制混凝土构件通过可靠连接方式建造的建筑。

现浇钢筋混凝土建筑1890年在法国问世。第二年，巴黎一家公司就将预制钢筋混凝土梁用在了建筑上。5年后，法国人又建造了最早的装配式混凝土建筑——一座小门卫房。20世纪50年代，装配式混凝土建筑在欧洲、美洲、日本和澳大利亚得到广泛推广。

中国20世纪50年代到80年代推广过装配式混凝土建筑，包括厂房、仓库等，住宅建筑中也大量用混凝土预制梁、板。但80年代后钢筋混凝土建筑多采用现浇工艺。从2016年开始，中国再次开始大规模推广装配式混凝土建筑。

9.2　预制混凝土构件

1. 预制混凝土构件（PC构件）

预制混凝土构件简称PC构件，PC是英语“预制混凝土”（Precast Concrete）的缩写。常用的PC构件包括柱、梁、叠合板、叠合梁、莲藕梁、柱梁一体构件、楼板、剪力墙板、外墙挂板、夹心保温外墙板、飘窗、楼梯、阳台板等。下面对部分构件做简单介绍：

（1）叠合板　叠合板是预制与现浇混凝土叠合的楼板。普通预制叠合板有桁架筋，以避免运输安装时断裂，见图9-1。预应力叠合板没有桁架筋，见图9-2。

图9-1　有桁架筋的普通叠合板

图9-2　预应力叠合板

（2）叠合梁　叠合梁是预制与现浇混

凝土结合为一体的梁，顶部预留钢筋，与楼板一起现浇，见图 9-3。

（3）莲藕梁　莲藕梁是梁柱一体构件，柱部分预留孔眼，像莲藕一样。安装时柱子纵向钢筋从预留孔穿过。莲藕梁有单莲藕梁（图 9-4）和双莲藕梁（图 9-5）。

（4）梁柱一体三维构件　梁柱一体三维构件是将梁和柱身做成一体，见图 9-6。

（5）剪力墙板　预制剪力墙结构构件，包括剪力墙外墙板、剪力墙内墙板，见图 9-7。

图 9-3　叠合梁

图 9-4　莲藕梁

图 9-5　双莲藕梁

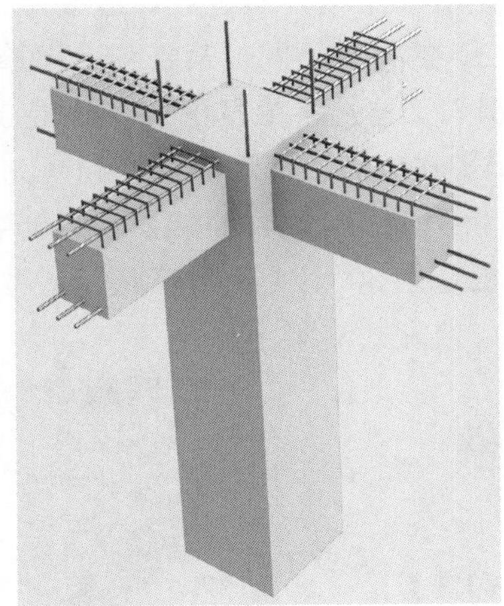

图 9-6　梁柱一体三维构件

图 9-7　剪力墙板

（6）外墙挂板　属于预制外围护墙板（图 9-8），是一种非结构构件，与结构体系用金属预埋件和连接件连接。

（7）夹心保温板　外墙板包括剪力墙板和外挂墙板。墙板断面或单层（图 9-9a）；或双层，表面有装饰混凝土层（图 9-9b）；或三层，内叶板 + 保温层 + 外叶板，这种三层墙板称为夹心保温板，或“三明治”板（图 9-9c）。

（8）整体飘窗　这是一种墙板与飘窗浇筑成一体的构件，见图 9-10。

图 9-8　外挂墙板

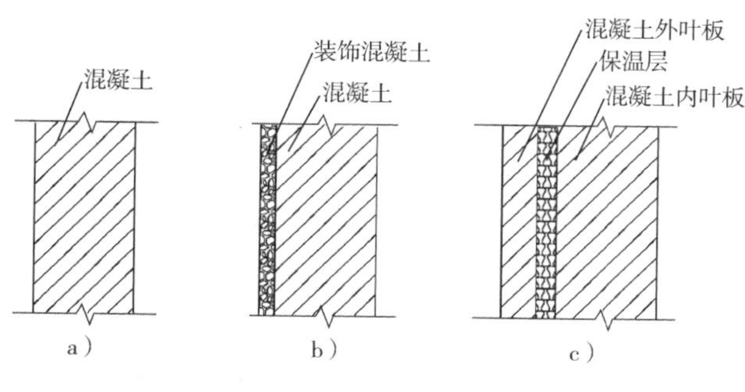

图 9-9　不同构造层的钢筋混凝土构件断面
a）单层构造　b）双层构造　c）“三明治”构造

图 9-10　预制整体飘窗

2. PC 构件设计

装配式混凝土建筑设计需先将结构构件、外围护构件和其他非结构构件拆分，再做单体构件设计。单体构件设计内容包括：

外形与尺寸设计、连接方式设计、预埋件与吊点设计，制作和安装荷载复核计算，应力集中部位防裂缝构造设计等。

PC 构件设计需要对制作和安装各个环节的荷载进行复核，这些荷载往往是形成构件早期裂缝的原因，包括：脱模、翻转、装卸、存放、运输、安装环节的荷载。

PC 构件设计还应考虑构件连接部位预防裂缝措施。

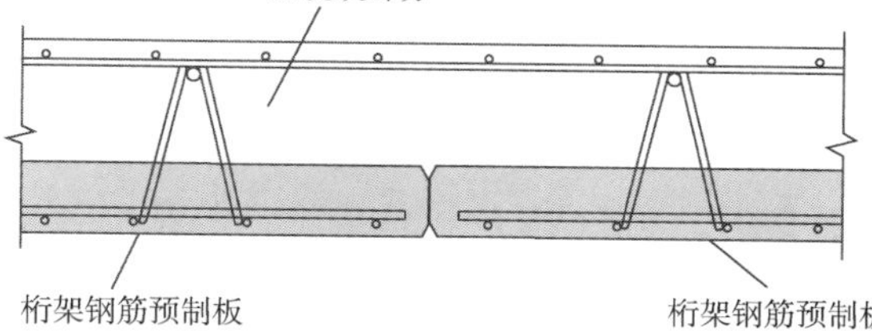

装配式混凝土建筑构件连接方式包括：

图 9-11　叠合板后浇混凝土连接

（1）后浇混凝土连接　包括叠合板后浇混凝土（图 9-11），叠合梁与叠合板后浇混凝土，柱与梁、剪力墙与剪力墙后浇混凝土连接（图 9-12）。

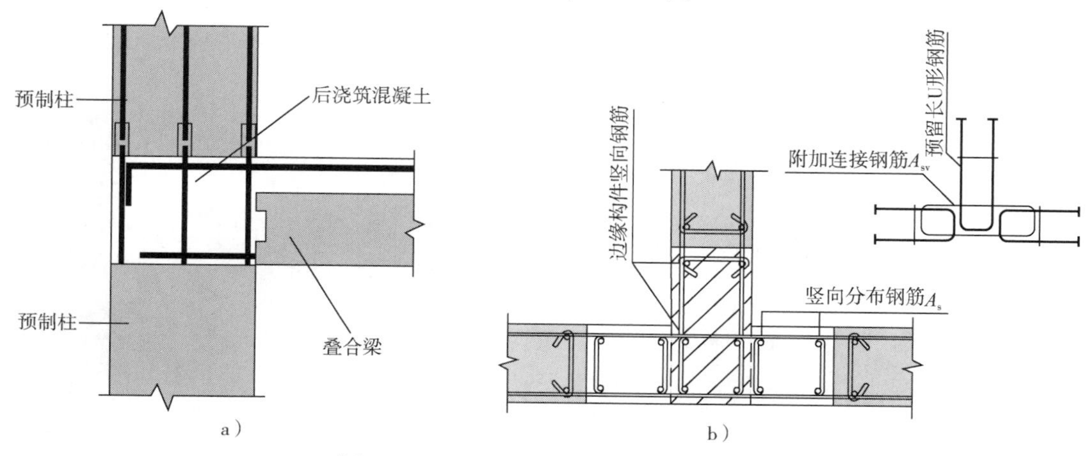

图 9-12　柱梁、剪力墙后浇混凝土连接
a）柱与梁连接　b）剪力墙连接

（2）灌浆套筒连接　竖向结构构件（柱或剪力墙）采用灌浆套筒连接（图 9-13）。

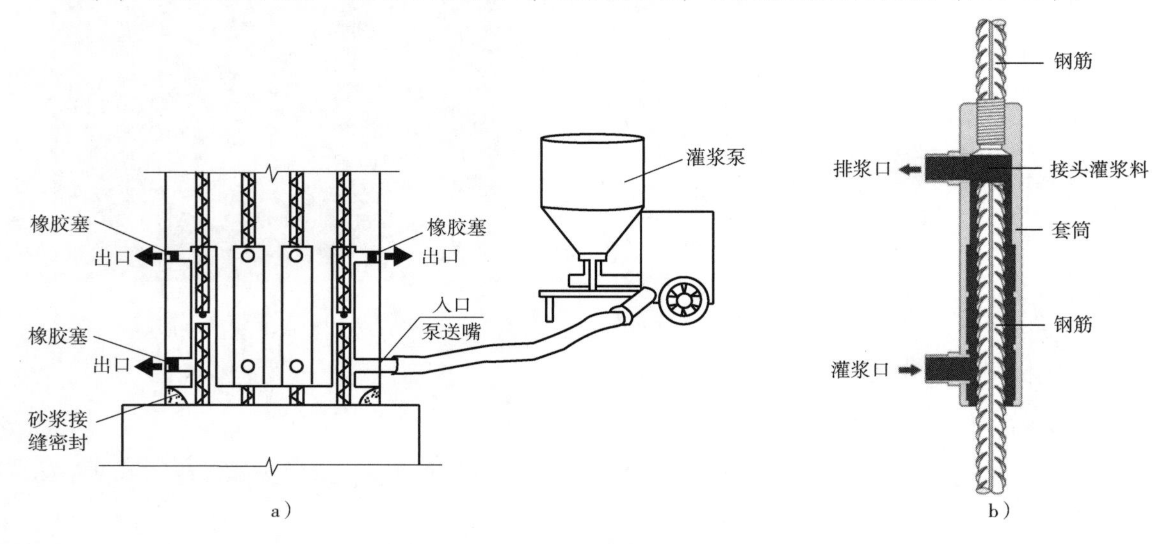

图 9-13　竖向构件灌浆套筒连接示意图

（3）螺栓连接　外挂墙板采用预埋件-螺栓连接（图 9-14）。

这些连接部位是重要的裂缝防范点。

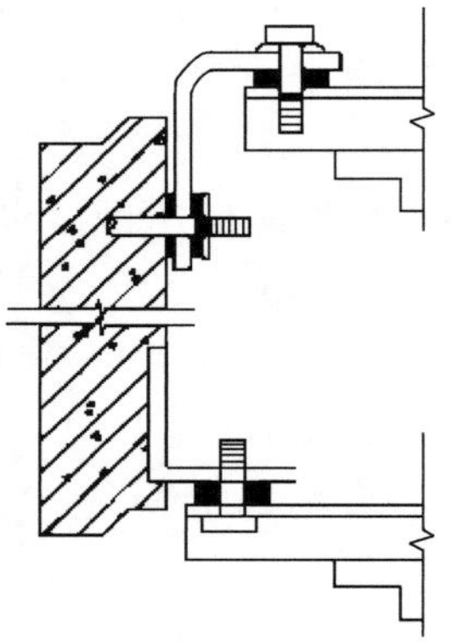

3. PC 构件制作工艺

PC 构件主要在工厂预制，制作工艺包括固定模台工艺（图 9-15）、流水线工艺（图 9-16）和单个构件的独立模具工艺。不同工艺，其预防裂缝的要点不同。

（1）固定模台工艺　构件在固定的钢平台上制作，底模是钢平台。钢筋入模、混凝土浇筑、养护、脱模作业在同一地点。脱模时将构件吊起运走。

图 9-14　外挂墙板螺栓连接

（2）流水线工艺　构件在流动的钢平台上制作，底模是流动钢平台。组模、钢筋入模、混凝土浇筑振捣在不同工位作业，养护时进蒸汽养护窑，出窑后在脱模工位脱模。由于流水线是流动的，一个环节耽误了，整个流水线都会受影响，所以作业和质量控制有时间限制。

图 9-15　固定模台工艺

图 9-16　流水线工艺

预制构件多采用蒸汽养护。固定模台工艺是将蒸汽管通到模台处，覆盖构件，进行通汽养护。流水线工艺在养护窑养护。蒸汽养护对提高混凝土质量有利，但管控不好也可能出现裂缝，是预防裂缝的重点环节。

预制构件存放环节出现裂缝的也比较多，也是预防裂缝的重点环节。

9.3 预制混凝土构件裂缝的类型

1. 预制混凝土对裂缝的宽容度

预制混凝土构件尚未安装就出现裂缝是不能接受的，用户、监理和施工方对预制混凝土构件裂缝的宽容度往往为零。

裂缝出厂前经过修补，能确保结构安全、耐久性和使用功能没有问题，且不会对心理安全和艺术效果造成影响，是可以交付使用的。但有艺术功能的清水混凝土预制构件要做到无修补痕迹很难。

构件运输和卸车过程中产生的裂缝安装到建筑上可能影响结构安全，而且施工方和监理验收也不会通过。

2. 预制混凝土构件裂缝预防难度

按说，预制混凝土裂缝预防要比现浇容易，毕竟工厂化生产比工地现浇更容易把控质量。但实际上许多工程预制构件的裂缝比工地现浇的混凝土还多，主要原因有：

1）预制比现浇增加了脱模起吊、翻转、厂内装卸运输、场地存放、往工地运输、工地卸车和吊装等环节。

2）蒸汽养护升温、降温速率控制不好，或养护温度过高，就很容易出现裂缝。

3）一些工厂在蒸汽养护后没有继续保湿养护。

4）一些工厂管理和技术人员或配置不足或经验不足。有些 PC 工厂混凝土搅拌站和实验室的技术力量比商品混凝土搅拌站弱。

3. 预制混凝土构件裂缝类型

预制混凝土构件裂缝分 3 个阶段出现：

（1）安装前出现的裂缝　构件制作、存放、运输环节出现的裂缝，包括：混凝土制备、钢筋间距误差、钢筋保护层误差、混凝土浇筑振捣、外伸钢筋被扰动、养护不当、早期失水、脱模、翻转、构件存放、吊运、装车、运输导致的裂缝。这些裂缝是本章讨论的重点。

应力集中裂缝已在第 7 章讨论，本章不再讨论。但需要提醒的是，预留孔、预埋件、门窗洞口处的应力集中裂缝在预制构件中出现较多，须予以重视。

（2）安装或安装后出现的裂缝　预制构件安装过程和安装后出现的裂缝，包括：构件本身，构件连接处、后浇混凝土出现的裂缝。这些裂缝也将放在本章讨论。

预制构件因使用荷载因素、构件间相互作用因素和现场施工因素导致的裂缝详见第 8 章。

（3）预制构件服役期裂缝　预制混凝土构件交付使用后出现的裂缝，包括碳化收缩龟裂、碱-骨料反应龟裂、冻融裂缝和钢筋锈蚀裂缝等，尽管是预制构件出厂后出现的裂缝，但成因很多在工厂环节。构件制作环节必须预防这些裂缝，详见第 3 ~6 章。

9.4 预制混凝土构件裂缝的成因与预防

9.4.1 脱模时出现的裂缝

1. 脱模时构件严重破裂

文前彩插图 C-36 是构件脱模时出现的严重破裂，这种裂缝不多见，其主要原因是混凝土未达到脱模强度，一般有 3 种可能。

1）水泥过期或受潮。

2）蒸汽养护时间不够。

3）蒸汽养护温度过低。

这种裂缝很难修复。

2. 吊点处或与模板接触面局部裂缝

较大梁、柱、板或复杂构件，脱模时吊点处（图 9-17）或构件与模台接触面（图 9-18）出现局部裂缝，有可能造成脱模起吊时的安全事故，必须格外重视。

图 9-17 构件吊点处裂缝

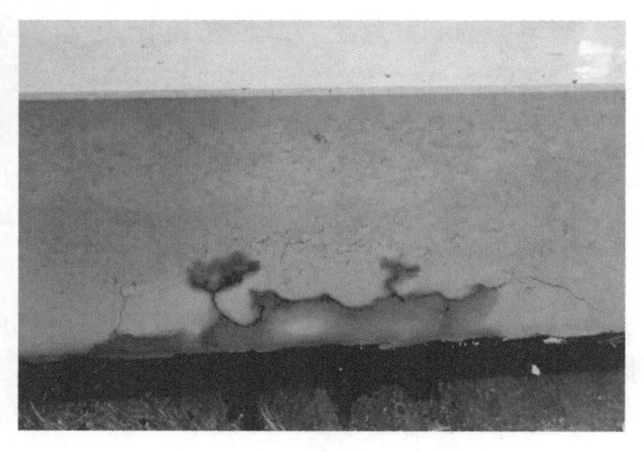

图 9-18 构件脱模时底板粘接裂缝

这类裂缝有 4 种可能的原因：

1）脱模时混凝土未完全达到脱模强度。

2）吊钩锚固长度不足。叠合板吊点处未布置加强筋。

3）吊点处混凝土不密实，或混凝土浇筑后“沉塑”变形，有微裂缝，起吊时裂缝扩展。

4）脱模剂没有涂刷均匀。

这类裂缝大多可修复。

3. 脱模作业用力不当造成的裂缝

构件边角处因脱模用力不当或碰撞出现裂缝。彩插图 C-40 为楼梯踏步角部位出现的斜裂缝。图 9-19 为楼梯踏步距离边不远处脱模用力不当而造成裂缝。这类裂缝可以修复。

4. 预防措施

1）设计应给出明确的混凝土脱模强度。

2）设计吊钩及锚固长度时应按照脱模时的混凝土强度计算。工厂须按设计要求设置预埋吊钩的锚固长度。

3）预埋吊钩或螺母处混凝土必须振捣密实，宜采用二次振捣法。

4）叠合板吊点处须加布附加筋。

5）必须保证使用未受潮不过期的水泥。

6）保证脱模剂质量和涂刷质量。

7）预制构件抗压强度达到设计要求的脱模强度并大于 15MPa 时才能脱模。混凝土浇筑时必须制作同步养护试件。养护结束，实验室必须做抗压试验，达到要求后才能给出脱模指令。

8）造型复杂的构件模板拆卸顺序要预先做出设计。

9）脱模作业必须全部卸掉螺栓。

10）严禁用蛮力或用撬棍助力脱模。

图 9-19　楼梯靠近边缘部位脱模受力造成裂缝

9.4.2　蒸汽养护结束后出现的龟裂和不规则裂缝

构件蒸汽养护后出现龟裂（图 9-20）或不规则裂缝（图 9-21、图 9-22），是常见现象。

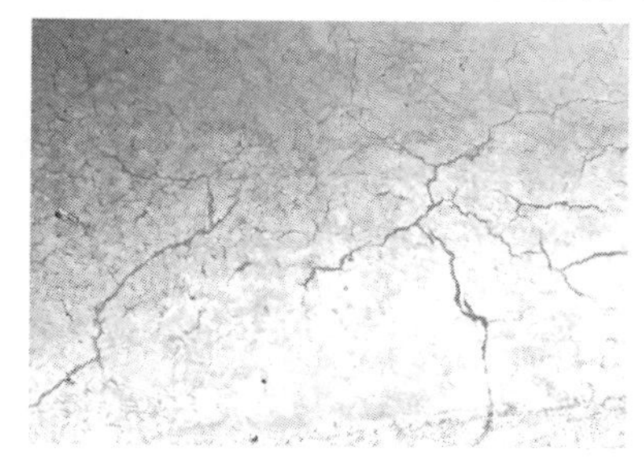

图 9-20　蒸汽养护结束后浇筑面出现的龟裂

图 9-21　楼板浇筑面不规则裂缝

图 9-22　楼板模具面不规则裂缝

1. 成因分析

构件在蒸汽养护结束时即出现龟裂有 5 种可能的成因：

（1）急速升温、降温

1）蒸汽养护未执行“养护前静停—缓速升温—保持恒温—缓速降温”流程，急速降温，混凝土表面快速收缩而内部来不及收缩，形成对表面的约束，出现裂缝。

2）急速降温的原因或没有自动温控系统，如固定模台的蒸汽养护；或虽有自动温控系统，为节省能源不舍得降温。

3）构件出窑温度与存放场地温度温差过大。

（2）蒸汽养护温度过高　蒸汽养护温度过高，超过50℃甚至60℃。

（3）失水干燥收缩　养护窑或固定模台蒸汽养护实现了高温，但未保证湿度，或养护窑加湿不够；或固定模台未用带隔水膜的保温被覆盖，导致混凝土表面严重失水收缩。也可能与蒸汽养护后干燥过快有关。

（4）大构件水化热　截面最小边长大于1000mm左右的混凝土构件，如大断面柱子，因水化反应热导致混凝土内部和表面出现温差，导致出现温度收缩龟裂。不过这种现象较少出现。

（5）混凝土初凝后震动　混凝土开始初凝了又振捣。例如同一模台上制作几个构件，第一个构件开始初凝了，第二或第三个后来浇筑的构件又开始振捣，使第一个构件在初凝后被震裂。图9-22就是此类裂缝。

2. 预防措施

1）严格执行本书第3章介绍的预防收缩龟裂的措施。

2）严禁初凝后再振捣构件。

3）蒸汽养护必须执行“养护前静停—缓速升温—保持恒温—缓速降温”流程，养护温度不应超过60℃，不宜超过50℃。预制构件厂应当有温度自动控制系统，固定模台也必须设置。

4）大构件不宜采用蒸汽养护。如果一定用蒸汽养护，则温度不宜高于40℃，且必须缓慢降温。

5）蒸汽养护结束后也应保持构件表面湿度。

对出现龟裂和方向无规则裂缝的构件应检测混凝土强度，如果强度内外都达不到设计要求，构件应报废；如果只是局部问题，则可凿除后修补。

9.4.3　构件存放期间出现的龟裂

预制构件脱模时未发现裂缝，但在存放期间出现了龟裂，这是常见现象。

1. 成因分析

许多人以为蒸汽养护后养护就结束了，没有跟进后续养护。实际上，蒸汽养护结束时混凝土强度也就达到其设计强度的一半，如果不保湿养护，构件表面失水，水化反应不彻底，必将导致出现干燥收缩龟裂，见第3章。

2. 预防措施

蒸汽养护后必须继续保湿养护，防止风干晒干。直到同步养护试件抗压强度达到设计强度。日本PC工厂构件一般不会出现裂缝，更不会发生龟裂，笔者在几个日本工厂观察到，蒸汽养护后的构件也都定时喷水，以保持其表面的湿度。

9.4.4　叠合板浇筑面纵向裂缝

文前彩插图C-37、图9-23所示的叠合板浇筑面纵向裂缝是常见裂缝。

1. 成因分析

叠合板浇筑面纵向裂缝有3种可能成因。

（1）混凝土浇筑后沉降　混凝土流动性大，在塑性阶段形成沉降裂缝，即“沉塑”。有桁架筋的位置没有沉降，无桁架筋的地方出现沉降裂缝。

（2）急速升温所致　钢模台、叠合板的端部钢模在蒸汽养护升温阶段先行膨胀，而混凝土在硬化阶段发生自生收缩，一胀一缩，形成约束，混凝土尚未形成强度时被拉裂，到降温时裂缝已经定型，虽然降温后会愈合一部分，但仍会保留细的缝隙。

（3）叠合板存放支垫错误　纵向裂缝在存放期间出现，大多与垫块位置有关。叠合板用点式垫块，垫块如果高度不一，或多层存放垫块错位，导致叠合板在与桁架筋垂直的方向出现悬臂状态，此时产生的负弯矩很容易将表面混凝土拉裂。

图 9-23　叠合板浇筑面纵向裂缝

2. 预防措施

1）避免混凝土浇筑沉降的措施见本书 8.5 节。

2）蒸汽养护温度控制和升温降温速率控制见本书第 15 章。

3）构件的合理存放措施见本书 9.4.8 节。

9.4.5　灌浆套筒部位纵向裂缝

1. 成因分析

竖向结构柱和剪力墙的灌浆套筒是结构连接的关键点，该部位出现裂缝（图 9-24）对结构安全影响很大，虽然出现概率不高，也必须重视。

灌浆套筒顺套筒方向裂缝属于应力集中裂缝，主要与蒸汽养护温度和升降温的速率有关。

虽然混凝土与套筒线膨胀系数属于同一量级，但导热系数不同，变化速率不一样。蒸汽养护升温时，套筒先于混凝土受热膨胀，有可能将尚无强度的混凝土胀裂；养护结束降温时，若降温速度过快，套筒和端部钢模先于混凝土收缩，两个套筒之间的混凝土降温速率慢，有可能被拉裂。

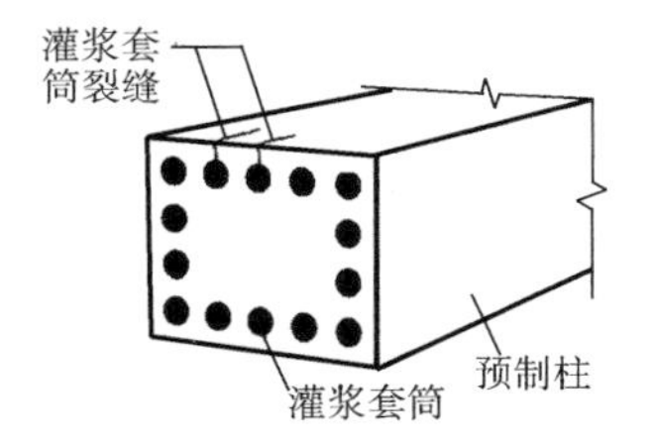

图 9-24　装配式建筑竖向构件灌浆套筒处裂缝

还有一种可能，大截面柱混凝土硬化过程温度较高，蒸汽养护温度更高，如果降温速率过快，套筒和表面混凝土开始降温，而内部混凝土还没有降温，套筒处因材料变化出现应力集中，先被拉裂。

此外，灌浆套筒处混凝土塑性沉降和混凝土对套筒握裹力被削弱也是必须重视的问题。

笔者在某PC工厂发现，工厂为作业方便，将PC柱灌浆（出浆）口集中布置在柱子一侧（图9-25），这对柱子的结构安全是一个很大的隐患。

图9-25　灌（出）浆口集中到柱子一侧

把灌浆口与出浆口布置到柱子一侧，导浆管使套筒到实际间距达不到国家标准规定的最小净距25mm，如此会导致如下问题：

1）混凝土骨料与浆料易分离或离析，也很难振捣密实，从而使混凝土抗压强度降低。

2）套筒间距过小，或混凝土不密实，无法形成对套筒的有效握裹力。

如此，会削弱柱子的延性，在荷载作用下易发生脆性破坏，这对结构安全是很危险的（图9-26）。

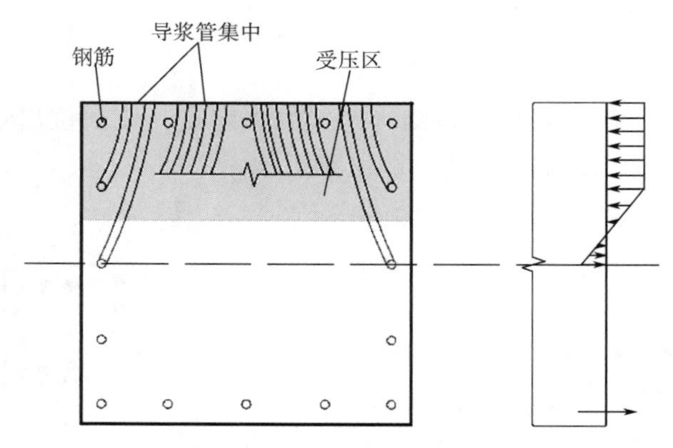

图9-26　导浆管集中削弱了受压区混凝土的强度

2. 预防措施

1）大断面柱尽可能不采用蒸汽养护。如使用蒸汽养护，温度不宜高于40℃，不应高于50℃，且升降温速率应比普通构件慢一半。

2）严格控制套筒间距误差。

3）控制混凝土坍落度误差，保证混凝土振捣质量，避免出现泌水、离析和漏振。

4）禁止把灌（出）浆口集中到柱子一侧。设计图应明确说明。工厂应严格执行。

9.4.6 伸出钢筋部位裂缝

许多预制构件有伸出钢筋，伸出钢筋部位混凝土易出现裂缝（图9-27）。

1. 成因分析

1）伸出钢筋被扰动。

2）伸出钢筋在自重作用下下垂。

2. 预防措施

1）梁、柱等构件伸出钢筋较长时，应设置支架托住钢筋，防止其下垂。

2）梁、柱伸出钢筋处应设置作业围挡，防止钢筋被扰动。

图9-27 构件伸出钢筋部位裂缝

9.4.7 构件起吊、翻转时垂直于受力钢筋的裂缝

构件在脱模、倒运、装车过程中可能出现构件底面垂直于钢筋的裂缝，有的板式构件在翻转时也可能出现裂缝。这类裂缝出现的概率不是很大，但对结构安全影响较大。图9-28为楼板底面裂缝实例。

图9-28 垂直于纵向受力钢筋的裂缝

1. 成因分析

1）脱模时混凝土强度过低，起吊速度过快，动荷载大；再加上模板与构件的粘结作用，导致荷载过大。

2）吊索水平夹角过小（要求是60°），使构件受力状态发生改变，自重和动荷载的水平分力过大，底面处于受弯状态。

3）混凝土保护层过厚，在吊运荷载下出现裂缝。笔者曾在PC工厂发现因为保护层垫块放置错了，结果导致保护层厚度增加（图9-29）。

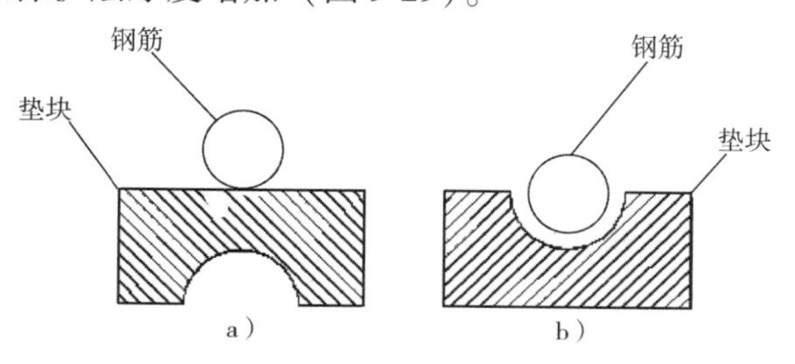

图9-29 保护层垫块放置错误导致钢筋保护层加厚

a）错误的方式 b）正确的方式

4）软带捆绑起吊的小型构件，软带位置在构件中间，形成悬臂负弯矩。

存放与运输环节原因见 9. 4. 8 节。

2. 预防措施

1）控制脱模起吊速率，严禁急速起吊。

2）吊索水平夹角须大于 60°，吊点位置应适宜（图 9-30），各类构件应有专门吊具（图 9-31）。

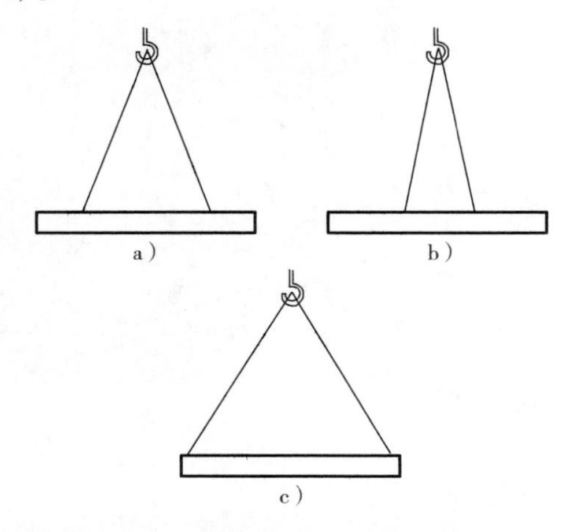

图 9-30　吊点位置应合适，吊索角度宜大于 60°

a）合适　b）构件悬挑大，不合适

c）吊点跨度大、构件弯矩大，不合适

图 9-31　吊具与吊索

3）确保混凝土保护层厚度在允许误差范围内。

4）正确进行翻转作业（图 9-32）。

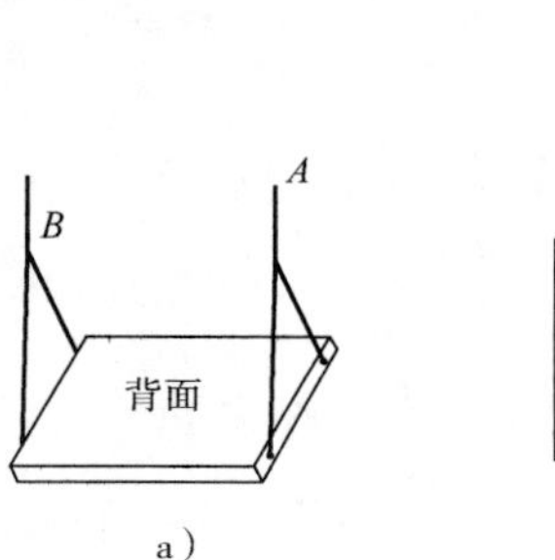

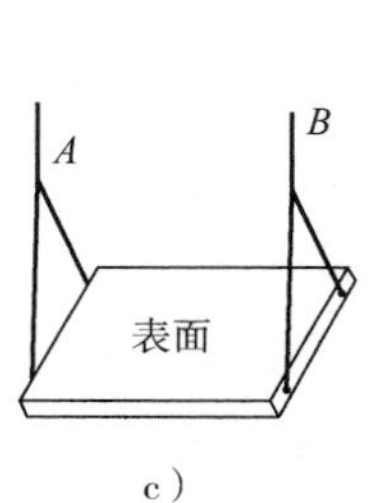

a）　b）　c）

图 9-32　预制板翻转示意图

5）软带捆绑起吊的小型构件，软带位置应靠近板端。

9. 4. 8　构件存放期间出现条形裂缝

预制构件的许多裂缝是在存放期间出现的，除了 9. 4. 2 节介绍的龟裂外，大都是存放期间由自重或其他外加荷载导致的条形裂缝。包括构件底面裂缝，即正弯矩裂缝；构件上面的裂缝即负弯矩裂缝。

1. 成因分析

1）支点位置错误，悬臂大，没有设置负弯矩钢筋的方向发生裂缝。

2）梁中间增加支点，比端部支点高，使梁成为悬臂状态，负弯矩大，导致裂缝。正确的方式应当是，采用两点支撑和两组 4 点支撑（图 9-33）。

3）多层构件堆放支点错位，不在一个垂直线上（图 9-34、图 9-35）。

4）不同规格构件堆放，支点设置错误（图 9-36）。

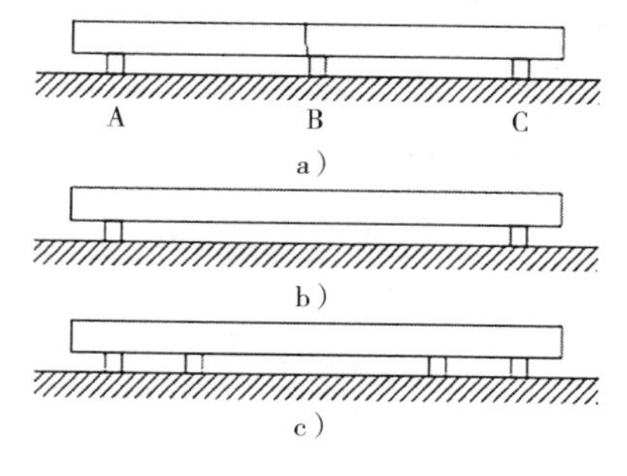

图 9-33　支点的正确设置

a）B 点出现裂缝，因 B 点垫片高了所致
b）两点支撑方式　c）4 点支撑方式

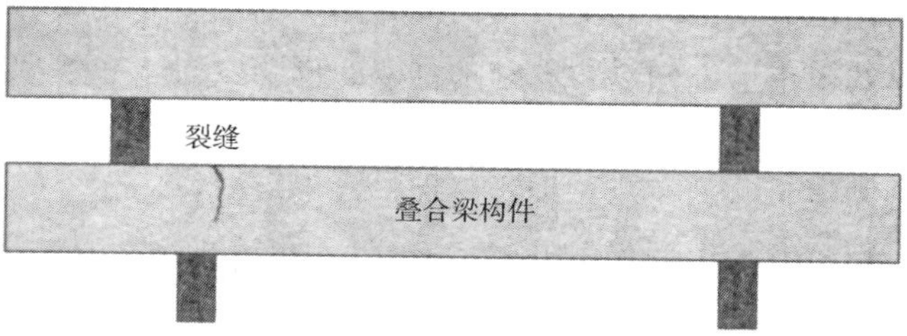

图 9-34　多层构件存放支点错误导致裂缝

图 9-35　垫方位置不在同一垂直线

图 9-36　不同规格板混放、支点不在同一垂直线上

2. 预防措施

设计应给出支撑要求，包括：支撑点数量、位置、构件是否可以多层存放、可以存放几层等。设计如果没有给出具体要求，工厂提出存放方案须经设计确认。

结构设计师对构件存放支撑必须予以重视。曾经有工厂因存放不当而导致大型构件断裂。设计师给出构件支撑点位置需进行结构受力分析，最简单的办法是在与吊点对应的位置做支撑点。

构件存放预防裂缝的措施：

1）预制构件多层叠放时，每层构件间的垫块应上下对齐。

2）预制柱、梁等细长构件宜平放且用两条垫木支撑。

3）预制楼板、叠合板、阳台板和空调板等构件宜平放，叠放层数不宜超过 6 层；长期存放时，应采取措施控制预应力构件的起拱值和叠合板翘曲变形。

4）预制内外墙板、挂板宜采用专用支架直立存放（图 9-37），支架应有足够的强度和刚度，构件上部宜采用两点支撑，下部应支垫稳固，薄弱构件、构件薄弱部位和门窗洞口处应采取防止变形开裂的临时加固措施。

5）当采用靠放架（图9-38）存放构件时，靠放架应具有足够的承载力和刚度，与地面倾斜角度宜大于80°；墙板宜对称靠放且外饰面朝外，构件上部宜采用木垫块隔离，比较高的构件上部应有固定措施。

图9-37　立放法存放的墙板

图9-38　靠放法使用的靠放架

6）当采用多点支垫时，一定要避免边缘支垫低于中间支垫，导致过长悬臂，形成较大的负弯矩而产生裂缝。

7）梁柱一体三维构件存放应当设置防止倾倒的专用支架。

8）楼梯可采用叠层存放。

9）带飘窗的墙体应设有支架进行立式存放。

10）阳台板、挑檐板、曲面板应采用单独平放的方式存放。

9.4.9　楼梯表面纵向裂缝

某PC工厂出现过楼梯表面纵向裂缝（图9-39）。这种裂缝比较少见。楼梯板在立模浇筑情况下，脱模、吊运、放平过程，楼梯表面都不会承受拉力。出现多条裂缝，也不是存放支点错误所致。

图9-39　楼梯表面纵向裂缝

1. 原因分析

裂缝应当是温度应力所致。或升温过快，模具膨胀，混凝土受拉，强度低。或养护温度过高、降温速度过快，表面变形大于混凝土内部变形。横向钢筋保护层过大，当混凝土表面温度应力差较大时，钢筋无法发挥作用。

2. 预防措施

控制蒸汽养护升温降温速率及正常养护温度。

9.4.10　预制混凝土构件边缘部位裂缝实例分析

某工厂预制混凝土构件边缘部位在没有负荷的情况下出现裂缝，分析过程如下。

1）检查同类构件配筋，发现边缘没有纵向钢筋（图9-40）。

2）对工厂实际养护状况进行调查，存在升温、降温速度快、养护温度高、出窑时温度陡降等状况。

3）混凝土离析导致混凝土强度降低也是可能的原因之一，振捣不当和混凝土投料落差过大都可能造成离析现象。

4）混凝土或水灰比较大，或骨料含泥量大，也是裂缝出现的原因之一（图 9-41）。

图 9-40　竖向钢筋没有绑扎到端部

图 9-41　混凝土水灰比大、含泥量大

9.5　预制混凝土构件裂缝的危害

预制混凝土构件裂缝的影响：

1）无论是否有害，预制构件的裂缝都不会被接受。必须做到无裂缝交付。

2）预制构件的大多数裂缝是可以修复的，但很难做到不留下痕迹，从而会影响用户评价和付款。如果是清水混凝土构件，还会影响心理安全和艺术效果。

3）有些裂缝会在服役期扩展，带来结构安全和耐久性方面的隐患。

4）个别裂缝严重的构件须做报废处理。

9.6　预制混凝土构件裂缝的调查处理

预制构件裂缝调查流程与方法见第 17 章，修补方法见第 18 章。这里给出须强调的调查和处理要点。

1. 调查要点

根据裂缝形状、出现时间、钢筋保护层厚度等，可以大致判断裂缝原因。

龟裂与混凝土材质及养护湿度、后续保湿养护状况等环节有关。

条形裂缝与温度和制作荷载有关。

对条形裂缝须探测裂缝深度及钢筋保护层厚度等。

2. 处理要点

（1）龟裂须凿除后再修补。

（2）应力集中裂缝和其他裂缝宜采取如下修补工艺：

1）对裂缝用注射器或灌浆设备注入有弹性的环氧树脂。

2）弱化修补后留下的痕迹。

3）用防水涂料进行封闭。

第 10 章　装饰混凝土裂缝的成因、预防与处理

装饰混凝土丰富了混凝土的艺术表达力，也增加了预防裂缝的难度。

10.1　装饰混凝土

1. 装饰混凝土的定义

装饰混凝土没有统一的权威的定义。

本书所说的装饰混凝土，是指在预制混凝土表面直接做出造型、质感或纹理的装饰一体化构件，可仿制石材、装饰面砖、露明混凝土等各种质感。

本书主要讨论露明装饰混凝土的裂缝。露明即露出了骨料质感，相当于水刷石和水磨石。露明混凝土的裂缝问题解决了，其他装饰混凝土，例如涂料覆盖的仿面砖仿金属装饰混凝土，裂缝问题就更好解决了。

露明混凝土的表面或为平面，或凸凹不平，或有造型。混凝土的色彩或为水泥与骨料本色，或再掺点无机颜料调色。装饰混凝土的构造有单层和双层两种，两层构造是结构基层 + 装饰面层，结构基层或为钢筋混凝土或是 GRC。

2. 装饰混凝土的特点

装饰混凝土的物理力学性能与普通混凝土一样。其特点是：

1）造型随意　在模具中制作成型，可做成各种复杂的造型。

2）质感逼真　可表现不同的质感与纹理。

3）色彩丰富　可形成丰富的色彩，用水泥或白水泥、天然砂石或彩色人工砂、无机颜料等，配出各种色彩。文前彩插图 C-4 是露明料装饰混凝土的质感。

3. 装饰混凝土的优势

装饰混凝土既可现浇也可预制，预制较多，可方便地实现装饰、结构、围护功能一体化，降低成本，缩短工期，提升艺术效果。装饰混凝土技术与工艺成熟，可用于高层建筑。

4. 装饰混凝土构造

（1）单层构造　结构层本身同时实现了装饰功能。

1）普通混凝土材料或稍加变化即可实现设计需要的质感和颜色。

2）浅色或彩色质感混凝土用白水泥、彩色骨料和颜料，成本增量不大，不必分装饰层和结构层。贝聿铭设计的费城社会岭公寓和普林斯顿大学研究生公寓，用了白色砂岩质感装饰混凝土墙板，就是单层构造。

（2）双层构造　由结构基层和装饰面层构成。

1）结构基层，一般为普通钢筋混凝土或 GRC。

2）装饰面层，由水泥或白水泥、彩色骨料、无机颜料配置而成。

3）装饰面层厚度应比骨料最大粒径大 5mm。结构基层如果是钢筋混凝土，装饰面层厚度在 15～40mm 之间。结构基层如果是 GRC，装饰面层厚度在 10～40mm 之间，如图 10-1 所示。

钢筋混凝土的装饰面层最小厚度比 GRC 装饰面层的最小厚度大，主要考虑钢筋混凝土的振捣作业容易造成“透浆”，即结构基层混凝土浆料透过装饰面层。GRC 采用喷射-滚压工艺，透浆压力小一些，所以面层可以做得薄一些。

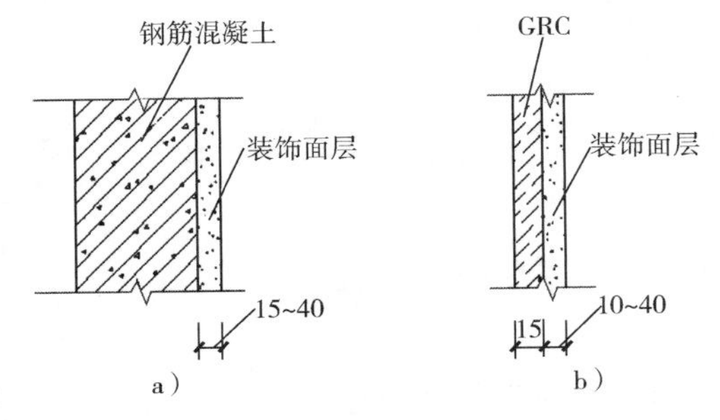

图 10-1　双层构造装饰混凝土

a）钢筋混凝土＋装饰面层　b）GRC＋装饰面层

GRC 的装饰面层一般厚为 10～15mm，如果采用条形剔凿质感（图 10-2），装饰面层就会达到 40mm，甚至更厚。

装饰面层的混凝土强度、收缩率应与结构基层混凝土或 GRC 接近。制作时先铺设质感面层，振捣或滚压密实后再放置钢筋浇筑结构基层或喷射 GRC。

5. 装饰混凝土主要材料

除普通混凝土材料——水泥、水、石子、沙子、外加剂外，彩色装饰混凝土材料还包括：白水泥、彩色石子（或矿渣）、彩色砂子（花岗岩砂、石英砂、白云石砂等）、颜料等。装饰混凝土表面宜喷涂透明的防水涂料。

6. 装饰混凝土可实现的工艺

（1）造型工艺　装饰混凝土造型靠模具实现。

1）模型-模具法。将设计造型用石材、木材或雕塑泥制作模型，在模型上翻制模具。模具材料包括硅胶橡胶、玻璃钢、木材、混凝土、GRC 等。

2）直接模具法。直接模具法是直接用木材或聚苯乙烯制作模具，或用数控机床直接加工出模具、模具龙骨。

（2）骨料露明工艺　将混凝土骨料显露出来称作“露明”，工艺方法包括：

1）缓凝剂法。在模具面涂刷缓凝剂，混凝土达到脱模强度脱模后，由于缓凝剂的作用，表面水泥尚未水化凝固，用压力水将混凝土表面的水泥冲洗掉，露出骨料。

2）盐酸法。混凝土按照常规方法浇筑养护，脱模后用稀释的盐酸涂抹混凝土表面，盐酸与混凝土中的水泥石发生化学反应，水泥石软化，再用清水将其冲掉，露出骨料。此种方法需要考虑使用盐酸对环保的不利影响，有些地区禁止采用。但可作为局部缓凝剂涂刷遗漏或失效的补救措施。

3）喷沙法。混凝土按照常规方法浇筑养护，脱模后用喷砂枪（与喷砂除锈工艺一样），将表面水泥石打去，露出骨料，形成凸凹感。此方法会产生噪声和粉尘，对环保不利，需在封闭空间内作业。

4）打磨法。混凝土按照常规方法浇筑养护，脱模后用水磨机将表面混凝土磨去，露出骨料。此种方法适合要求光面质感的情况。

5）剔凿法。混凝土按照常规方法浇筑养护，脱模后用人工剔凿，露出骨料，并形成较大的凸凹感，多用于条纹表面构件（图 10-2）。

（3）构件制作工艺

1）单层构造，钢筋入模后直接浇筑混凝土。

2）双层构造，浇筑装饰面层后，放置钢筋，再浇筑普通混凝土或喷射 GRC。

（4）装饰混凝土构件　常见的装饰混凝土构件包括：

1）现浇混凝土墙板。

2）现浇混凝土外围柱、梁。

3）预制剪力墙结构体系外墙板、连梁、窗下板等。

图 10-2　剔凿质感的装饰混凝土

4）预制柱梁体系结构的外挂墙板、外围柱梁等。

5）预制外墙夹心保温构件外叶板。

6）预制外墙外保温无龙骨装饰板。

7）预制非结构外围护构件，如阳台护栏板、飘窗等。

7. 装饰混凝土设计

装饰混凝土设计包括色彩质感设计、构造设计、配合比设计和模具设计。混凝土强度等级一般为 C30。装饰混凝土设计需考虑预防裂缝，双层构造装饰混凝土要考虑得更多更细一些。

10.2　装饰混凝土裂缝的成因与预防

10.2.1　装饰混凝土更易出现裂缝

混凝土各种裂缝在装饰混凝土中都可能出现，有些裂缝可能更容易出现或开裂程度更严重。

一是因为露明装饰混凝土表面的水泥石或缓凝后被洗去，或酸洗、喷砂、剔凿掉表面水泥石，混凝土表面密实度降低了。二是因为有些装饰混凝土构件表面造型有凸凹变化，或容易冻融，或钢筋保护层误差过大。三是因为装饰面层与结构基层之间因施工不当易发生脱层。下面列出导致装饰混凝土更容易发生裂缝的具体原因：

1）碳化路径通畅，易形成碳化收缩龟裂。

2）水容易渗入，在严寒和寒冷地区易出现冻融裂缝。彩插图 C-12 和 C-13 所示裂缝就是装饰混凝土出现的冻融裂缝。

3）水、氯离子、碳化更容易渗透，造型变化使钢筋保护层不好控制，单层构造装饰混凝土中的钢筋易锈蚀胀裂（图 10-3）。

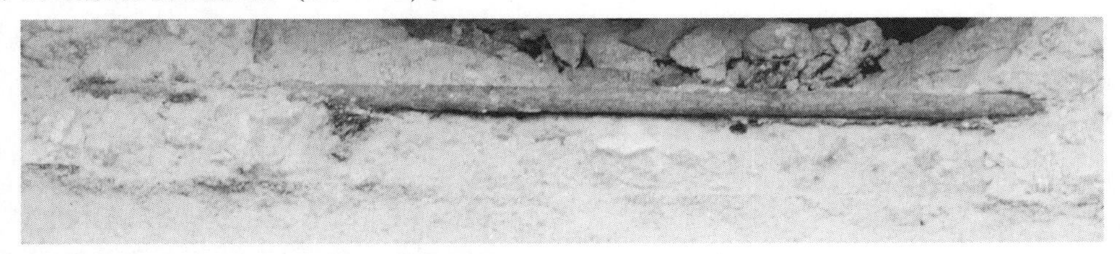

图 10-3 装饰混凝土钢筋锈蚀胀裂

4）如果装饰混凝土中含有碱骨料，则易形成膨胀裂缝。

5）一些装饰混凝土中有软质骨料，如白云石、大理石渣等，混凝土收缩率会增大，易形成干燥收缩裂缝（图 10-4）。

6）双层构造装饰面层过薄时无法振捣，采用滚压法密实度差。

7）双层构造作业控制不好易形成层间裂缝，即空鼓（图 10-5）。

图 10-4 装饰混凝土干燥收缩裂缝

8）装饰混凝土的装饰面层相当于加厚了保护层，在受弯构件受拉区易出现荷载导致的垂直于纵向钢筋的裂缝，彩插图 C-17 所示裂缝就是弯矩作用的裂缝。

9）装饰混凝土装饰面层和结构基层出现质量问题，或强度过低，或厚度没有控制好，出现贯通性裂缝。彩插图 C-16 和图 10-6 所示裂缝是就属于此类裂缝。

图 10-5 装饰混凝土空鼓裂缝

图 10-6 装饰混凝土面层与 GRC 结构层贯通裂缝（洞）

10.2.2　装饰混凝土裂缝成因与预防

1. 收缩裂缝、碱-骨料反应裂缝、冻融裂缝、钢筋锈蚀胀裂

装饰混凝土常见的干燥收缩裂缝、碳化收缩龟裂、碱-骨料反应裂缝、冻融裂缝、钢筋锈蚀胀裂的具体原因和预防措施在第 3 ~ 6 章已经介绍，这里针对装饰混凝土的特点，分析其具体原因，并提出预防措施。

（1）具体原因

1）装饰面层厚度设计得过薄；无法用平板振捣器振捣，滚压作业不易做到使其密实。

2）软质骨料用量过大。

3）用了碱活性骨料。

4）彩色骨料颗粒均匀，级配不理想，导致水泥用量过大。

5）颜料用量过大。

6）缓凝（或酸洗）-水洗露骨料工艺影响了混凝土表面密实度和防水性。

7）养护不好。

8）表面未喷涂防水保护涂料。

（2）预防措施

1）装饰混凝土表面应设计防水保护涂料。

2）钢筋混凝土基层的装饰混凝土构件的面层厚度宜在 20mm 以上，以适宜平板振捣器振捣。

3）配合比设计必须做强度、吸水率和收缩率试验，采用软质骨料时，应与硬质骨料搭配，并对比软骨料不同掺量收缩率的试验结果。

4）对骨料做碱活性检测，尽量不用或少用碱活性骨料。

5）彩色骨料尽可能使大小颗粒搭配均匀，级配良好，以减少水泥用量。

6）颜料用量不得超过水泥用量的 6%。

7）模板上的缓凝剂涂刷量应通过试验确定，使其既能露出骨料，又不会影响混凝土密实度。

8）装饰面层厚度不小于 20mm 的用平板振捣器振捣，小于 20mm 的采用滚压工艺，必须保证其密实度。

9）采用滚压作业，应 *X* 方向—*Y* 方向—*X* 方向—*Y* 方向交替滚压。每个方向轮番滚压反复几次，并应按“压半幅”滚压，即每次滚压应压上次滚压幅宽的一半。边角部位要加强滚压，并使用专用工具。

10）保证养护质量。蒸汽养护后要继续养护直到同步养护试件达到设计强度。

11）表面露明作业应把软水泥浆冲洗净。

12）面层和结构层混凝土都需要预留同步养护试件。

2. 脱层裂缝

双层构造的装饰混凝土容易发生脱层裂缝，即面层与基层之间易形成“空鼓”。

（1）具体原因

1）装饰面层配合比与结构基层配合比收缩率差距较大。

2）装饰面层厚度不均匀。

3）装饰面层浇筑后，结构基层作业时施工荷载传递到装饰面层。

4）结构基层作业时间过长，装饰面层已经开始初凝了，结构基层的混凝土才开始振捣，扰动了已初凝的装饰面层。

（2）预防措施

1）装饰面层配合比与结构层配合比的强度、收缩率应当接近。必须经过试验确定。

2）保证装饰面层厚度均匀，浇筑面层混凝土时，应用刮板和探针控制。

3）结构基层施工时不得踩在面层混凝土上作业，应搭设跨越构件的桥板。

4）在装饰面层混凝土浇筑前，就应当将结构基层用的钢筋片（或钢筋笼）、其他材料和工具准备好，装饰面层浇筑振捣后即开始结构基层作业，必须在装饰面层开始初凝前完成结构基层的混凝土振捣。

3. 受弯构件裂缝

（1）具体原因　装饰面层厚度设计得过厚，没有配筋和其他抗拉增强措施，构件吊运时受弯，易被拉裂。

（2）预防措施　装饰面层厚度不宜超过40mm，厚度比最大粒径骨料的直径大5mm即可。如果厚度超过40mm，可增加一层钢丝网或耐碱玻纤网增强其抗拉能力。

10.3 装饰混凝土裂缝的危害

装饰混凝土构件裂缝的影响：

1）无论是否有害，装饰混凝土的裂缝都不会被接受，必须按无缝交付使用。

2）装饰混凝土裂缝如果不及时处理，会反复出现并扩展，给结构安全和耐久性带来隐患。

3）装饰混凝土构件的干燥收缩裂缝、碳化收缩龟裂、碱-骨料反应裂缝、冻融裂缝、钢筋锈蚀胀裂、脱层（空鼓）裂缝和受弯构件裂缝，虽然大都可以修复，但很难做到没有修复痕迹，会严重影响用户评价和艺术效果。

10.4 装饰混凝土裂缝的调查处理

装饰混凝土构件裂缝调查的流程与方法见第17章，修补方法见第18章。这里给出须强调的要点。

1. 调查要点

1）产生装饰混凝土构件裂缝的原因有多种，须查清是哪一种原因，为从根本上解决收缩裂缝危害提供依据。一般而言可以根据裂缝发生的时间、形状、方向、是否空鼓判断裂缝产生的原因。

2）须调查裂缝的范围、宽度、深度、是否空鼓以及钢筋保护层厚度等。

3）发生空鼓现象时应凿开表层检查装饰面层的厚度。

4）龟裂部位需检测 pH 值，以判断是否发生了碳化反应，参见第 3 章。

5）钢筋锈蚀裂缝，应检查钢筋锈蚀断面的损失情况，以判断是否需要采取补筋措施。

6）分析核对配合比试验资料档案。

2. 处理要点

1）比较严重的干燥收缩裂缝、碳化收缩龟裂、碱-骨料反应裂缝、冻融裂缝、钢筋锈蚀胀裂和脱层（空鼓）裂缝应当凿去裂缝区装饰面层，重新抹灰模压装饰层。钢筋锈蚀严重的要做补强处理。

2）轻微的干燥收缩裂缝、碳化收缩龟裂、碱-骨料反应裂缝、冻融裂缝，可用封闭缝隙表面防水的方式修补。

3）受弯构件裂缝在经过复核分析，确定不影响结构安全的情况下可以用如下方式修补。

①用注射器或灌浆设备注入有弹性的环氧树脂。

②做弱化修补痕迹处理。

③用防水涂料封闭。

4）装饰混凝土表面宜喷涂防污染的保护剂，应按照保护剂的有效期制定维护周期。

5）工程验收时，装饰混凝土构件工厂应给出修补方案与配方，一旦保修期后出现裂缝业主可自行组织修补，因为装饰混凝土的配方具有特殊性。

第 11 章　GRC 裂缝的成因、预防与处理

GRC 壁厚只有15mm，一旦出现裂缝就可能贯通，报废的概率很大。

11.1　GRC

问世半个世纪的 GRC 技术已经很成熟了，GRC 本身由于具有抗拉强度高即抗裂性能好的优势，国外 GRC 构件已经很少出现裂缝，但目前国内 GRC 裂缝仍比较常见，有些裂缝还很严重。

讨论 GRC 裂缝之前，先了解一下什么是 GRC。

1. 什么是 GRC

GRC 是 “Glass Fibre Reinforced Cement” 的缩写字头，译成汉语是“玻璃纤维增强的水泥”，这是中国行业标准和欧洲标准的叫法。国际 GRC 协会和美国以及澳大利亚的 GRC 含义则是“Glass Fibre Reinforced Concrete”，译成汉语是“玻璃纤维增强的混凝土”。

准确地讲，GRC 既不是玻璃纤维增强的水泥，也不是玻璃纤维增强的混凝土，而是玻璃纤维增强的砂浆。GRC 没有粗骨料，其实就是在水泥砂浆中掺加了玻璃纤维。

GRC 主要材料有耐碱玻璃纤维、水泥、砂子、水和外加剂。有的 GRC 还掺加其他混合料或颜料。GRC 一般由普通水泥、低碱水泥制作，彩色 GRC 多用白水泥加彩砂或颜料制作。

GRC 中，水泥与水发生水化反应形成胶凝体，即水泥石，把砂子（或其他骨料）牢固地胶结在一起，同时胶结锚固玻璃纤维。砂子在 GRC 中起填充和骨架作用，玻璃纤维起增强作用。

由于有玻璃纤维增强，GRC 较之相同配比的水泥砂浆抗拉强度可提高 3 倍以上，抗弯强度可提高 4 倍以上，抗冲击强度则可提高 20 倍。所以，GRC 可以做成薄壁构件，墙板和装饰构件一般为 15mm 厚。很小型的室内装饰构件最薄可达 5mm。有装饰面层的 GRC，总厚度可达 60mm，甚至更厚。

GRC 在模具中制作成型，模具有木模、硅胶模、橡胶模、玻璃钢模、聚苯乙烯模、钢模、GRC 模等。

GRC 制作工艺有喷射工艺和预混浇筑工艺。

（1）喷射工艺　喷射工艺是指用 GRC 专用喷枪喷射制作 GRC 产品的工艺。工艺流程是将搅拌好的水泥砂浆用泵通过输浆管道送至喷枪处，玻璃纤维长丝在喷枪处被切成短丝，两者在喷枪处混合后喷入模具之中。喷射工艺主要用于 GRC 墙板和大型构件。

（2）预混浇筑工艺　预混浇筑工艺是指将水泥砂浆搅拌好后，再掺入已切好的短玻璃

纤维，使玻璃纤维在水泥砂浆中均匀分散，再浇入模具之中或振动或压实成型。预混浇筑工艺可用于小型构件。

GRC 构件由于太薄，不能振捣，密实度主要靠滚压实现，一般用手动或机械滚轴滚压。

2. GRC 用途与特点

（1）用途　GRC 主要用于建筑外围护墙板和装饰构件。

（2）构造　GRC 构件分为有龙骨构件和无龙骨构件。

1）有龙骨构件，一般用于大型墙板和装饰构件，GRC 通过锚杆与背附龙骨框架连接为一体，再将整体与主体结构连接。有龙骨墙板构造见图 11-1，有龙骨装饰构件构造见图 11-2。

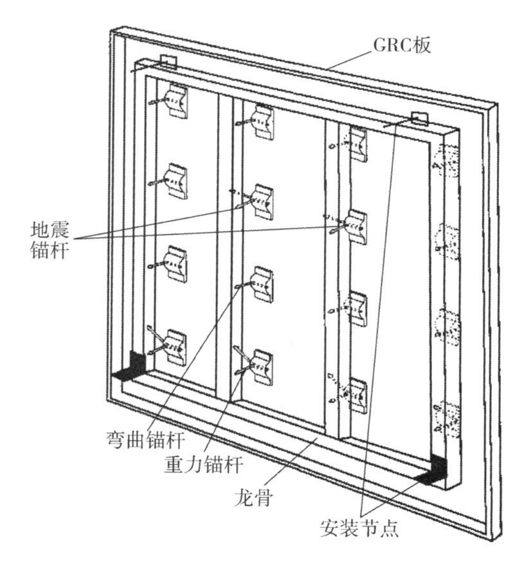

图 11-1　有龙骨 GRC 墙板构造示意图

有龙骨构件可做成整间墙板、水平板、竖向板、非线性曲面板和大型装饰构件。

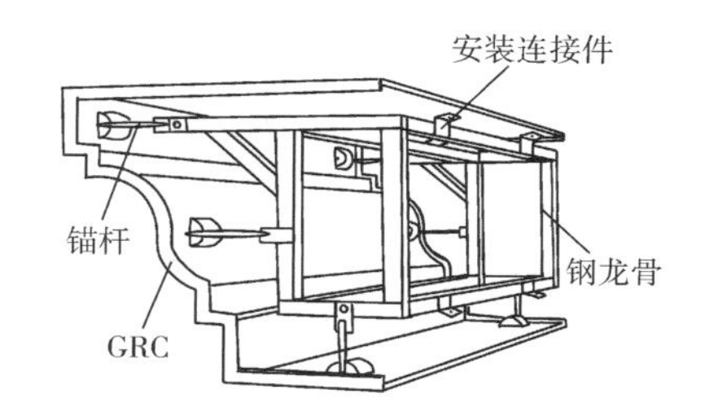

图 11-2　有龙骨 GRC 装饰构件构造示意图

旧金山万豪酒店用了 GRC 整间墙板（图 11-3），已经有四十多年历史，是 GRC 用于高层建筑表皮的成功范例。香港贝沙湾公寓是高端住宅，用了 GRC 水平曲线板（图 11-4）。张家口河北北方学院体育馆是大型公共建筑，用了扭转的竖向 GRC 板，见彩插图 C-5。长沙梅溪湖文化中心是著名建筑师哈迪德 · 扎哈的作品，非线性曲面表皮，用了不规则的 GRC 曲面板，见图 1-17。

图 11-3　旧金山万豪酒店 GRC 整间板

图 11-4　香港贝沙湾公寓 GRC 水平曲线墙板

2）无龙骨构件，一般用于小型装饰板和构件，没有龙骨，GRC构件通过本身的预埋连接件，与结构墙体或二次结构连接。无龙骨墙板构造见图11-5，无龙骨装饰构件构造见图11-6。

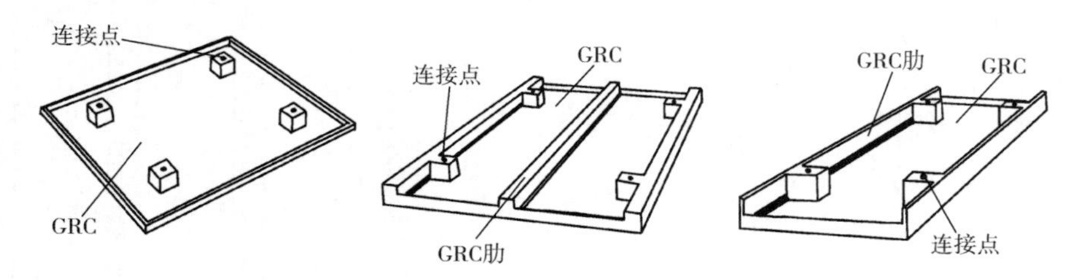

图11-5　无龙骨GRC墙板构造示意图

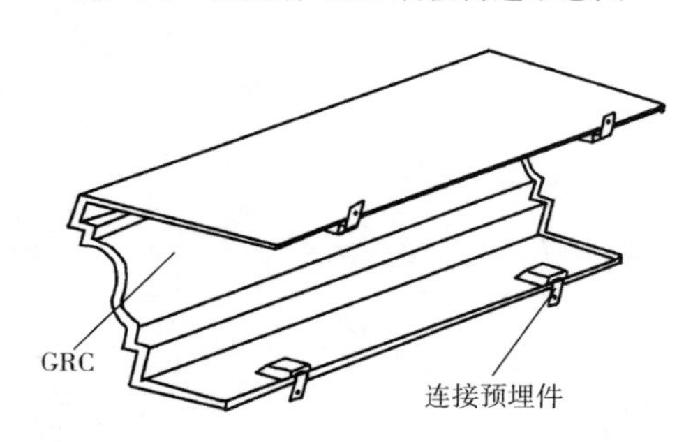

图11-6　无龙骨GRC装饰构件构造示意图

图11-7是用无龙骨墙板与装饰构件装饰的旅顺中学。

（3）重量　GRC构件壁薄体轻。15mm厚的GRC展开面积单位重量约30kg/m²，考虑构件边缘折边和预埋锚杆部位凸起的重量，不超过50kg/m²。大型GRC墙板和装饰构件加上龙骨重量，展开面积单位重量也在100kg/m²以内。

小型GRC墙板和装饰构件没有龙骨，加上边肋和中心肋的重量，展开面积单位重量一般在50kg/m²以内。

图11-7　无龙骨GRC墙板和构件装饰的旅顺中学

（4）造型　GRC由于壁薄体轻，模具成熟，在实现复杂造型和非线性建筑表皮方面有独特的优势。

（5）质感　GRC表面质感是由模具质感决定的。由于GRC不含粗骨料，因此可以细腻、准确地表现不同的质感与纹理。

11.2　GRC裂缝的关键点

虽然GRC具有抗拉抗弯强度高、抗裂缝能力强的优势，但有几个非常重要的关键点，不可不知，稍不用心，就会造成裂缝。

1. 收缩量大

由于没有粗骨料，水泥含量大，GRC 收缩率较大，总收缩率约为 0.12%，其中 1/4 收缩是不可恢复的，3/4 收缩是可逆的。又由于 GRC 构件很薄，只有 15mm 厚，干透或湿透只需要 1 个月时间，所以，GRC 干湿变形率大约是混凝土的 5 ~ 10 倍，如果受到约束，则很容易出现裂缝。大多数 GRC 裂缝的成因是干湿变形受到刚性约束的结果。

GRC 构件的刚性约束包括：

1）造型复杂形成的约束。

2）连接 GRC 与背附龙骨的锚杆刚度过大形成的约束。

3）GRC 截面突变或肋尺寸过大形成的约束。

2. 结构或龙骨变形的作用

GRC 是薄壁构件，无法承受背附龙骨或主体结构变形传递的作用。

1）如果龙骨刚度不足，在荷载作用下挠曲变形过大，就会导致 GRC 受弯受扭发生裂缝。

2）龙骨框架与主体结构连接如果都是固定支座连接，主体结构变形就会导致龙骨框架随之变形，再将作用传递给 GRC。

3. 强度衰减

质量好的 GRC，早期抗弯强度可达 18MPa，但 50 年后会衰减到 5MPa 左右。GRC 抗拉抗弯强度会随着时间衰减，因为玻璃纤维（简称玻纤）受水泥石中的碱的侵蚀，强度会降低。行业标准《玻璃纤维增强水泥（GRC）建筑应用技术标准》（JGJ/T 423—2018）中规定 GRC 抗弯强度等级分为 $f_{MK}8$、$f_{MK}10$、$f_{MK}15$、$f_{MK}18$ 共 4 个等级，但设计计算时取用的值一般远小于设计标准值。

如果使用非耐碱玻纤，GRC 的抗拉（抗弯）强度几年后就会趋近于水泥砂浆的强度，不仅会裂缝，还会破碎坠落。因此，GRC 必须使用耐碱玻纤。耐碱玻纤最重要的指标是氧化锆含量不能小于 16%。

耐碱玻纤价格是非耐碱玻纤的 5 倍，甚至更高。如果甲方或总包方以最低价选用生产厂家，则构件很可能没有用耐碱玻纤，必然会出现裂缝。

4. 玻纤含量

玻纤在 GRC 中的作用就像钢筋在钢筋混凝土中的作用，不保证玻纤含量就相当于配筋不足，GRC 就不安全。玻纤含量不足也是 GRC 裂缝产生的重要原因。

1）喷射法（适用于墙板和大型构件）玻纤含量应达到 GRC 浆料的 5%，或水泥重量的 12%。

2）预混法（适用于小型构件）玻纤含量应达到 GRC 浆料的 3%，或水泥重量的 7%。

5. 配合比

除玻纤含量外，水灰比与灰砂比对 GRC 的收缩率影响也较大。

GRC 的水灰比不宜超过 0.4。由于大多数 GRC 工厂不用自动化搅拌系统，水灰比大都控制得不好。

水泥与砂子的比例一般为 1:1。

6. 厚度控制

GRC 厚度只有 15mm，许多墙板或装饰构件或是曲面，或造型复杂，无论喷射法作业还是预混法作业，厚度控制都比较难。许多裂缝就是由于厚度不均匀，而在最薄处裂开。

GRC 厚度控制应有测量工具或设备，仅靠探针无法保证其厚度。

7. 密实度

GRC 密实度靠滚压实现，构件造型复杂、有死角或无法用力滚压的部位（如立边），则密实度会受到很大的影响。

8. 养护

由于 GRC 很薄，水分非常容易挥发，所以养护期内必须保证湿度和温度，防止风干、晒干和温度过低。

11.3 GRC 裂缝的成因与预防

GRC 常见裂缝包括收缩变形受到刚性约束造成的裂缝、结构或龙骨变形作用造成的裂缝、收缩龟裂、预埋件部位裂缝、构件连接“暗缝”、冻融裂缝等。下面讨论各种裂缝的具体成因与预防措施。

11.3.1 收缩变形受到刚性约束造成裂缝

1. 刚性约束造成裂缝实例

北京草莓大厦建筑设计很有特色，采用了 GRC 幕墙板（图 11-8），但建成不久就出现很多裂缝。图 11-9 是修补后的墙板表面又出现裂缝，彩插图 C-44 是 GRC 板的背面裂缝。

图 11-8　北京草莓大厦

图 11-9　墙板修补后又出现裂缝

裂缝的主要原因是 GRC 板与龙骨连接没有用柔性锚杆，而是用刚度大的型钢和钢板连接（图 11-10），从而对 GRC 变形形成了刚性约束。型钢窗框也与 GRC 直接连接，对 GRC 形成了刚性约束（图 11-11）。

图 11-10　连接节点对 GRC 形成刚性约束

图 11-11　型钢窗框对 GRC 板形成刚性约束

图 11-12 是某 GRC 幕墙工程，GRC 板与基础相连，GRC 干燥收缩时，混凝土基础的收缩率远小于 GRC，由此对 GRC 形成约束。

彩插图 C-43 所示裂缝，分析其原因主要是因构件造型和锚杆刚度大而对 GRC 收缩变形形成约束所致。彩插图 C-45 分析其原因主要是锚杆刚度过大形成的约束而致。

图 1-8 洞口阴角部位的应力集中裂缝是由转角约束所致。

图 1-9GRC 柱梁结合部的纵横裂缝，竖向裂缝为梁转角处平面外方向梁变形所致；对于出现的两道横向裂缝，分析其原因主要是因背附龙骨刚度小，在风荷载下发生变形，反向作用给 GRC 板所致。

图 11-12　基础对 GRC 板形成约束

2. 刚性约束具体原因

刚性约束裂缝是 GRC 中最常见的裂缝，多为贯通性条形裂缝，主要原因是收缩变形被约束。

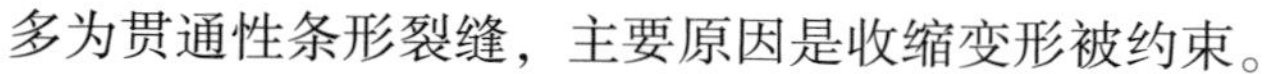

1）构件造型形成约束。

2）GRC 与龙骨或结构连接存在刚性约束。

3）与 GRC 接触的其他构造物如窗框、基础的刚性约束。

GRC 自身因素有 4 个：

1）玻纤含量不足，抗拉强度低。

2）水灰比过大，或水泥含量过大，或水泥收缩率过大。

3）构件局部过薄。

4）未使用耐碱玻纤，或耐碱度低，时间长了抗拉强度下降。

3. 设计环节预防裂缝要点

(1) 构件造型设计

1) 避免造型形成的约束。GRC 构件设计要避免造型自身形成约束。

图 11-13a 是某著名建筑用的有龙骨 GRC 墙板，设计存在两个问题：一是锐角造型两侧的 GRC 板互相形成了约束；二是尖角容易破损。图 b 是修改后的设计，有 3 点变化，一是将 GRC 板断开了，各自收缩自由；二是在上部将原设计的一个直锚杆变为可限制位移的三角形锚杆，如此 GRC 板可以收缩，但不能位移；三是将端部的尖角改为平角。

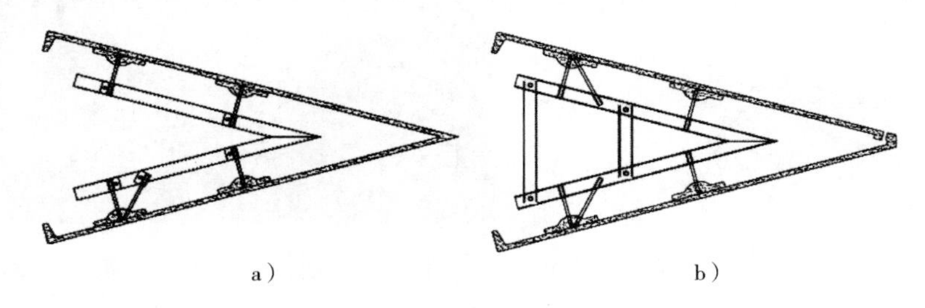

图 11-13　容易损坏的尖角造型

a）容易损坏的尖角造型　b）改进方案

2) 平面转角构件应当断开。线脚、假梁等构件应在转角处或附近断开，避免转角两侧互为刚性约束，出现图 1-19 所示的竖向裂缝，见图 11-14。

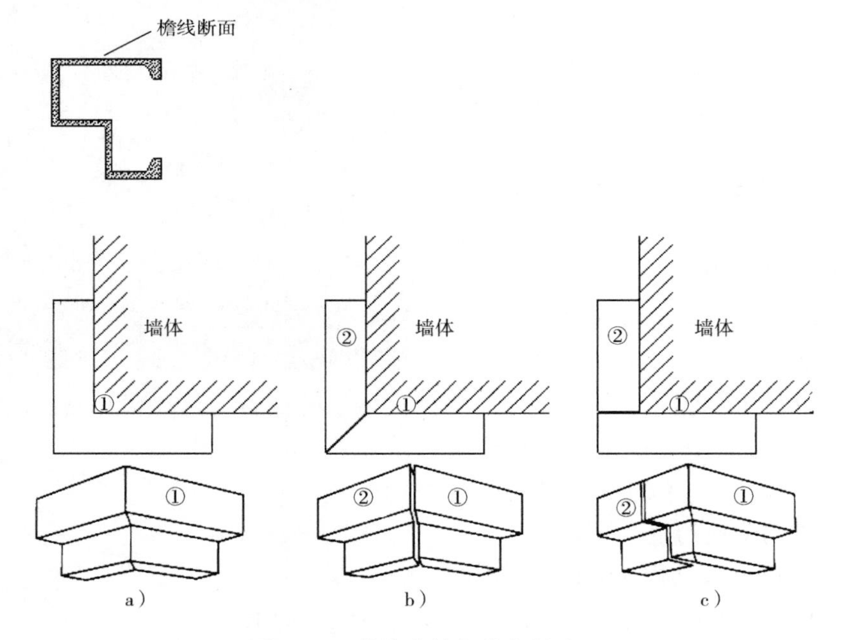

图 11-14　线脚在转角处应断开

a）转角无缝视觉效果好，但容易形成刚性约束　b）转角有缝视觉效果不好，尖角处易损

c）平头对缝比较合理

3) 立面构件在交叉处应断开。立面构件如 GRC 柱梁在十字交叉部位应当断开，见图 11-15。丁字形交叉部位也应参照图 11-15b 和 c 做断开处理。

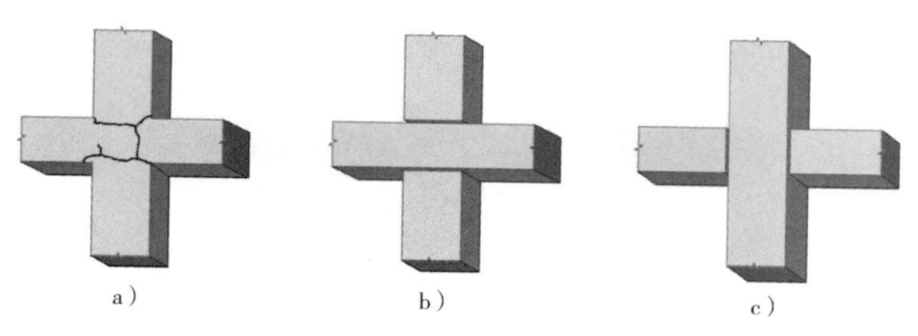

图 11-15　立面 GRC 梁柱在交叉处应断开

a) ×　b) √　c) √

4）洞口阴角应力集中。GRC 墙板洞口因转角部位两侧互相约束，很容易出现应力集中裂缝。

预防措施 1：洞口内卷 GRC 的厚度应当与墙板一致。图 11-16 是南京青奥中心窗口处 GRC 凹入构造，该工程未出现应力集中裂缝。

预防措施 2：阴角处 GRC 应采取措施增加其抗拉性，或增加玻纤网，或埋设塑料钢筋。埋设位置与方向参见第 7 章。

图 11-16　GRC 墙板洞口处构造

（2）有龙骨构件锚杆设计　连接 GRC 与型钢龙骨的锚杆问题最多，形成的刚性约束裂缝也最多。许多 GRC 从业内人员也不知道柔性锚杆的重要性。

锚杆分刚性锚杆和柔性锚杆。刚性锚杆限制 GRC 板位移，柔性锚杆允许 GRC 板有一定程度的变形。

刚性锚杆分为重力锚杆和地震锚杆，一般为两根钢筋与型钢龙骨构成三角形，也有用丁字形钢板的。重力锚杆是承托 GRC 自重的，一道竖向龙骨上只设置一个。地震锚杆是承载 GRC 板平面内水平地震作用的，一块 GRC 整间板宜设置一个，设置在板的中心。

柔性锚杆也叫弯曲锚杆，一般是直径为 6 ~ 10mm 的钢筋，主要用来承受平面外风荷载。GRC 墙板和装饰构件绝大多数锚杆是柔性锚杆。

三种锚杆在 GRC 板上的分布见图 11-1。

设计中避免锚杆形成刚性约束的要点如下：

1）在同一受力方向上原则只布置 1 个刚性锚杆，其余都是柔性锚杆。

2）弯曲锚杆应避免图 11-17 所示连续布置三角锚杆的情况，否则会形成刚性约束。

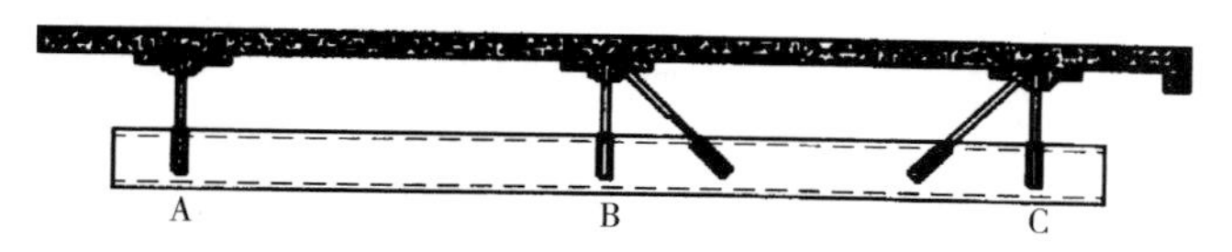

图 11-17　布置两个或更多刚性锚杆易出现约束裂缝

3）柔性锚杆应避免刚度过大，或太粗、或太短。锚杆长度根据允许空间、钢筋直径经计算确定，净长在80～150mm之间。必须保证锚杆净长度。锚杆实例见图11-18，净长度控制见图11-19。

图11-18　弯曲锚杆与GRC板和龙骨连接实例

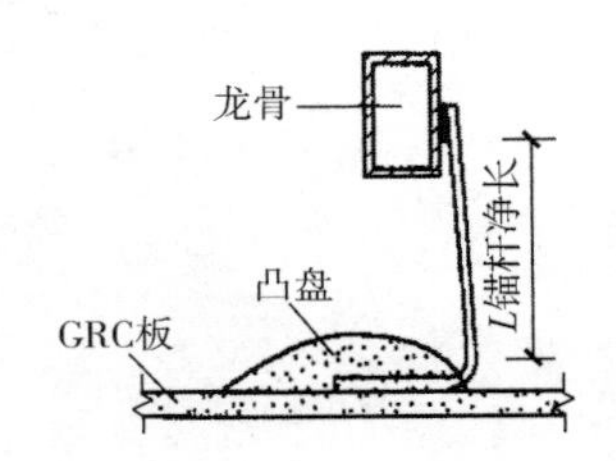

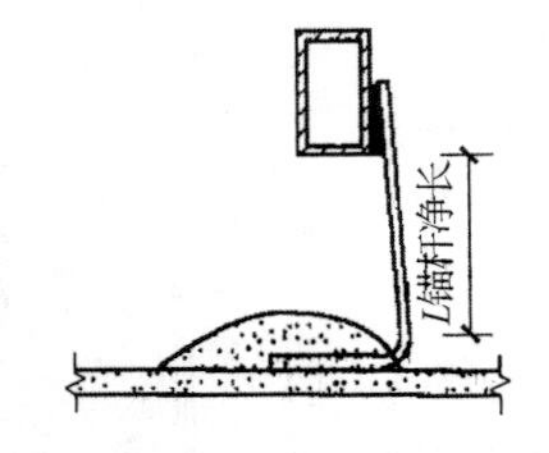

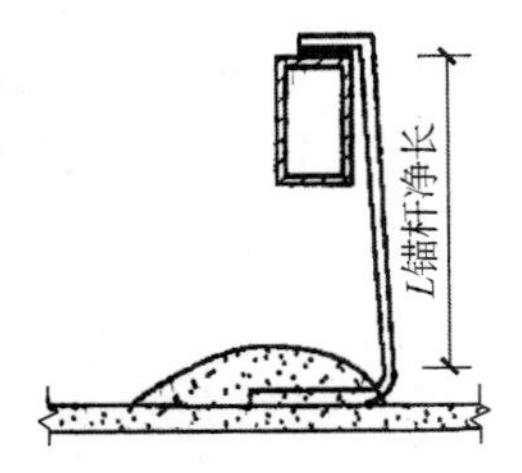

图11-19　锚杆净长度示意图

弯曲锚杆最小长度计算公式：

$$l \geqslant 0.75\sqrt{\frac{\pi E d \varepsilon l_0}{2f}}$$

式中　l——锚杆计算长度；

E——锚杆的弹性模量；

d——锚杆直径；

f——锚杆的强度设计值；

ε——GRC板在干湿或温度作用下的轴向变形率；

l_0——最外侧锚杆之间的距离。

4）重力锚杆应为下托式，以避免GRC板受拉。重力锚杆有两种类型，一种是用6～8mm钢筋制作的三角重力锚杆，一种是用钢板制作的丁字重力锚杆，见图11-20。

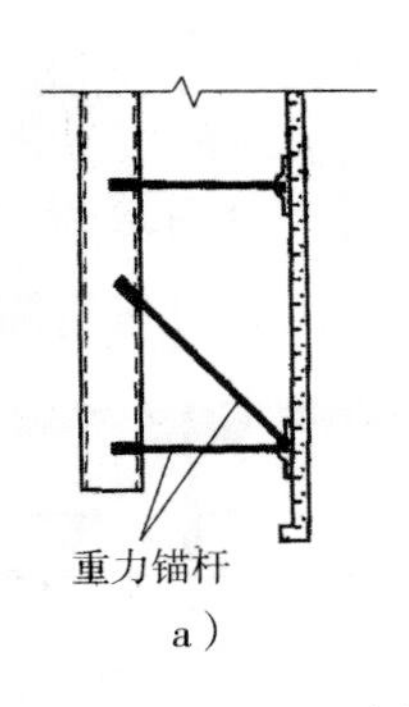

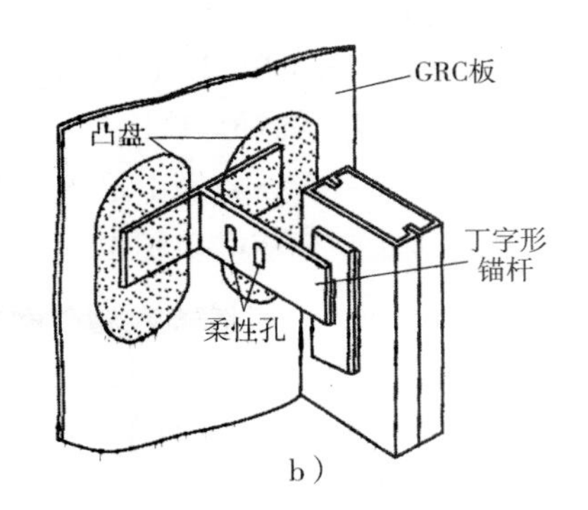

图11-20　重力锚杆示意图
a）三角重力锚杆　b）丁字板重力锚杆

5）地震锚杆与重力锚杆一样，也分为三角锚杆和丁字形锚杆，只不过是横着放置。若GRC板比较大，或由于有装饰面层板比较重，地震锚杆可设置两个，宜在相邻龙骨同一水平线设置。设置在相邻龙骨是为了避免锚杆间 GRC 板过宽，绝对变形大，应力也大。

有装饰面层的 GRC 板由于厚，不易干透，干湿变形率会降低。

6）对于转角和大折边构件，两个方向 GRC 锚杆会形成刚性约束，应按照图 11-21 构造设计进行布置。

（3）无龙骨构件肋设计　许多无龙骨构件有边肋或中间肋。肋与板转角处宜设计成 45°角，肋应设计成瘦高肋，避免刚性约束大的粗肋，见图 11-22。

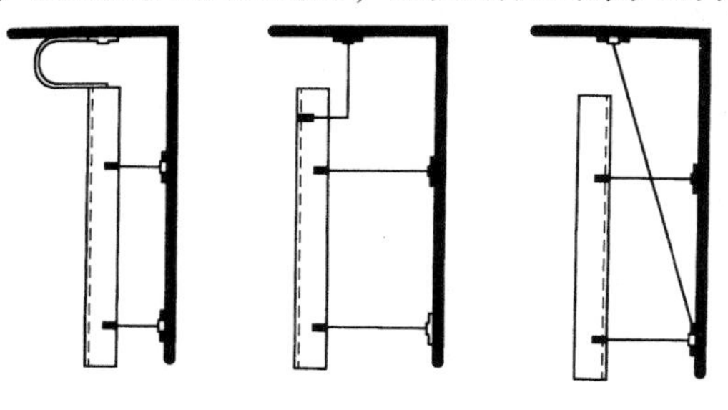

图 11-21　转角构件防止刚性约束锚杆的构造示意图

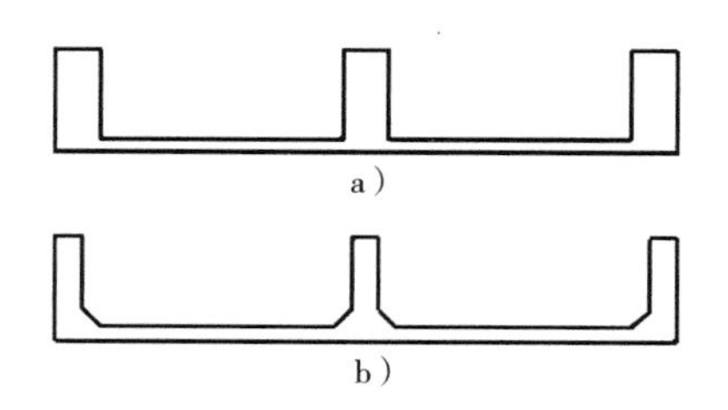

图 11-22　无龙骨构件肋应减少刚性约束
a）错误的设计形式　b）正确的设计形式

11.3.2　结构或龙骨变形作用

从彩插图 C-46 和图 1-10，我们知道了主体结构、二次结构或龙骨变形有可能将作用施加到 GRC 构件上导致裂缝发生，如图 11-23 中的斜裂缝和图 11-24 就是背附龙骨变形导致的裂缝。为安装 GRC 构件从主体结构中引出的结构体系（又称为二次结构）也易导致裂缝。

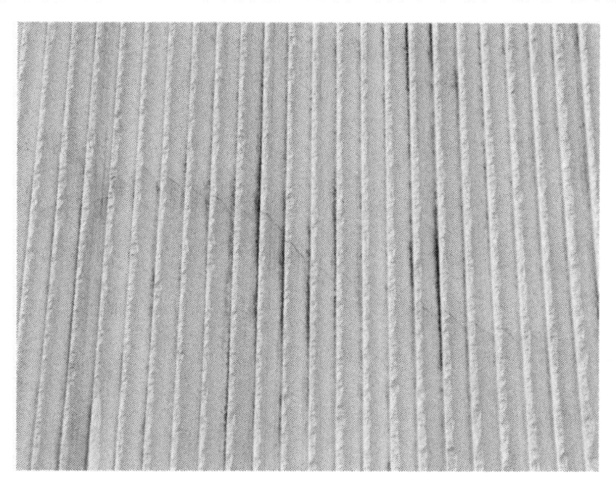

图 11-23　结构体系沉降或变形导致的斜裂缝

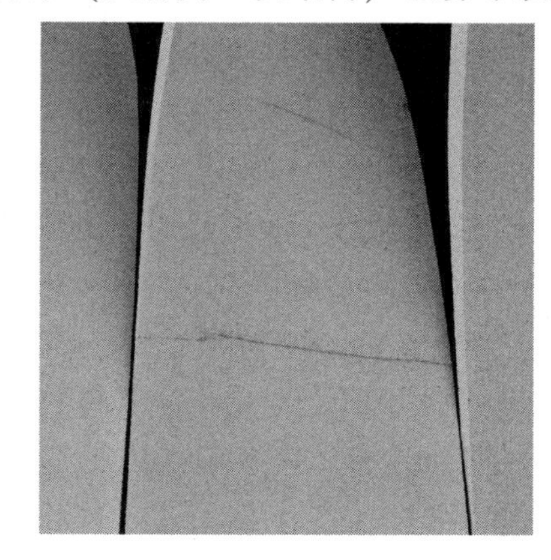

图 11-24　背附龙骨刚度弱导致的裂缝

下面讨论避免结构和龙骨将位移或变形逆向传递给 GRC 的措施。

1. 龙骨框架设计

有龙骨构件的龙骨框架按构件形体分为立体龙骨、平面龙骨和折面龙骨，见图 11-25。

GRC 墙板与锚杆连接的龙骨为竖向龙骨，一般用角钢、槽钢或方钢管制作。横向龙骨将竖向龙骨连接成整体框架。与主体结构连接的安装节点大都布置在竖向龙骨上，也可布置在横向龙骨上。

龙骨设计的关键是要控制变形，特别是框架平面外的变形，其相对挠度应小于 1/300。

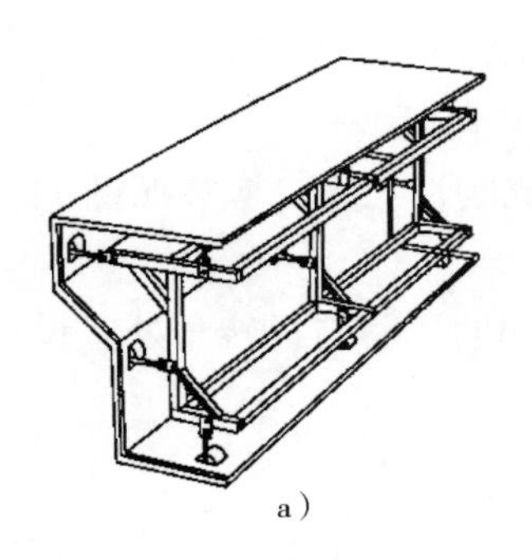
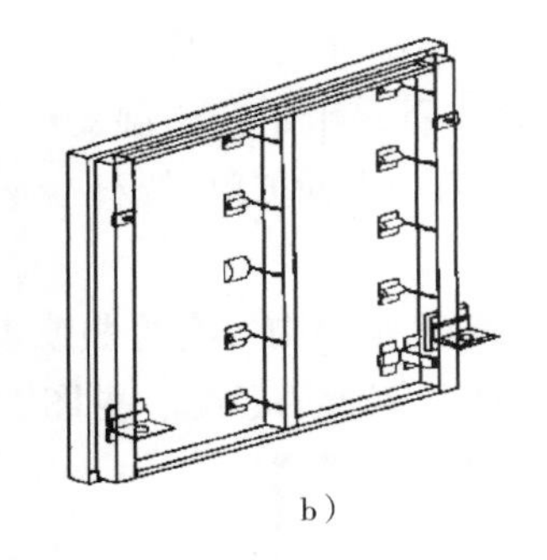
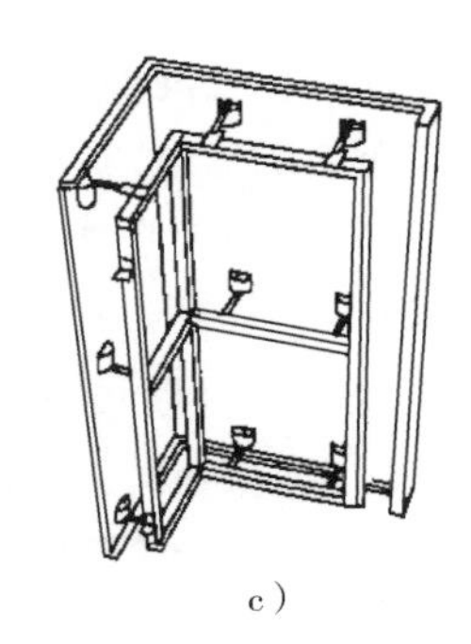

a）　b）　c）

图11-25　GRC龙骨框架类型

a）立体龙骨　b）平面龙骨　c）折面龙骨

2. 安装节点设计

（1）有龙骨构件安装节点设计　建筑主体结构在地震或其他荷载作用下会发生变形，或水平变形（如层间位移），或竖向变形（如徐变）。GRC墙板和大型装饰构件必须具有对主体结构变形的"活动性"，即不能随之变形。为此，龙骨框架与主体结构的连接节点应做分工分类。

1）重力支座与水平支座。重力支座承载自重和水平荷载（风荷载），水平支座只负责水平荷载。支座布置分下托上拉和上托下拉两种。前者重力支座在下，水平支座在上，后者相反，见图11-26。下托上拉方式用得较多。

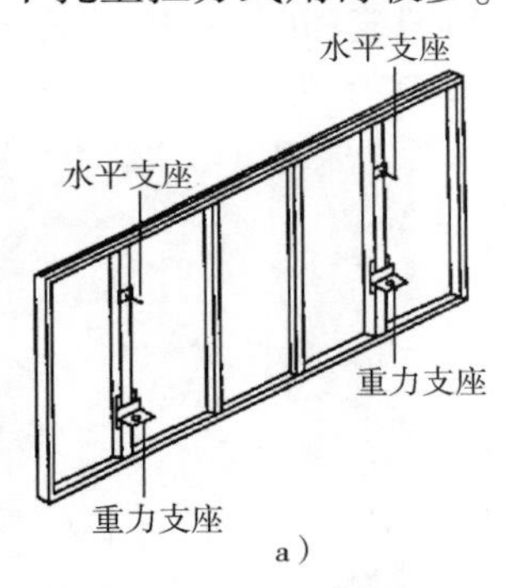

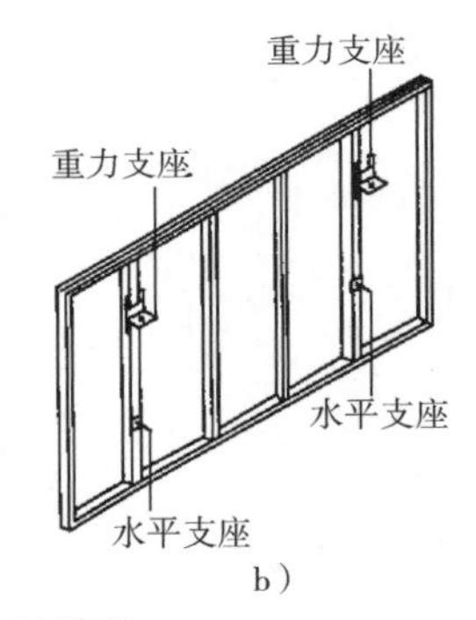

a）　b）

图11-26　支座布置类型

a）下托上拉　b）上托下拉

2）固定节点与活动节点。为了实现GRC构件的活动性，无论是有龙骨构件还是无龙骨构件，一个构件4个安装节点只有一个是固定节点，另外3个是活动节点（图11-27）。活动节点的作用是，当主体结构发生位移时，活动节点可以随之活动，以消除变形应力。活动节点示意图见图11-28，示范实例见图11-29。

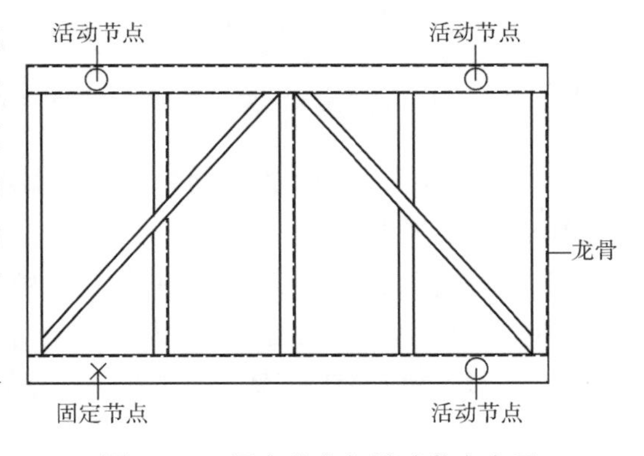

图11-27　固定节点与活动节点布置

3）自重在柱子间不传递。安装节点设计应保证上部柱子重量不由下部柱子承担。

4）误差调整空间。安装节点用螺栓和连

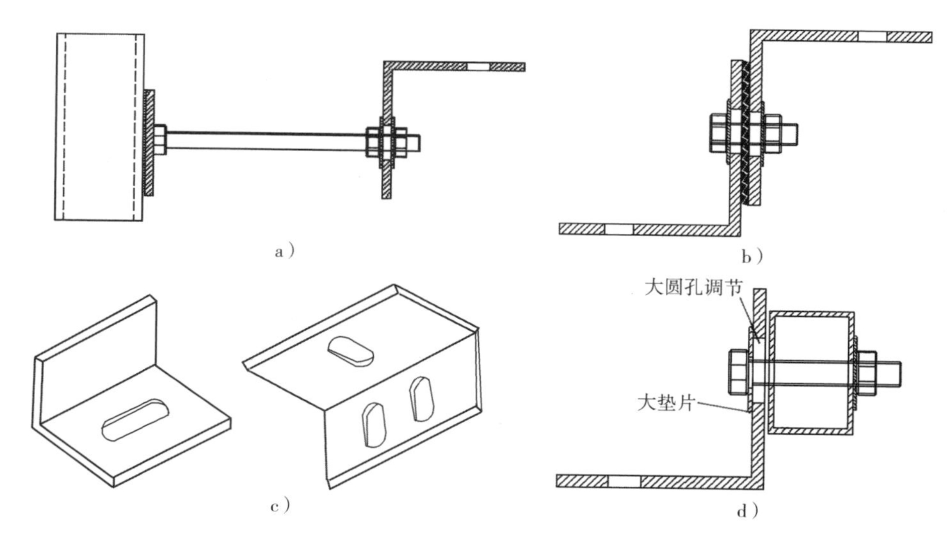

图 11-28　活动节点调整位移的方式

a）可位移支座　b）上下调节锯齿链接件　c）十字长孔调节　d）大圆孔调节

图 11-29　有龙骨 GRC 板安装节点示例

接板连接，在 3 个方向都有误差调整空间，要避免安装构件时把调整位移的螺栓“拧紧”或将龙骨框架与主体结构焊接连接。

11.3.3　GRC 龟裂

混凝土龟裂成因具体见本书第 3 章。GRC 龟裂成因与混凝土基本相同，有些原因更突出一些。

彩插图 C-10 和图 1-20 龟裂是干燥收缩裂缝，与水灰比过大、养护不好有关。

图 1-19 的不规则条形裂缝和细龟裂由多原因导致，除干燥收缩外，还与局部 GRC 过薄或玻璃纤维含量低有关。

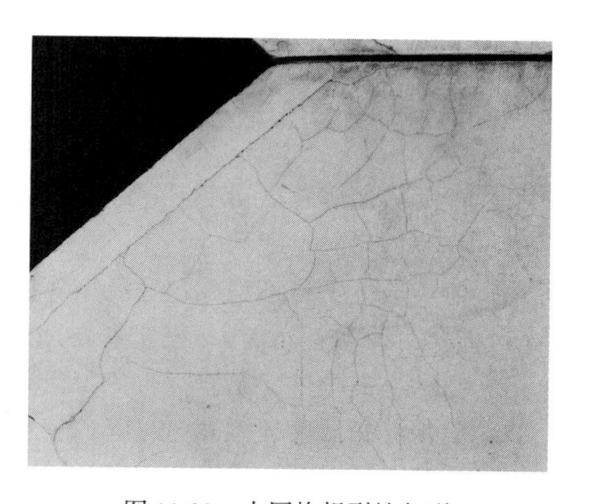

图 11-30　大网格粗裂缝龟裂

图 11-30 的龟裂网格较大，裂缝较宽，与急剧收缩和 GRC 质量太差有关，或水泥质量差，

或厚度过薄，或玻纤含量低。

图 11-31 粗条形裂缝周围还伴有很细的不规则裂缝，属于急剧收缩和缓慢收缩裂缝并存的情况。

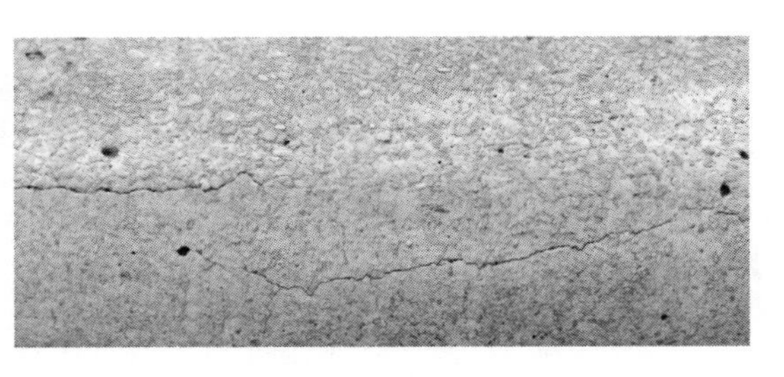

图 11-31 条形粗裂缝与细龟裂并存

1. 龟裂的具体原因

1）水泥质量不好，或收缩率大或受潮或过期。

2）水泥强度等级过高。

3）水泥含量多。

4）玻纤含量不足。

5）水灰比过大。

6）密实度较差。

7）养护不足。

8）发生碳化。

2. 材质方面预防裂缝的措施

1）在保证 GRC 强度等力学性能的前提下，选用强度等级较低的水泥。

2）在保证强度的前提下，减少水泥用量，灰砂比不宜高于 1∶1。

3）水灰比控制在 0.3～0.4 之间。

4）必须使用耐碱玻纤。

5）必须保证玻纤的含量。

6）粒径小于 0.15mm 的细骨料不超过 10%。

7）慎重使用轻质、软质、弹性模量低和吸水率高的骨料。

8）含泥量大的骨料宜清洗后再使用。使用人工砂时需控制石粉含量。

9）适量使用减水剂，慎重使用早强剂。

10）掺加适量的聚合物，如丙烯酸乳液。

11）颜料掺量不宜超过 6%。

12）使用低碱水泥时，为防止碳化，GRC 表面宜涂刷防护剂。

3. 制作环节预防裂缝措施

1）GRC 浆料须充分、足时搅拌，严禁浆料初凝后再加水稀释。

2）严禁表面质感层初凝后才铺设 GRC 基层料。

3）控制构件的厚度均匀。

4）避免玻纤含量不足或超过极限含量。

5）GRC 浆料应分层滚压密实。特别是边角部位、预埋件部位和锚杆锚固凸盘部位。

6）立边高的构件，制作时避免出现滑料和初凝后扰动。

7）确保养护温度、湿度与时间，应注意掺加聚合物不能完全取代养护。

8）蒸汽养护时，养护温度不宜超过 50℃。

9）养护后的构件避免急剧干燥。

10）未到脱模强度时不得脱模，脱模时应避免碰撞构件。

11.3.4 预埋件部位裂缝

1. 锚固凸盘附近裂缝

锚杆一般是镀锌的，不会锈蚀胀裂。锚杆与 GRC 连接的凸起部位称为锚固凸盘，如果锚盘喷射得过大过厚，会造成附近 GRC 板的刚性约束裂缝。锚盘过小过薄，锚盘自身又可能出现裂缝，锚固不住锚杆。

锚固凸盘细部尺寸见图 11-32。

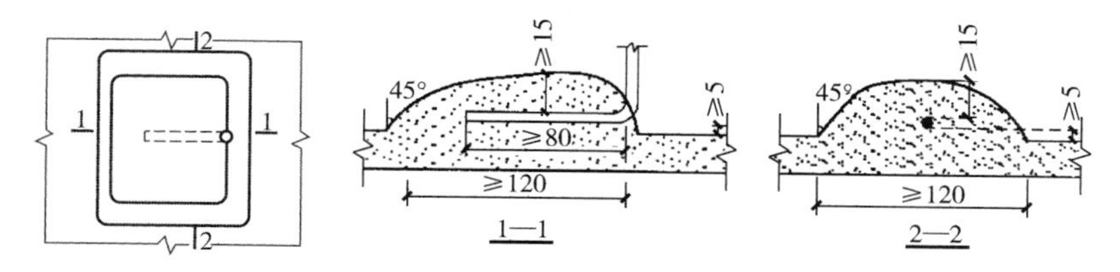

图 11-32　锚固凸盘细部尺寸

2. 小型构件预埋件部位裂缝

一些小型 GRC 构件安装节点采用外探预埋件，预埋件部位 GRC 可能出现裂缝，具体原因包括：

1）预埋件埋置深度或锚固钢筋的锚固长度不够。

2）预埋件没有镀锌，造成锈蚀膨胀裂缝。

3）外探预埋件凝固前被扰动或凝固后被撞击造成裂缝。

4）预埋件处的 GRC 厚度不够。

5）预埋件处的 GRC 不密实。

3. 构件造型受拉部位裂缝

一些构件造型会因自重受拉，此时应设置拉杆，见图 11-33。

V 形或半圆形构件存放或运输中也可能导致裂缝，应设置临时拉杆，见图 11-34。

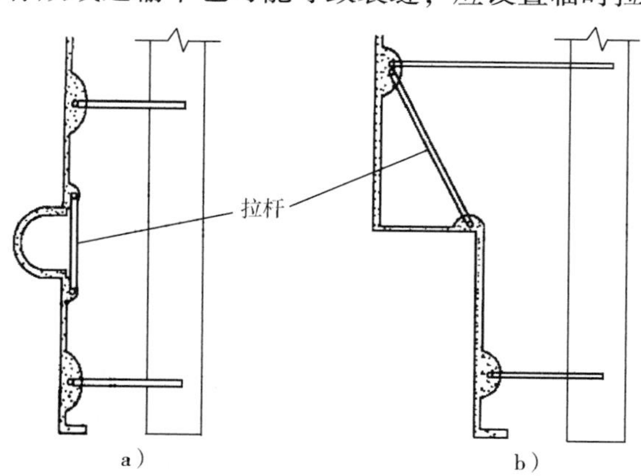

图 11-33　造型原因受拉部位附加抗拉钢筋

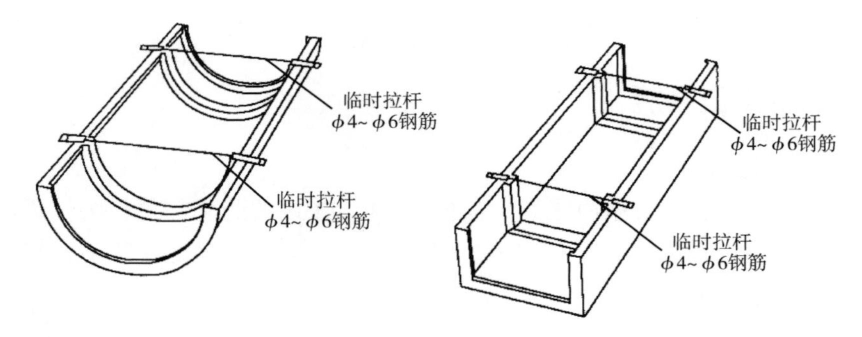

图 11-34　V 形或半圆形构件临时抗拉钢筋

4. 预防措施

1）应按照图 11-32 锚固凸盘点作业要求喷射锚固凸盘。

2）预埋件处的 GRC 应滚压密实。

3）尽可能不使用外探预埋件，如用预埋螺母。

4）如果使用外探预埋件，在养护、存放和运输中应有保护措施。

5）应设计足够的预埋件锚固钢筋长度。

6）GRC 敞口构件运输时须设计临时拉杆。

11.3.5　GRC 构件连接“暗缝”开裂

一些甲方或设计者要求连续性装饰构件看不出缝。如由一段段构件组成的连续线脚，在接缝处刮腻子遮掩，即所谓“暗缝”，表面看上去是通长的无缝线脚。

由于温度变化引起的热胀冷缩和干湿变化引起的湿胀干缩，这些暗缝必然开裂，反倒给人以不安全感。无论采用什么办法，都很难解决暗缝开裂的问题。

彩插图 C-47、图 C-48、图 1-18 都是暗缝开裂的例子。从艺术角度看，线脚源于石材，石材之间的砌筑缝是必须有的，也是自然的，要求无缝线脚是不合理的也是无法实现的。所以，最好是用明缝。

明缝密封胶如果选用不合适也会裂开，应使用专用于混凝土的密封胶。

11.3.6　冻融裂缝

混凝土冻融裂缝成因与预防措施参见本书第 5 章。GRC 冻融裂缝的成因与混凝土基本相同，但更严重一些。图 11-35 是 GRC 构件冻融破坏的实例。

GRC 的外探构件多，如线脚等凸出墙面的构件，最易发生冻融。GRC 是薄壁构件，一旦发生冻融裂缝就很难修复。

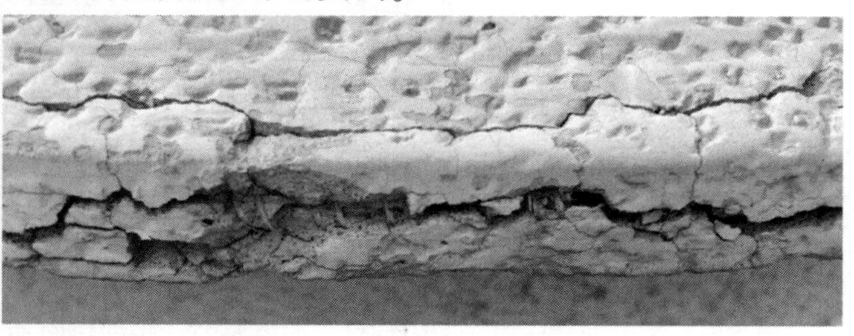

图 11-35　GRC 冻融裂缝

除 11.3.3 节第 2 条预防龟裂 GRC 材质和第 2 条预防龟裂制作措施外，还应按图 11-36 的构造要求进行设计。

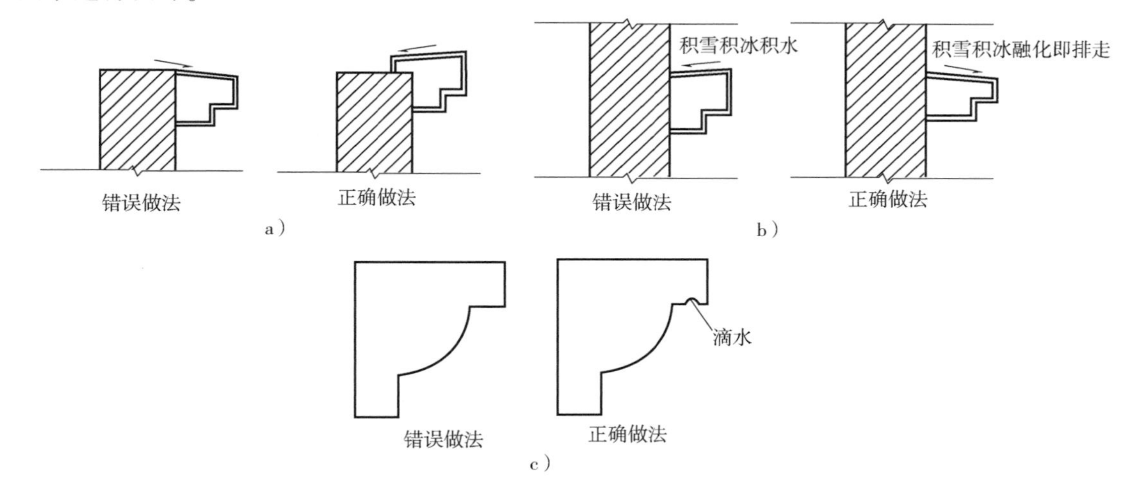

图 11-36 GRC 线脚防冻融构造设计

a）女儿墙檐线排水方向 b）腰线顶面排水角度 c）滴水设置

11.4 GRC 裂缝的危害

由于 GRC 构件厚度较薄，裂缝容易贯通，一点裂缝就可能使其失去承载力。GRC 大多是装饰性构件，用户也不接受肉眼可见的裂缝。

GRC 一旦出现裂缝，就是很大的麻烦。

1）GRC 大多是在安装在高处的墙板或装饰构件，因裂缝脱落会造成安全事故，公开报道中就已发生多起 GRC 构件高空坠落伤人的事故。

2）GRC 锚杆和预埋件部位的裂缝是导致构件坠落的隐患。

3）严重龟裂和冻融裂缝构件将无法修复。

4）因刚性约束干湿变形引起的贯通性裂缝，即使填缝修补也会重新开裂。

5）GRC 表面如果是清水质感和露骨料质感，无法做到无修补痕迹。

6）GRC 构件主要角色是体现艺术功能，出现裂缝或修补有痕迹，将对艺术效果产生严重的负面作用并对人的心理产生安全影响。

11.5 GRC 裂缝的调查处理

GRC 裂缝调查的流程和方法与混凝土有些区别。

1. 调查要点

GRC 龟裂、冻融裂缝和“暗缝”开裂调查比较简单，熟悉本书知识后可以做到一目了然，原因清楚。重点是贯通性裂缝和预埋件处裂缝的分析与判断。

贯通性裂缝须查清原因，到底是刚性约束干湿变形所致还是由荷载作用所致。

2. 处理要点

1）轻微龟裂采用表面封闭法修补。

2）刚性约束干湿变形所致贯通性裂缝用柔性环氧树脂填补。

3）荷载作用所致的贯通性裂缝用环氧树脂填补。

4）冻融裂缝一般在构件使用几年后出现，也有一两年就出现冻融破坏的。发现细微裂缝即应喷涂防水涂层。

5）做弱化修补痕迹的处理。

6）涂防污染的保护剂。

必须指出：一些小型 GRC 企业没有实验室，没有配合比设计，没有标准强度和配置强度的控制措施，所以不具备制造幕墙板或大型装饰构件的技术能力。

第12章　写给甲方——甲方决策和管理环节预防裂缝的要点

无论哪个环节的责任，裂缝的后果都是甲方“买单”。

12.1　预防裂缝必须从甲方做起

很多甲方认为裂缝是施工企业的事，没有意识到预防混凝土裂缝与自己有关，更没有意识到自己的责任。

有些裂缝的产生甲方负有直接责任；有些裂缝的产生甲方负有间接责任；有些裂缝的产生甲方虽然没有责任，但裂缝的后果也必须由甲方承担或部分承担。

裂缝或影响结构安全，如重要结构构件的荷载因素造成的裂缝；或影响耐久性，如会导致钢筋锈蚀的裂缝；或影响使用功能，如渗水；或影响顾客的心理安全，影响销售；或影响建筑艺术效果和企业形象；或因处理裂缝延误工期，增加直接成本、财务成本和延迟销售回款；或因裂缝导致无法达到预期房价；或被业主投诉等。

绝大多数裂缝是人为因素所致，从甲方、设计、施工、构件制作到监理各个环节都可能因失误或管理不善而导致裂缝发生。

避免裂缝不是各自为战能奏效的，需要各个环节间的有效协同，只有甲方，才能要求各个环节认真预防裂缝；才有能力和条件组织起全链条各个阶段预防和管控裂缝的工作。

预防裂缝必须从甲方做起。

12.2　甲方在预防裂缝方面存在的问题

甲方在预防裂缝方面存在的问题包括如下方面。

1. 没有承担起预防裂缝的组织和管理责任

不了解混凝土裂缝的成因和危害，尤其不了解清水混凝土、预制混凝土、装饰混凝土和GRC裂缝的频发性和危害性，没有承担起预防裂缝的组织与管理责任。对混凝土裂缝无预防意识，无预防措施，无处理预案。

2. 违背科学规律提出不合理要求

违背科学规律提出或任由设计者设计易出现裂缝的建筑形体和构造，而不采取有效的预防裂缝的措施，导致出现裂缝甚至无法补救。

例如，非线性曲面现浇清水混凝土、连续无缝清水混凝土长墙、GRC连续无缝线脚，都是非常容易出现裂缝且很难修补或修补后会有反复的造型和构造，选用时必须把不出现裂缝作为重要控制目标。

3. 选择设计、施工、构件企业未考虑预防裂缝因素

在包含清水混凝土、预制混凝土、装饰混凝土和GRC的建设项目中，选择设计、施工、预制构件企业时，未考虑其预防裂缝的经验与能力。

4. 合同中没有预防裂缝的要求

在与设计、施工、构件和监理企业的合同中，没有预防裂缝的条款和违约罚则。

5. 工期不足

没有给施工或构件制作企业足够的工期以保证质量，违背科学规律抢工期。例如，预制构件未达到养护龄期就匆忙进工地安装。

6. 预算不足

对预防裂缝没有足够的预算。或以最低价、垫资等因素作为主要招标条件，使一些连实验室都没有、质检员都养不起、使用劣质材料的企业承揽到了工程。

7. 过程控制不够

施工和构件制作过程中，甲方没有进行过程控制；或未对监理提出具体明确的管控要求。

8. 工程验收不细

隐蔽工程验收对导致裂缝出现的关键因素关注不够，如钢筋保护层厚度和钢筋骨架的稳定性；混凝土浇筑后和工程验收时对裂缝查验不细。

9. 裂缝调查与处理组织得不好

出现裂缝后，未有效组织裂缝调查、分析和处理，任由施工或构件制作企业自行其是，没有查出真正原因或具体原因，没有进行及时有效的修补。或虽然修补了，但没有解决裂缝根源问题，裂缝反复出现。

10. 建筑交付使用时对裂缝问题未做安排

一些裂缝是在建筑物交付使用后才出现的。甲方在向业主交付建筑物时，对如何预防裂缝、如何定期观察是否有裂缝、发现裂缝如何处理等事项没有安排。未及时组织裂缝调查、分析与处理。

12.3 甲方预防裂缝的原则与重点

12.3.1 甲方预防裂缝原则

笔者建议，甲方在预防裂缝方面宜坚持如下原则：裂缝无小事，知其所以然，关键在预防，舍得花小钱，管控各环节，负责全周期。

1. 裂缝无小事

文前彩插图C-42和图12-1是某房地产公司管理人员在工地发现的裂缝，预制叠合楼板安装并浇筑了后浇混凝土后才发现裂缝。使用荷载还没有作用在楼板上板底就裂了，一定不是甲方的责任，也不大可能是设计的责任，主要责任应在PC工厂。但施工企业验收构件时检查不细，浇筑混凝土前也没有检查，也有责任。不管是谁的责任，结构安全受到影响、造成工期延误、财务成本增加、销售回款延误，这些损失都是甲方要承担的。

建筑业界中的甲方对裂缝的重视程度远不如水利、港口和道桥界的甲方，预防和管控裂缝意识不强。

随着高层钢筋混凝土建筑越来越多，清水混凝土、非线性曲面建筑越来越多，装饰混凝土和 GRC 应用越来越多，特别是政府要求 30% 新建建筑甚至更大比例必须搞装配式，这些类型的建筑裂缝问题将越来越成为业界必须面对的大事。

图 12-1　叠合板浇筑混凝土后甲方才发现裂缝

2. 知其所以然

甲方项目管理人员和技术人员必须清楚自己管理的工程有可能出现哪些裂缝，以及裂缝成因、预防措施和处理办法。建筑项目形体奇特复杂或包含清水混凝土、预制混凝土、装饰混凝土和 GRC 时，更要全面深入了解裂缝知识。甲方知其所以然，在选择设计、施工和预制企业时，才能判断候选企业的技术和管理能力；也才能在预防管控裂缝方面更有效作为。

3. 关键在预防

裂缝是混凝土建筑中常见和普遍的现象，但不是必然现象。笔者在对国内外建筑考察时发现，国外工程项目裂缝控制要好得多。笔者在日本看过很多清水混凝土建筑、高层装配式建筑，去过多家 PC 工厂，极少发现裂缝。与日本企业合作时感受最深的是，心里有裂缝，才能避免裂缝。日本同行有非常强的预防意识，注重每一个环节每一个细节，有详细的预防裂缝措施，并能确保落实到位。

出现裂缝后能分析出原因找出责任环节固然重要，但这不是最有用的本事。保证不出裂缝才是真本事，才是关键所在。

4. 舍得花小钱

日本一家 PC 工厂的技术人员给笔者讲过这样一件事。一次他们向甲方报价，甲方详细审查了报价单细节后问，报价对吗？工厂人员说，报价计算得很仔细，利润率也很低，不能再降低了。甲方说我不是说你们报价高了，而是觉得有问题。我想问你们，一旦坍落度检测不合格，混凝土拌合料怎么办？工厂人员解释说，坍落度不合格绝对不能用，我们有经验保证坍落度在控制范围内。甲方说绝对的事情不可靠。我再给你们加点费用，坍落度一旦不合格，混凝土拌合料必须扔掉，绝不准用于工程。我们会去工厂抽查坍落度情况。

舍得扔掉坍落度不合格的混凝土拌合料，才能确保工程质量！

国内一些甲方在选择施工方和预制厂家时比较看重价格或是否垫资。一些企业报价很低，中标后只能偷工减料，以次充好。这是裂缝频发的重要原因之一。

预防裂缝的成本增量在整个工程造价中所占比例非常小，但一旦出现裂缝，对甲方的影响非常大。所以，必须舍得花小钱，才能避免大问题。

5. 管控各环节

裂缝绝不仅仅是制作和施工企业的事，甲方、设计环节的问题与原因一点都不少，甚至更多，更严重。

甲方必须承担起正确决策、选择适宜的合作企业、提出明确具体的预防裂缝要求的责任，必须在决策、设计、构件预制、施工和监理各个环节进行有效的责任落实与管控，出现裂缝必须及时组织人员检查、分析、处理，并从根本上杜绝裂缝的发生。

6. 负责全周期

甲方应对建筑物整个生命周期出现的裂缝负责任。对建筑物交付使用后的裂缝观察、发现裂缝后的调查处理流程、方法与技术措施做出统筹安排。

即使对住户装修砸墙破坏结构导致的裂缝，甲方也有提出警示的责任，宜在建筑物入口处设置一个永久性告示牌，告知“本建筑严禁任何砸墙凿洞、损坏结构的行为。”并应在售房合同中列入相关条款。

12.3.2 甲方预防裂缝重点工作

甲方预防裂缝重点工作包括：

1）项目决策时对预防裂缝的重视。

2）制定预防裂缝技术与管理要点。

3）选择设计、施工和预制构件企业应考虑预防裂缝的因素。

4）合同中有预防裂缝的要求。

5）工程实施过程对裂缝的管控。

6）工程验收中对裂缝的关注。

7）出现裂缝时组织调查与处理。

8）建筑物交付使用时对裂缝观察与维修作出安排和预案。

12.4 项目决策时对预防裂缝的关注

1. 关注范围

甲方在项目决策时做出如下选择时，应同时把预防混凝土裂缝列入关注范围：

1）选用混凝土结构或混合结构（钢结构与混凝土结构混合）。

2）选用或根据政府要求采用装配式混凝土的建筑。

3）混凝土结构建筑选用非常规建筑形体或构件造型；特别是有非线性曲面和较长混凝土墙体的建筑。

4）选用清水混凝土的建筑。

5）外围护系统选用预制混凝土外挂墙板、装饰混凝土和GRC幕墙或构件。

2. 关注方式

（1）调研　在项目决策前对准备采用的结构、造型、围护系统等已建成的同类项目做调研，把裂缝列入调研提纲，做出评估。在调研中发现以往同类项目出现裂缝概率较大时，应作为决策的重要参考依据。若采用既定方案，应当有预防裂缝的措施和预案，或对容忍裂缝的宽容。

（2）专家论证　采用混凝土新结构、新技术、新造型时，应组织专家论证，对裂缝出现的概率与机理进行分析和评估，并给出对策。

（3）将预防裂缝列为重要工作　对容易发生裂缝的建筑，特别是超高层混凝土建筑、装配式混凝土建筑、现浇清水混凝土建筑和采用装饰混凝土、GRC构件的建筑，应把预防裂缝作为项目管理全过程的重要工作。

12.5 甲方预防裂缝的技术与管理要点

项目决策后，应制定预防裂缝的技术与管理要点，在项目管理全过程中落实，要点包括内容如下。

1. 列出预防裂缝清单

根据项目和环境情况，列出《项目可能出现的裂缝清单》，作为预防目标。

（1）先做减法　本书附表Z-2《裂缝类型、成因及各环节预防要点一览表》给出了各种类型的裂缝清单，甲方技术人员可在表上做“减法”，把本项目不可能出现的裂缝删去。例如，非严寒和寒冷地区，就把冻融裂缝删去；非海边或盐碱地区，就把预防氯离子侵蚀删去；当地没有活性碱骨料，就把碱-骨料反应裂缝删去。

（2）再做加法　再加上附表Z-2《裂缝类型、成因及各环节预防要点一览表》中未列出的可能出现的裂缝，例如采用了特殊形体，就加上这种形体可能出现的裂缝。

做完减法加法，《项目可能出现的裂缝清单》就列出来了。

2. 找出甲方原因可能导致的裂缝

找出《项目可能出现的裂缝清单》中与甲方自身决策和管控有关的裂缝，制定预防措施并在项目决策和实施中执行。

3. 找出合作方原因可能导致的裂缝

找出《项目可能出现的裂缝清单》中与设计、混凝土制备、施工、制作各个环节有关的裂缝，制定预防裂缝的管控目标和具体措施，在选择合作方、签订合同和工程管理中，落实管控措施，实现预防裂缝的目标。

4. 工期与成本增量计算

技术与预算人员（或外委）应对预防裂缝的工期与成本增量做出定量计算，作为决策和招标的依据。

5. 避免甲方原因导致裂缝的事项

1）预防裂缝必须由各个环节——设计、施工、搅拌站、构件厂、监理——协同合作，特别是早期协同设计对预防裂缝非常关键。只有甲方才能组织起各方协同。设计阶段可能还没有选定施工方、构件厂，甲方可邀请候选企业参与协同设计，或请候选企业提出在设计中避免裂缝的措施。

2）对规范和计算软件未覆盖的非荷载效应裂缝，新形体、新结构和新材料可能导致的裂缝，应进行调研，请专家论证，做试验或样板，向各合作方提出预防裂缝的明确要求，避免预防裂缝有闪空点。

3）对荷载效应引起的宽度在规范允许范围内（0.2mm）的可视裂缝，当选用直接裸露在自然环境中的清水混凝土、装饰混凝土和 GRC 时，评估裂缝对耐久性的影响，对心理安全和艺术效果的影响，与设计方决定是否提高抗裂标准并采取防裂措施。

4）尊重科学规律，不提出或坚持必然会导致裂缝的要求。如对一些非线性曲面要求连续性，不肯设置伸缩缝或引导缝。再如预制构件间的连接一定是有缝的，这是自然规律，可笔者遇到过许多甲方不允许连续线脚看出缝来，要求用刮腻子刷涂料的方式覆盖成无缝状态，但很快就会开裂，如本书彩插图 C-48 所示。

5）直接裸露在自然环境中的清水混凝土、装饰混凝土、GRC 应涂敷防水隔气涂料，以避免钢筋锈蚀胀裂、碳化收缩龟裂、碱-骨料反应膨胀裂缝等。对防护涂料的选用须提出功能性和耐久性要求。对施工方提出的防护涂料的成本增量应当认可。

6）混凝土浇筑后须要求有关方定期观察，出现裂缝及时组织调查、修补，越早处理，裂缝危害就越容易控制。

12.6 选择合作方时的裂缝考量

选用钢筋混凝土结构建筑或钢结构建筑采用水泥基外墙板与构件时，甲方在选择合作方——设计、施工、构件制作方——时，应当有预防裂缝的考量。特别是清水混凝土建筑、装配式混凝土建筑、采用装饰混凝土构件和 GRC 构件的建筑，必须把预防裂缝作为重要考量因素。

1. 经验与案例

候选合作方，包括设计、施工和构件制作方，对拟建项目类型，是否有实际经验；如果有，应对工程案例进行现场考察。

如果候选合作方没有同类项目的经验或之前的案例存在因他们原因造成的裂缝，就应慎重考虑。若要合作，至少要求合作方应与有经验的企业、专业队伍或咨询企业合作。

2. 制度与方案

候选合作方应当有关于预防裂缝的规章制度、流程与操作规程。在投标中，应针对工程的具体情况，提出预防裂缝的技术路线与方案。

3. 团队

合作方参与项目的团队须有经验丰富的技术与管理人员，尤其在预防和处理裂缝方面掌握必要的知识，有实际经验。

如果虽然设计单位有经验，但具体设计团队中却一个有经验的设计人员都没有，那就很难保证不出问题。如果预制构件厂没有有经验的结构技术人员，或实验室人员经验不足，也很难保证不出问题。

4. 硬件

对施工方和预制构件企业应考察硬件。

1）承担大型非线性曲面工程的施工企业，应当有制作模具用的数控设备。

2）PC 工厂有没有流水线不重要。关键要看实验室仪器设备、自动控制的养护系统和构件存放场地够不够。

3）装饰混凝土和 GRC 构件工厂要看有没有自动计量搅拌系统和实验室仪器是否齐全。

12.7 合同中关于裂缝的约定

甲方与设计、施工、构件企业的合同中应包括如下内容。

1. 通用约定

1）应包括关于预防裂缝的约定。

2）将《项目可能出现的裂缝清单》中与设计、混凝土制备、施工、制作各个环节有关的裂缝分解提炼为具体要求，写入与各方的合同中，或作为合同附件。对混凝土制备环节预防裂缝的要求应包含在与施工方的合同中。如果预制构件厂由施工方签约，甲方对预制构件环节预防裂缝的要求也应包含在与施工方的合同中。

3）如果预防裂缝有工期和成本增量，应包含在合同总价中。

4）工程档案中应包括关于裂缝的全部资料。

5）合同中应明确裂缝出现的责任和相关罚则。

2. 与设计方的约定

除通用约定外，甲方还应与设计方约定如下事项：

（1）关于规范　在预防裂缝问题上，仅仅按照规范设计是不够的。

第一，国家和行业规范关于荷载效应裂缝有具体的要求和计算公式，但对非荷载效应裂缝规定和要求较少，没有定量计算公式，结构计算软件也没有提供非荷载效应裂缝的计算方法。而实际上，荷载效应裂缝出现得比较少，大多数裂缝是由非荷载效应导致的。

第二，有些规范的规定和要求对预防裂缝未必有效。例如，一些按照规范要求间距设置沉降缝或结构长度不到设置沉降缝间距的墙体，还是出现了裂缝。

第三，对于出现的新造型、新材料、新工艺，规范不可能一一覆盖。

第四，规范允许的裂缝宽度是可见的，但有些项目无法接受可见裂缝。

所以，应当与设计方约定，不仅仅以规范为设计标准，而应以避免裂缝为目标。对非荷载效应和新形体、新材料、新工艺可能出现的裂缝，设计方应进行分析、计算，并给出预防措施。

（2）避免因设计原因导致的裂缝　甲方应要求设计方避免因设计原因导致的裂缝，包括：

1）易出现裂缝的形体或结构，如现浇混凝土长墙、非线性曲面墙体、端部有刚性约束的墙体或有突变造型的形体，应采取有效措施避免裂缝出现，或设计适宜形体，或设置沉降缝、伸缩缝、滑动层，或调整、加强构造筋，或提出跳仓法、后浇带法施工要求，或让裂缝在引导缝中出现等。

2）复杂形体和构件设计应考虑脱模的便利性。

3）应尽可能减少易发生应力集中的构造，对应力集中部位设置加强筋。

4）避免构件间互相作用。

5）避免钢筋、预埋件、管线出现密集拥堵。

6）装配式建筑构件拆分设计尽可能实现标准化，采用少规格、大构件，减少构件的种类和数量。

7）曲面墙体钢筋应有随形的构造布置设计或要求。

8）对预制构件的制作、施工荷载进行复核。

9）严寒和寒冷地区构件设计应尽可能避免易发生冻融裂缝的造型、构造，并使其排水通畅。

10）为防止龟裂，在清水混凝土、装饰混凝土和GRC表面涂覆防护涂料。

11）对由装饰混凝土和GRC企业设计的外围护构件提出防裂缝要求。

（3）关于协同设计　甲方应与设计方约定进行协同设计，即在预防裂缝问题上，设计方应与施工方、预制构件厂、专业施工企业进行互动协同，避免设计出容易出现裂缝或施工、制作方难以实现的造型与构造。

（4）设计文件交底与会审　要求设计文件交底、会审时列出预防裂缝的专项清单，请施工方和构件制作方提出意见。

（5）参与裂缝调查与处理　出现裂缝后，要求设计方派员参与裂缝调查、分析与处理，并提供设计修补方案或审核其他方设计的修补方案。

3. 与搅拌站的约定

混凝土搅拌站对预防裂缝非常重要，但甲方通常与混凝土搅拌站和预制构件厂的搅拌站并没有直接的合同关系，这里列出的与搅拌站的约定要点或纳入与施工方的合同，或纳入与构件厂的合同，之所以单独列出是为了引起重视。

1）针对项目情况和环境情况进行防裂缝的配合比设计，如小收缩率、抗冻性、防碱-骨料反应的配合比设计，并经过试验验证。

2）根据防裂要求选用混凝土材料。如为防碱-骨料反应，应使用低碱水泥和不具备非碱活性的骨料；为防氯离子影响，不使用氯离子含量高的骨料等。

3）控制水灰比是防裂的重点。

4）混凝土搅拌时应严格执行设计配合比，保证计量系统准确。

5）混凝土坍落度不满足要求不得使用。

4. 与施工方的约定

除通用约定外，甲方还应与施工方约定如下事项：

1）施工方应参与预防裂缝的协同设计，在设计文件交底和会审中提出预防裂缝的建议。

2）要求施工方对混凝土搅拌站的配合比设计、试验和混凝土搅拌提出预防裂缝的具体要求。入场混凝土坍落度不合格者不得使用。

3）对预制构件入场进行严格的检查验收，有裂缝构件一律退厂，不准安装。

4）施工方自身预防裂缝的要点包括：

①严格按设计要求的预防裂缝措施施工，如采用跳仓法、后浇带施工，设置引导缝等。

②应用新技术、新造型（或复杂造型）、新材料时应做试验或打样。

③采取措施避免施工因素裂缝，如施工缝处裂缝、模板位移裂缝、混凝土凝固时出现的沉降裂缝、拆模裂缝、施工荷载导致的裂缝等。

④确保钢筋保护层误差在允许范围内，包括曲面墙体的钢筋保护层。

⑤夏季高温天气下，混凝土入模应采取降温隔热措施。

⑥混凝土振捣避免漏振、过振或欠振。

⑦确保养护温度、湿度和养护时间。

⑧避免预制构件安装环节出现裂缝。

⑨保护好半成品、成品。

5）混凝土浇筑后，施工方应定期进行裂缝观察。发现裂缝后报告甲方和监理，共同进行裂缝调查、分析与处理，参与设计修补方案并实施。

5. 与构件厂的约定

如果甲方直接与构件厂签约，应与构件厂约定预防裂缝的具体事项。如果施工方与构件厂签约，此约定将此纳入甲方与施工方的合同中。

1）对配合比设计、试验、混凝土材料和搅拌提出预防裂缝的具体要求。

2）钢筋混凝土构件须进行隐蔽工程验收，尤其是钢筋保护层、钢筋间距等。隐蔽工程验收除文字资料外，应当留有影像档案。

3）蒸汽养护必须严格执行“静停—升温—恒温—降温”流程以及相应的时间、温度、速率要求。

4）构件工厂出现裂缝必须立即上报监理并组织调查，凡出现裂缝未报告自行修补的构件不予验收。

6. 与监理的约定

甲方与监理关于裂缝的约定包括：

1）监理范围应包括商品混凝土搅拌站和预制构件厂。

2）所有预制构件都要做隐蔽工程验收，尤其是对裂缝影响较大的钢筋保护层、钢筋间距等项目。隐蔽工程验收应当有影像资料。

3）施工企业和构件工厂出现裂缝必须报监理组织调查，凡出现裂缝未报告而自行修补的构件或部位不予验收。

4）组织裂缝观察和发现裂缝后的调查、分析，审核修补方案。

12.8 工程实施中的裂缝管控要点

工程实施过程中甲方关于裂缝的管控要点包括：

1）组织早期设计协同，做好预防裂缝的设计。

2）组织好设计文件交底与会审，把预防裂缝列为专项工作，讨论清楚。

3）关注配合比设计、试验、混凝土材料选用类型与质量和混凝土坍落度。

4）关注新造型、新材料和新工艺的样板试验。

5）检查预防裂缝的关键措施的落实情况，如沉降缝、伸缩缝、引导缝、防滑层、防裂附件钢筋、应力集中附件筋、避免拥堵等。

6）重点关注现浇混凝土和预制构件隐蔽工程验收，特别是钢筋保护层的误差控制。

7）重点关注混凝土养护质量。

8）关注预制构件入场验收，有裂缝的构件不准安装。

9）混凝土浇筑后定期组织裂缝观察。

12.9 工程验收对裂缝的关注

1）工程竣工验收时，甲方应组织全面检查裂缝情况。对高处不易观察的部位，可采用无人机、望远镜、照相机长焦镜头等手段检查，不放过细微裂缝。

2）建筑物保修期结束前应再次全面检查裂缝情况。

3）除全面检查外，还应对重点部位进行定期观察，特别要注意碱-骨料反应裂缝、钢筋锈蚀胀裂、冻融裂缝的苗头，尽可能在裂缝初期发现，以利于及时处理，避免裂缝扩展。早期修补也相对容易，危害小，修补痕迹弱。

12.10 组织对裂缝的调查与处理

出现裂缝是大事。甲方应组织好调查、分析和处理。最重要的是找准原因。原因找对了才能拿出堵住源头的办法和提出正确的修补方案。

裂缝调查详见第 17 章，裂缝修补详见第 18 章。这里只提出甲方组织裂缝调查与处理的要点。

1）及时组织调查、分析、处理，避免裂缝扩展。

2）在调查裂缝部位的同时，应全面仔细调查其他部位，不留死角，查找有没有早期细微裂缝。

3）多数裂缝原因容易查清。但有的裂缝或因原因复杂，或因多重原因作用，或因各方推卸责任扯皮而得不出结论，宜邀请第三方专家参与调查、分析和制定维修方案。

4）对所有裂缝必须查清原因，不能模糊。一方面可以分清责任，更重要的是可以做出对症下药的修补方案和加固方案。

5）修补方案的制定与施工，宜咨询或委托专业队伍。修补方案不仅要堵缝、防止裂缝扩展，还要避免裂缝反复出现或在其他部位出现。

6）水利、港口、道桥工程领域在修补处理裂缝方面经验丰富，对复杂裂缝的修补设计与施工，建议与这些领域的专业队伍合作。

7）修补方案确定后，应及时监督实施。

8）修补工程验收后，应安排定期观察。

9）裂缝调查、原因分析、修补设计、修补工程实施和验收资料应全部归档。

12.11　建筑物交付使用时关于裂缝的交接

甲方向业主交付建筑物时，关于裂缝应有如下交接：

（1）在购房或租房合同中，应当有“严禁在装修中砸墙凿洞的任何行为”的条款。

（2）在建筑物使用手册中，应当包含如下内容：

1）保修期结束后物业公司负责定期观察是否有裂缝，给出观察周期与观察方法。

2）发现裂缝后的报告程序与联系方式。

3）保修期后对出现裂缝的调查、分析与修补流程。

4）混凝土表面防护涂料重新涂刷的时间，应给出绝对时间，即 2030 年或 2035 年，而不是相对时间第几年。

5）其他需要向业主或物业公司交代的关于裂缝的事项。

以上内容应当面培训，录制视频一并交接，便于业主或物业换人时培训之用。

（3）甲方应当有内部流程，到期提醒业主观察裂缝并重新涂刷防护涂料。

第 13 章　写给设计者——设计环节预防裂缝的要点

有些裂缝设计者负有直接责任；有些裂缝设计者负有间接责任。

13.1　设计者关于裂缝的认识误区

很多设计师以为混凝土裂缝与己无关，是施工或构件制作环节的问题。设计师只要按规范设计，用通用软件计算，选用或参照标准图，就没有责任了。

笔者在考察几个出现裂缝的著名建筑中发现，一些裂缝的主要原因正是在设计环节存在以下问题：

1）为追求艺术效果，设计了易出现裂缝的形体、结构和构造，但没有采取有效的预防裂缝措施。

2）对规范未涉及的非荷载作用导致的裂缝没有定量分析，未采取防范措施，或防范不够。

3）对新工艺、新材料、特殊形体未做深入研究，或设计深度不够，或甩给施工企业与预制厂家自行其是。

4）对清水混凝土、装配式建筑、装饰混凝土和 GRC 裂缝的危害性和设计责任认识不清，防范不够，对细节有遗漏。

5）存在设计错误或设计不细问题。

13.2　哪些裂缝与设计有关

与设计有关的裂缝类型、成因及预防要点见表 13-1。

表 13-1　与设计有关的裂缝类型、成因及预防要点

裂缝形状	裂缝成因	设计对策	建筑专业	结构专业	设备管线专业	装饰专业
龟裂	碳化收缩龟裂	清水混凝土、装饰混凝土、GRC 表面应设计防护涂料，并提出性能要求				
	碱-骨料反应膨胀					
剥离胀裂	冻融	设定混凝土抗冻等级，构件表面排水通畅，积雪面做防水，避免尖凸造型				
	钢筋锈蚀胀裂	曲面墙体钢筋保护层随形要求与构造，保护层厚度误差要求，表面涂防水保护涂料				

（续）

裂缝形状	裂缝成因	设计对策	建筑专业	结构专业	设备管线专业	装饰专业
条形裂缝	自生收缩	减少刚性约束，设置伸缩缝、引导缝，滑动层等；要求跳仓法、后浇带法施工；墙体水平钢筋小直径、小间距或增加构造配筋				
	干燥收缩					
	温度收缩	除与上一栏自生收缩、干燥收缩的对策相同外，对有温差的墙体设置保温层				
	高强混凝土自收缩	与自生收缩、干燥收缩的对策相同				
	保护层过薄沿钢筋裂缝（梁、柱箍筋，墙水平筋、楼板主筋）	给出保护层厚度允许误差，曲面墙体给出控制保护层厚度的办法，室外裸露的混凝土表面设计防护涂料				
	保护层过厚导致在受弯构件受拉区出现垂直于钢筋的裂缝					
	碱-骨料反应沿钢筋裂缝	室外裸露的混凝土表面涂防护涂料				
	收缩或荷载引起应力集中裂缝	曲面墙体宜舒缓，截面阴角宜设计成斜线或弧线过渡，转角和丁字角避免刚度突变，应力集中部位增加构造筋或网				
	收缩、沉降、徐变等非荷载效应引起的裂缝	在规范没有给出计算方法的情况下，进行概念设计分析、建立计算模型，估算内力值，弱化刚性约束、增加构造配筋				
	荷载引起的裂缝，宽度在结构规范允许范围内，但对耐久性和艺术效果有影响	与甲方研究是否提高控制裂缝的标准				
	规范和计算软件未覆盖的新形体、新结构和新材料可能引发的裂缝	进行专家论证、概念分析，建立相近模型计算、并辅助手算				
	现浇墙温度应力竖向裂缝	设置滑动层削弱基础约束，端部转角设置伸缩缝、长墙缩短伸缩缝间距、设置引导缝、选用适宜的混凝土强度等级，水平钢筋设计成小直径带肋小间距钢筋，要求采用跳仓法或后浇带法施工				

（续）

裂缝形状	裂缝成因	设计对策	建筑专业	结构专业	设备管线专业	装饰专业
条形裂缝	高层建筑竖向温差效应裂缝和水平温差效应裂缝	控制竖向构件轴压比，保证合适的含钢率				
	地基、基础沉降和结构徐变导致的斜裂缝	根据地基、基础结构不均匀情况设置沉降缝，或增加抗剪构造筋				
	非线性不规则墙突变部位裂缝	削弱刚性约束，增加构造筋，洞口顶部增加水平构造筋，洞壁洞拱与墙体间设置伸缩缝				
	现浇墙水平裂缝	曲面墙体钢筋保护层随形要求与构造，保护层厚度误差要求，如果有平面外弯矩须采取相应措施				
	梁跨中侧面竖向裂缝	采用避免温度收缩的构造设计，如增加腰筋等				
	梁接近支座侧面斜裂缝	避免沉降和剪切的设计				
	梁顶面支座附近裂缝	避免支座内钢筋拥挤影响混凝土密实度及与钢筋的粘结力				
	柱子侧面水平裂缝	避免箍筋保护层过薄和纵筋保护层过厚				
	集中布置管线处裂缝	管线分离或分开布置				
	钢筋拥堵、间距不均匀裂缝	钢筋间距应考虑施工误差				
	构件拆分设计标准化差、构件规格多、小构件多是制作存放环节造成裂缝的间接原因	构件拆分应做到标准化、少规格，构件相对大一些，尽可能减少构件规格和数量				
	预制构件脱模吊装、翻转裂缝	按脱模时的混凝土强度复核脱模、翻转荷载				
	构件尖锐部位脱模裂缝	设计构件造型须考虑脱模的便利性和破损概率				
	预制构件存放裂缝	设计中明确给出构件存放支点位置和允许层数				
	后浇混凝土与预制构件间裂缝	楼板最好采用整间板或吊顶无须处理缝的设计，如必须有缝，采用宽板少缝，单向板设计及有关构造设计				

（续）

裂缝形状	裂缝成因	设计对策	建筑专业	结构专业	设备管线专业	装饰专业
条形裂缝	构件之间相互作用裂缝	结构体系与非结构构件的连接对变形有适应度，避免形成“短柱效应”和“附加作用”				
	混凝土漏振裂缝	避免配筋过于密集				
	女儿墙根部水平裂缝	女儿墙与屋盖之间应设隔离缓冲带				
	GRC 刚性约束导致的裂缝	从构件形体设计、锚杆布置、锚杆柔性方面避免刚性约束				
	GRC 与结构体系全刚性连接导致的裂缝	设计采用允许变形的刚性与柔性结合的连接方式				
	GRC 背附龙骨刚度不够导致裂缝	背附龙骨设计须复核变形				
	GRC 敞口构件运输裂缝	设计临时拉杆				
	GRC 预埋件部位裂缝	预埋件的锚固长度应经计算确定，GRC 局部采取加厚设计				

13.3　各专业的责任

预防裂缝工作主要与建筑师和结构设计师有关，水电专业和装饰专业也会有所涉及。

1. 建筑师的责任

1）组织各专业预防裂缝的协同设计。

2）在设计比较容易出现裂缝的现浇混凝土长墙、非线性曲面墙体、端部有刚性约束的墙体或有突变造型的形体时，应与结构设计师共同分析出现裂缝的可能，采取有效措施避免裂缝出现或让裂缝在引导缝中出现。

3）与结构设计师共同设计减小刚性约束的造型与构造。

4）对宽度在结构规范允许范围内但肉眼可见的裂缝进行耐久性、心理安全和艺术效果分析，与结构设计师决定是否提高裂缝的控制标准。

5）为防止龟裂，在清水混凝土、装饰混凝土和 GRC 表面设计防护涂料。

6）复杂形体和构件的设计应考虑脱模的便利性。

7）严寒和寒冷地区构件设计应避免易发生冻融裂缝的尖凸及易产生积雪积水的造型。对探出墙体的构件顶面或设置较陡的排水坡度，或做防水设计；非线性曲面屋顶凹处排水系统必须保持通畅。

8）与结构设计师分析构件间相互作用的影响，采取相应构造措施，避免构件间互相作用导致的裂缝。

9）对装饰混凝土和GRC企业设计的外围护构件提出防裂缝要求。

2. 结构设计师的责任

1）计算荷载效应导致的裂缝宽度，并分析和估算非荷载效应裂缝宽度。对裂缝宽度符合规范要求但可见的裂缝，判断其对耐久性和艺术效果的影响，提出解决方案。

2）对规范和计算软件未覆盖的新形体、新结构和新材料可能引发的裂缝，进行分析论证，或邀请专家分析论证，建立相近模型进行定量计算，或辅助手算。

3）对现浇混凝土长墙，设计中应考虑采取减少基础约束的滑动层和允许裂缝出现的引导缝。

4）避免混凝土墙体的端部刚性约束，设计墙体端部转角伸缩缝。

5）避免突变造型受刚性约束的构造设计，并采取抗裂加强措施。

6）避免应力集中的构造设计，并采取抗裂缝加强措施。

7）避免非结构构件对结构柱和墙体形成短柱效应和附加作用。

8）避免基础产生不均匀沉降的结构布置，设置沉降缝并加强构造。

9）设计中有应对高层建筑不均匀徐变的抗裂措施。

10）避免钢筋间距过小并在支座内拥堵。

11）采用曲面墙体钢筋随形的构造设计。

12）装配式建筑构件拆分设计应尽可能标准化、少规格、大构件，减少构件种类和数量。装配式建筑构件不标准、规格多、构件小不仅造成较大的浪费，也是造成预制环节裂缝频出的间接原因。

13）预制构件从制作到安装各个环节（脱模、翻转、存放、运输、吊装）的荷载复核。

14）对材料和材质提出要求。

15）参与裂缝调查处理。

3. 设备管线有关专业的责任

避免管线集中布置在混凝土内。

4. 外装饰设计的责任

一些设计院对装饰混凝土和GRC不熟悉，有的设计院甚至对外挂墙板也不熟悉，设计出错，易出现裂缝。有的设计院委托专业厂家设计，但许多厂家没有结构设计人员，或凭经验设计或照搬其他项目设计，不知其所以然，尤其对刚性约束会导致裂缝的原理不清楚。

无论自行设计还是委托厂家设计，设计院对因设计不当导致的裂缝都负有责任。所以，在进行装饰混凝土、GRC和外挂墙板设计时，设计院必须清楚预防裂缝的措施，或请专家咨询。如果委托厂家设计，必须提出详细的要求，并复核设计图和计算书。

13.4 设计中预防裂缝的要点

设计中预防刚性约束、应力集中、钢筋保护层厚度、钢筋拥堵、沉降与变形、构件间相互作用、制作施工荷载、冻融等裂缝和龟裂以及GRC裂缝的要点如下。

13.4.1　刚性约束裂缝

混凝土收缩变形（自生收缩、干燥收缩、温度收缩、高强度混凝土自收缩和温度变形）受到刚性约束而导致条形裂缝出现，是现浇混凝土和装配整体式混凝土建筑最常见的裂缝之一。

设计中预防出现刚性约束裂缝的三个思路：一是减少刚性约束；二是在适当的地方允许裂缝；三是用构造配筋控制裂缝。具体措施如下：

1. 现浇混凝土长墙竖向裂缝

（1）缩短伸缩缝间距　规范关于伸缩缝间距的要求：

1）剪力墙结构：现浇为 30m，装配式为 40m。

2）框架结构：现浇为 35m，装配式为 50m。

实际上，有些工程墙长不到规范要求设置伸缩缝的长度，或按规范要求设置了伸缩缝，但还是出现了裂缝。而十几米的短墙出现裂缝的情况较少。因此，缩短伸缩缝间距是避免裂缝的一个选项。

（2）设置滑动层　在墙体与基础间设置滑动层削弱基础与墙体的摩擦力，减少约束。可用摩擦系数小的防水卷材。

（3）设置引导缝　设置允许裂缝的引导缝，即局部削弱断面，允许裂缝在引导缝处发生，不影响外观，也便于修补。

（4）混凝土强度等级　一般而言，混凝土强度等级越高，收缩量越大，在保证强度要求的前提下，大体积和长墙体混凝土的强度等级不宜过高。相邻结构混凝土强度等级应一样。

（5）水平钢筋的选用与布置　墙体水平钢筋宜选用小直径带肋钢筋，并缩小钢筋间距。

（6）跳仓法和后浇带　设计中对混凝土浇筑顺序提出要求，或采用跳仓法，或采用后浇带法，使混凝土收缩先完成一部分，然后再合龙，以缩小总收缩量。

2. 筒体现浇清水混凝土外墙竖向裂缝

除第 1 条预防长墙裂缝的措施外，如果筒体外墙抗剪计算不需要“翼缘”效应，则可考虑在墙体端部转角处设置伸缩缝。

3. 现浇清水混凝土非线性曲面墙体竖向裂缝

除第 1 条预防长墙裂缝的措施外，还应采取如下措施：

1）尽可能设计舒缓的曲面。

2）在形体突变部位设置引导缝。

3）在形体突变部位加密水平构造筋。

4）曲面墙体钢筋随形设置，或附加随形短筋。

4. 连续墙体洞口裂缝

1）洞口上方加密水平构造筋。

2）洞壁洞顶混凝土与外墙之间应当设置伸缩缝，避免互为刚性约束。

3）洞拱顶混凝土应保证钢筋随形，控制保护层厚度的误差，宜加密构造钢筋配置。

5. 墙体内外温度差变形导致的竖向裂缝

这种裂缝在有保温层的墙体不会出现，建筑师如果要求内外都是清水混凝土的艺术效果，则可采用与夹心保温墙体一体现浇。

如果不采用夹心墙体，可采用加密布置水平构造筋的措施。

以上 1 ~5 条详见第 8 章 8. 3. 2 节。

6. 高层建筑竖向温差效应影响

（1） 高层建筑竖向温差效应影响范围

1） 主要在顶部若干层，与内外竖向构件直接连接的框架梁受到较大的弯矩、剪力。

2） 底部若干层内外竖向构件将受到较大的轴向压力或拉力。

3） 外表面竖向构件受到局部温差引起的较大弯矩。

（2） 应对措施

1） 控制竖向构件的轴压比。

2） 保证合适的含钢率。

3） 顶部若干层框架梁配筋要留有适当余地。

4） 外表面竖向构件直接外露的高层建筑结构，竖向温差内力较大，对结构工作状态不利，应采取保温隔热措施。

7. 高层建筑水平温差收缩效应影响

筒体对屋盖楼盖梁板形成水平方向的约束，收缩和温差变形累计值约为 $(2 \sim 4) \times 10^{-4}$，为避免收缩引起的裂缝，可采用如下设计对策。

1） 楼板按组合内力偏心受拉计算配筋，双层构造抗拉进行贯通配筋。

2） 剪力墙结构采用双层双向配筋。

3） 要求混凝土浇筑时设置后浇带、混凝土低温入模，控制养护温度，不宜过高。

13. 4. 2 应力集中裂缝

应力集中裂缝是现浇混凝土和预制混凝土构件的常见裂缝。包括收缩变形和荷载作用导致的应力集中裂缝。收缩变形主要包括自生收缩、干燥收缩、高强度混凝土自收缩和温度收缩。荷载作用主要包括预制、施工荷载和使用荷载。以预制和使用荷载居多。

应力集中裂缝多与设防不够有关。设计环节预防应力出现集中裂缝的措施包括：

1） 预留孔、预埋件部位设置附加钢筋。

2） 混凝土转角部位如有可能应避免采用直角构造，设计成斜角、弧角。

3） 避免截面出现刚度突变。

4） 转角部位设置防裂的附加钢筋。

5） 敞口、有洞口和异形构件应考虑预制和施工荷载的临时抗拉设置。

13. 4. 3 钢筋保护层原因导致的裂缝

保护层过薄或过厚导致的裂缝包括直接裂缝和间接裂缝。

直接裂缝包括：因保护层过薄导致钢筋与混凝土粘结力减弱，出现沿钢筋方向的裂缝，如梁、柱箍筋处，墙板水平筋处和楼板主筋处的裂缝；因保护层过厚导致在受弯构件受拉区出现的垂直于钢筋的裂缝。

间接裂缝是保护层过薄导致的碱-骨料反应裂缝和钢筋锈蚀膨胀裂缝。

保护层过薄或过厚的主要原因在预制或施工环节。设计需要考虑的内容包括：

1. 非线性曲面墙体钢筋保护层

1）提出钢筋随形配置的要求。

2）在曲面复杂随形困难的情况下，应采取附加钢筋或钢丝网片构造措施。

2. 清水混凝土保护层厚度要求

按照《清水混凝土应用技术规程》JGJ 69—2009 的要求，清水混凝土纵向受力钢筋的保护层比普通混凝土厚：

板、墙、壳为 25mm；梁、柱为 35mm。

3. 保护层厚度误差要求

（1）给出外侧钢筋保护层的允许误差。

（2）设计说明中应强调：

1）保证钢筋间隔件的间距和牢固性。

2）水平构件如楼板、阳台板等，混凝土浇筑时应避免将钢筋踩踏下移。

3）现浇柱、墙等竖向构件侧面保护层和立模预制楼梯保护层容易过薄或过厚，必须予以高度注意。

13.4.4　钢筋、预埋件拥堵裂缝

钢筋、预埋件、预埋管线拥堵，会影响混凝土浇筑的密实度及其与钢筋间的粘结力，容易产生裂缝。设计环节预防措施包括：

1）尽可能避免钢筋间距过小，施工中稍有误差就无法满足混凝土密实度和对钢筋握裹力的要求。

2）预埋件布置应与钢筋布置综合考虑，避免拥堵。

3）装配式柱如果采用钢筋套筒，设计应说明不准将进、出浆口布置在柱子的同一侧。

4）避免在结构构件中集中布置管线，或设计管线分离，或分开一定间距布置。

13.4.5　沉降与结构变形裂缝

沉降和结构变形导致混凝土构件的斜裂缝较为常见。

（1）沉降　沉降与地基、基础、基础之上的结构有关。

地基岩土的差异、基础刚度差异和结构差异（如主副楼层高不同、边跨与内跨荷载不同）都可能导致不均匀沉降。

（2）结构变形　结构变形主要是指竖向构件在荷载作用下的徐变，内跨构件比周边构件承受的荷载大，就会导致徐变变形不均。

造成裂缝的是差异沉降和变形，多为盆式沉降和变形，即沉降变形量中间大两头小。

设计中防范沉降变形斜裂缝的措施包括：

1）在施工图设计前，应根据设计方案补增地基钻探点。

2）根据地基差异和结构差异设置沉降缝。

3）计算竖向构件徐变量差，考虑其影响，增加抗剪构造钢筋。

13.4.6　构件间相互作用裂缝

1. 问题

构件间相互作用裂缝是指非结构构件与结构构件间不该发生的作用导致的裂缝。这方面的问题较多，包括：

1）预制外挂墙板本应与主体结构柔性连接，有活动支座以适应主体结构变形。但有的设计在柔性连接之外又伸出钢筋与柱梁连接，结果就形成了刚性连接。

2）非结构的一体化整间墙板、预制整体飘窗与结构墙、柱采用了无缝连接。

3）窗下墙、凹入式阳台的阳台板与柱子或墙肢之间采用了无缝连接，或浇筑为一体。

4）需要有缝连接的构件，缝宽没有经过计算，随意设置。

5）外挂墙板接缝对选用的密封胶没有压缩比要求。

6）楼梯板避免附加作用的措施不清晰，表述不清晰，施工时将滑动端做成了固定端。

7）女儿墙与屋面板之间没有设置隔离缓冲带，造成屋面板受热膨胀将女儿墙顶裂。

2. 预防措施

设计中避免构件间相互作用产生裂缝的措施包括：

1）在阳台护栏、窗下墙、预制整间板、预制整体飘窗设计中，应对非结构构件与结构柱、墙的关系进行分析，如是否会形成“短柱效应”与“附加作用”。应当在非结构构件与结构构件之间留缝。图8-12是日本建筑阳台护栏板与结构柱间的留缝实例。

2）外挂墙板不得伸出钢筋与结构柱、梁连接。

3）非结构构件与主体结构或外挂墙板之间的缝隙宽度应经计算确定，密封胶可压缩的空间应大于计算需要的净缝宽，即：

缝宽＝结构变形净缝宽＋密封胶不可压缩空间

4）窗间墙如果是混凝土板，从楼板或梁向上（向下）悬臂，不应直接与柱子连接，而应留缝；缝隙用高弹性密封胶填充。

5）避免“短柱效应”与“附加作用”的措施应当在设计说明中和设计交底时向监理、构件制作企业与施工企业强调。

13.4.7　预制荷载裂缝

一些预制构件裂缝是因预制环节荷载所致，与设计“闪空”有关。设计认为是预制构件工厂的事，而预制构件工厂并不会进行荷载分析与计算。

预防预制环节裂缝的设计责任与措施包括：

1. 避免设计不易脱模的构件造型

构件尖锐部位非常容易出现脱模裂缝，设计构件造型时须考虑脱模的便利性和破损概率。

2. 对构件脱模、翻转、吊运进行复核计算

1）构件脱模、翻转时，混凝土强度一般在15MPa，或再高点，脱模、翻转的结构复核时应当按照此强度计算。

2）构件吊运荷载与吊点位置、吊索的角度有关，设计者应考虑这些因素，或给出吊索角度的要求。

3）小型板式构件用绑带翻转、吊运，设计应当给出绑绳的位置，避免因位置错误导致构件断裂。

4）吊点预埋件和用叠合板桁架筋做吊点，应当对其局部采取加强钢筋措施。

3. 对构件存放、运输提出要求

对预制构件存放、运输环节，设计应给出构件存放支点位置和允许叠放的层数。

13.4.8　冻融裂缝

严寒和寒冷地区的工程，特别是清水混凝土、装饰混凝土和GRC必须重视其防冻融设计，具体内容包括：

1. 设定混凝土抗冻等级

对露天环境的清水混凝土、预制混凝土和装饰混凝土，根据环境特点按规范要求设定混凝土抗冻等级。

2. 避免积水积雪的不利影响

1）室外构件设计应尽可能避免其出现积雪积冰积水。

2）构件的水平面必须考虑排水坡度，且坡度不宜过缓。

3）非线性曲面的凹面最容易积雪积冰积水，所以其上排水必须流畅。

4）易积雪积冰积水的表面，如阳台、线脚等探出构件的顶面，应设置防水构造，如防水卷材、防水砂浆和防水涂料等。

3. 避免尖凸造型

凸出构造特别容易受冻融破坏，越是小的凸出构造越容易受到破坏，因此应尽可能避免尖细的凸出造型，同时尖细凸出造型制作或施工时也很难做到密实。

4. 关于GRC抗冻强度等级

目前GRC抗冻等级是按照行业标准《玻璃纤维增强水泥外墙板》JC/T 1057和《玻璃纤维增强水泥（GRC）装饰制品》JC/T 940的规定执行，抗冻性25次，即“冻融循环25次无起层、剥落现象”，实践中此标准过低。

GRC孔隙率大，抗冻性能比混凝土差；再加上构件或积雪积冰积水的造型多，或易受冻融破坏的凸出造型多，且由于是薄壁构件，一旦发生冻融破坏，构件将无法修复，只能报废。因此，GRC的抗冻标准应高一些，至少应参照混凝土抗冻等级标准。

13.4.9　龟裂

混凝土表面龟裂的直接成因与设计并没有关系。但是，在采用清水混凝土、装饰混凝土和GRC时，为防止龟裂，混凝土表面应设计防水保护涂料，以减弱水汽侵入、氯离子侵入、碳化反应、碱-骨料反应和钢筋锈蚀，也有利于防止污染。

对混凝土表面保护涂料，设计中宜提出如下要求：

（1）功能要求　应具有防水、防二氧化碳、防氯离子及自清洁等功能

（2）质量要求

（3）光泽要求（亚光还是亮光）

（4）色彩要求（透明还是仿清水混凝土色泽）

（5）使用年限和到使用年限时重新涂刷的要求等。

设计中应要求施工企业对所选涂料做耐久性模拟试验，特别是北方寒冷地区的工程。笔者曾经对近10种混凝土表面保护涂料做过冻融耐久性试验，一些号称5年10年的涂料在模拟环境试验中寿命期只有一年。

13.4.10　GRC裂缝

GRC裂缝与混凝土有诸多不同，设计者应注意以下几个方面。

1. 刚性约束裂缝

干湿变形收缩受到刚性约束导致的裂缝是GRC主要的裂缝，应从构件形体设计、锚杆布置、锚杆柔性和其他部件（如窗框）连接方面避免形成刚性约束。

2. 与主体连接

GRC构件与主体结构或二次结构的全刚性连接容易导致裂缝，故应设计刚性与柔性相结合的连接方式。

3. 背附龙骨刚度

GRC背附龙骨刚度不足会导致裂缝，应复核计算背附龙骨的变形。

4. 其他

1）对于GRC敞口构件运输中出现的裂缝，应对其设计临时拉杆。

2）对于GRC预埋件部位的裂缝，应设计预埋件锚固长度，采取GRC局部加厚构造措施。

13.4.11　关于混凝土裂缝的允许宽度

混凝土构件正截面受荷载作用的裂缝分为3级。

一级：严格要求不出现裂缝的构件，按荷载标准组合时，构件受拉边缘混凝土不应产生拉应力。

二级：一般要求不出现裂缝的构件，按荷载标准组合时，构件受拉边缘混凝土的拉应力不应大于混凝土抗拉强度标准值。

三级：允许出现裂缝的钢筋混凝土构件，按荷载准永久组合并考虑长期作用影响时，构件最大裂缝宽度不应超过最大裂缝宽度限值。

问题是，混凝土构件很大部分裂缝并不是荷载效应产生的，而是非荷载效应引发的，按照荷载效应计算的裂缝并不是裂缝的全部。

另外，对于清水混凝土、装饰混凝土和GRC，特别是室外柱、梁、墙，裂缝宽度即使

满足规范要求，也不易被业主或公众所接受。

所以，从设计角度看，最好做到天生无缝，或即使有缝也不易看到（藏在引导缝内）。

13.5　裂缝调查与处理的责任与工作

设计在裂缝调查与处理的责任与工作包括：

（1）提供结构计算书。

（2）参与原因分析。

（3）制定修复方案。

（4）制定随访方案。

第14章　写给搅拌站——混凝土制备环节预防裂缝的要点

许多混凝土裂缝与混凝土制备有关。

14.1　与混凝土制备环节有关的裂缝

许多裂缝与混凝土制备——配合比设计、材料选用、混凝土搅拌、拌合料运输——有关，包括凝缩裂缝、自生收缩裂缝、干燥收缩裂缝、碳化收缩裂缝、碱-骨料反应裂缝、冻融裂缝、钢筋锈蚀裂缝等。混凝土制备环节是预防裂缝的重点。

混凝土制备环节与裂缝相关的具体原因包括：

1）凝缩龟裂与水灰比、水泥用量、骨料含量等有关。

2）自生收缩产生的条形裂缝与水泥品种、水泥用量和是否掺活性掺合料有关。

3）干燥收缩与混凝土强度等级、水泥强度等级、水泥含量、水灰比、骨料含量与粒径及粗骨料类型有关。

4）碱-骨料反应裂缝与水泥品种和骨料品种有关。

5）初凝后扰动形成的不规则裂缝与混凝土运输及凝结时间有关。

6）冻融裂缝与水灰比、是否掺加了活性掺合料及减水剂有关。

7）钢筋锈蚀裂缝与骨料和水中氯离子含量有关，如盐碱地区和海边用砂、用井水时可能会含有氯离子。

8）高强混凝土自收缩条形裂缝与水及胶凝材料（水泥+活性掺合料）的比例有关。

9）后浇混凝土与预制构件间的裂缝及混凝土自身的收缩性有关。

10）混凝土浇筑分层分段处裂缝、混凝土沉降或漏振引起的裂缝与混凝土坍落度有关。

11）装饰混凝土龟裂与配合比、骨料收缩率和颜料含量有关。

12）GRC龟裂与水泥强度等级、水泥含量、水灰比、玻纤含量、玻纤耐碱性有关。

与搅拌站有关的裂缝类型、成因及预防要点见表14-1。

表14-1　与搅拌站有关的裂缝类型、成因及预防要点

裂缝形状	裂缝成因	预防要点	分项								
			混凝土	水泥强度等级	水泥品种	水泥用量	水灰比	骨料	活性细骨料	外加剂	其他
龟裂与不规则裂缝	塑形凝缩	水灰比宜小					低				

（续）

裂缝形状	裂缝成因	预防要点	分项								
			混凝土	水泥强度等级	水泥品种	水泥用量	水灰比	骨料	活性细骨料	外加剂	其他
龟裂与不规则裂缝	碱-骨料反应膨胀	用高碱性水泥，骨料中不含活性硅酸、硅酸盐和碳酸盐						不含活性硅酸、硅酸盐和碳酸盐			
	装饰混凝土面层龟裂	与基层相近的配合比，低水灰比，骨料质量并控制颜料含量					低	彩色骨料要保证强度			颜料含量
	GRC面层龟裂	水泥强度等级不宜高，控制水泥用量和水灰比，确保玻纤含量，必须使用耐碱玻纤	确保玻纤含量	宜低		宜少	低				必须使用耐碱玻纤
剥离胀裂	冻融	控制水灰比，掺加粉煤灰、减水剂					低		加粉煤灰	用减水剂	
	钢筋锈蚀胀裂	海边和盐碱地区用地下水搅拌需要化验氯离子含量						不用海砂			海边和盐碱地井水需化验氯离子含量
条形裂缝	自生收缩	选适用的水泥品种、减少水泥用量、掺活性细骨料			收缩率低的水泥	宜少			掺活性细骨料		
	干燥收缩	混凝土强度等级和水泥强度等级不宜高，控制水泥含量和水灰比。骨料含量与粒径宜大、卵石骨料较好	强度等级宜低	宜低		宜少	低	含量宜大，粒径宜大，卵石好			

（续）

裂缝形状	裂缝成因	预防要点	分项								
			混凝土	水泥强度等级	水泥品种	水泥用量	水灰比	骨料	活性细骨料	外加剂	其他
条形裂缝	高强混凝土自收缩	控制水胶比					水泥+活性掺合料				
条形裂缝	后浇混凝土与预制构件间裂缝	现浇带混凝土可配置微膨胀性	微膨胀性								
条形裂缝	混凝土浇筑分层分段处裂缝	控制坍落度	坍落度								
条形裂缝	混凝土沉降裂缝	控制坍落度	坍落度								
条形裂缝	混凝土漏振裂缝	控制坍落度	坍落度								
不规则脱层裂缝	初凝后扰动	商品混凝土运输和等候时间，将要初凝到混凝土禁止浇筑									缩短运送时间,快到初凝不得浇筑
不规则脱层裂缝	装饰混凝土质感层脱层	基层和表面层收缩量接近	基层和表面层收缩量接近								

14.2 搅拌站预防裂缝存在的问题

本章讨论的搅拌站包括：商品混凝土搅拌站、混凝土预制构件厂搅拌站、装饰混凝土工厂搅拌站和 GRC 工厂搅拌系统。这些搅拌站有共性，也各有其不同的特点。

（1）商品混凝土搅拌站　绝大多数现浇混凝土是由商品混凝土搅拌站提供的。商品混凝土搅拌站不适合用量不大原材料有特殊要求的混凝土，因为有料仓系统限制。由于远程运输和泵送需要，商品混凝土有流动性大和缓凝的特点。

（2）混凝土预制构件厂搅拌站　混凝土预制构件厂有自己的搅拌站，可以制备用量不大原材料有特殊要求的混凝土，混凝土不需要考虑远程运输和泵送。

（3）装饰混凝土工厂搅拌站　装饰混凝土或在 PC 构件工厂，或在装饰混凝土专业工厂或在 GRC 工厂生产，如果用量不大，可定制小型搅拌系统。

（4）GRC 工厂搅拌系统　GRC 搅拌系统与混凝土不一样，一是没有粗骨料，二是用量很小，一般用专用的小型搅拌系统。喷射法搅拌相当于砂浆搅拌，用单速搅拌机。预混法搅拌机是变速的，搅拌砂浆时用快速，加入短纤维后再调成慢速。

（5）搅拌站在预防裂缝方面存在的问题

1）商品混凝土搅拌站对不同类型、不同使用环境、不同需求和不同构件的混凝土没有调查、细分。“一道大菜供四方”，一个强度等级一个配合比。

2）重视混凝土抗压强度，但对其他性能——收缩率、抗冻融性、碳化反应、碱-骨料反应关注不够，在配合比设计和材料选用方面没有考虑预防裂缝的要求。

3）一些 PC 工厂虽然有实验室，但缺少有经验的试验员，有的装饰混凝土工厂和 GRC 工厂搅拌站没有实验室，混凝土配合比没有经过试验检验。

4）有的 PC 工厂只会简单照搬当地混凝土搅拌站的配合比。

5）对坍落度不合格的混凝土拌合料没有处理预案，坍落度控制流于形式。

6）水灰比是混凝土裂缝最重要的成因之一，但许多搅拌站控制得不好。尤其是装饰混凝土和 GRC 非自控搅拌系统，水灰比控制问题较多。

14.3　搅拌站预防裂缝的作业原则

混凝土搅拌站预防裂缝的原则包括：

1）应详细了解混凝土类型、服役环境及预防裂缝的要求。

2）针对混凝土类型和服役环境进行防裂配合比设计。

3）根据防裂要求选用混凝土材料。

4）以对比性试验为依据选用恰当的配合比。

5）水灰比是防裂的重点。

6）严格按设计配合比进行配制。

7）混凝土坍落度不满足要求的一律不得使用。

14.4　了解工程环境与工程情况

混凝土搅拌站工作人员应了解混凝土使用的工程环境和工程具体情况。

1. 工程环境

应当了解工程环境状况，有针对性地设计配合比，例如：

1）对海滨地区的工程，应了解项目距离海边有多远，如果在几百米以内，混凝土配合比设计应加强对氯离子侵蚀的防范。

2）对清水混凝土、装饰混凝土和 GRC 项目，需了解雨季长风向强风向，对迎风面构件，混凝土配合比应加强抗渗性。

3）对在严寒和寒冷地区下服役的造型复杂的形体和构件，混凝土应提高其抗冻融性能。

2. 清水混凝土

首次在建筑中采用清水混凝土，应调研工程所在地的道路、桥梁、水利、港口工程等未装饰的混凝土裂缝情况。看是否有龟裂、冻融裂缝、条形裂缝等，分析裂缝成因与混凝土材质的关系，采取预防措施。

3. 混凝土构件类型

需要了解构件具体情况，包括体积、尺寸、钢筋间距等，以使混凝土配合比设计和材料选用适应构件，例如：

1）大体积混凝土宜使用水化热低的水泥。

2）配筋密的柱、梁构件，应考虑适宜的混凝土流动性。

3）骨料粒径与钢筋最小间距有关，不能大于钢筋间距的 3/4。

4）断面尺寸小的构件，骨料粒径要与之匹配，不能过大。

4. 客户或设计的具体要求

了解客户、设计和施工方关于预防裂缝的具体要求，如果这些“上游客户”未提出要求，混凝土搅拌站应根据自己的理解列出清单请客户确认。

14.5 搅拌站预防裂缝的要点

混凝土搅拌站在配合比设计、原材料选用、混凝土搅拌、拌合料运输环节都要考虑裂缝预防。

14.5.1 配合比设计

1. 配合比设计原则

（1）清水混凝土　清水混凝土配合比设计不应照搬普通商品混凝土配合比。清水混凝土与其他建筑用的混凝土比较，直接裸露在自然环境中，对裂缝宽容度低，所以应专门设计水灰比低的配合比。

（2）预制混凝土　预制混凝土配合比设计不应照搬商品混凝土配合比，因为预制混凝土没有长途运输和泵送环节，每个构件厂应专门设计配合比，以适当降低其含水量。

（3）装饰混凝土　装饰混凝土配合比设计时应考虑彩色骨料用量和颜料掺量对混凝土强度和抗冻性能的不利影响。颜料掺量不应大于水泥重量的 6%。

（4）GRC 配合比设计

1）水泥骨料比以 1∶1 为宜。

2）必须掺加短玻纤，不可只敷设玻纤网。

3）大型构件和墙板采用喷射工艺，玻纤含量不低于水泥重量的12%；小型构件采用预混工艺，玻纤含量不低于水泥重量的7%。

（5）抗冻融混凝土　严寒和寒冷地区须按照设计要求的抗冻等级进行配合比设计。GRC也应参照混凝土抗冻融等级设计。

2. 混凝土强度等级

混凝土强度等级是由设计决定的，混凝土搅拌站应按照设计要求进行配合比设计。混凝土搅拌站应了解混凝土强度等级与裂缝之间的关系。

1）一般而言，混凝土强度等级越高收缩率也越高，易出现收缩裂缝。也就是说，当设计选用高强度等级混凝土时，混凝土搅拌站对裂缝的预防更应加强。

2）混凝土强度等级高对减缓碳化反应有利。

3. 水灰比

水灰比对混凝土裂缝影响非常大。水化反应需要的水灰比大约是0.25，而为保证混凝土浆料的和易性，混凝土实际水灰比远大于0.25，最高达0.6以上。水化反应多出来的水蒸发后就会形成孔隙，从而成为收缩变形的空间。

降低水灰比对减少凝塑收缩裂缝、干燥收缩裂缝、冻融裂缝和碱-骨料反应裂缝都有利。水灰比宜控制在0.4~0.55之间。

需要注意的是，试验表明，当水灰比为0.4时，碳化反应较快。为削弱碳化反应，水灰比宜错开0.4上下区间，使其低于或高于0.4。

高强度混凝土的水胶比越高，自收缩率就越小，这与普通混凝土是相反的。

4. 水泥含量

水泥用量大，混凝土的塑性凝缩、自生收缩率和干湿变形率也大，因为混凝土收缩主要是水泥石收缩，不是骨料收缩。从预防塑性凝缩、自生收缩和干湿变形收缩的角度，水泥含量以小一些为好。但水泥用量小对抗冻融性能和抗碳化反应不利。所以，应根据项目环境情况和配合比试验数据——收缩率、抗冻性试验等——权衡取舍，定量决策。

5. 骨料含量

粗骨料比例越少，塑性凝缩、干湿变形收缩率就越大。骨料含量大，混凝土弹性模量高，收缩量就小。

6. 活性掺合料

1）掺加粉煤灰、硅灰、矿渣、偏高岭土等具有活性（即可以进行水化反应）的细掺合料，可以降低混凝土塑性凝缩、自生收缩的收缩率，提高抗冻性能。

2）《清水混凝土应用技术规程》JGJ 169—2009要求清水混凝土应采用（粉煤灰、矿渣粉等）矿物掺合料。

3）粗颗粒粉煤灰活性很弱，而且会加速碳化反应，应避免使用。少量掺加细颗粒的粉煤灰不会加速碳化反应。

7. 外加剂

1）宜掺加减水剂以降低水灰比。

2）掺加引气剂对减缓碳化反应有利。

3）掺加减水剂对抗冻融有利。掺加引气剂可提高抗冻性能，含气量以4%～6%为宜；但可能会降低混凝土强度，需要做试验验证。

8. 配合比试验

抗冻混凝土配合比设计须经过试验达到强度和抗冻等级的要求，然后才能作为实际工程用的配合比。

14.5.2 材料选用

1. 水泥

（1）水泥品种

1）水泥品种应根据设计要求和工程所处的环境确定，应满足预防裂缝的要求。

2）混凝土施工规范规定，普通混凝土可用通用硅酸盐水泥。通用硅酸盐水泥是一个系列，包括普通硅酸盐水泥、矿渣硅酸盐水泥、火山灰质硅酸盐水泥、粉煤灰硅酸盐水泥和复合硅酸盐水泥。这些水泥不一定都符合预防裂缝的要求，所以，选用水泥应分析其与各种裂缝的相关性，最好做收缩率试验。

3）普通硅酸盐水泥干湿变形收缩率低。混凝土施工规范规定，有抗渗、抗冻融要求的混凝土，宜选用硅酸盐水泥或普通硅酸盐水泥。

4）处于潮湿环境的混凝土结构，当使用碱活性骨料时，宜采用低碱水泥。

5）《高层建筑混凝土结构技术规程》JGJ 3—2010（简称《高规》）要求：大体积和超长结构混凝土宜选用中低水化热低碱水泥，加粉煤灰、缓凝型外加剂和控制水泥用量。但使用低碱水泥的要求与抑制碳化反应有冲突。抑制碳化反应宜使用普通硅酸盐水泥，用低碱水泥不利。所以，应根据项目具体的环境做出选择。

6）矿渣水泥不会发生自生收缩，还可能膨胀。对于混凝土长墙和端部有刚性约束的墙预防裂缝就有利一些。

（2）水泥强度等级　高强度等级水泥塑性凝缩的收缩率大。所以，选用水泥不是强度等级越高越好，在保证混凝土设计强度的前提下，水泥的强度等级适宜即可。

（3）水泥质量

1）不得使用安定性不好的水泥。

2）收缩率大的水泥塑性凝缩变形大，出现裂缝的概率大，尽可能不用。

3）不得使用过期或受潮水泥，因为部分水泥已经失效了，不能参加水化反应，会导致混凝土强度降低，表面出现浮灰，孔隙率提高。

4）装饰混凝土和GRC用袋装白水泥或低碱水泥时须格外注意防潮。

2. 骨料

混凝土施工规范关于混凝土骨料有详细的要求，这里强调与预防裂缝有关的要点：

1）粗骨料宜选用粒形良好、质地坚硬的洁净碎石或卵石，如花岗岩和优质石灰石等，不宜选用燧石、页岩和砂岩骨料。

2）细骨料宜选用级配良好、质地坚硬、颗粒洁净的天然砂或机制砂。

3）骨料级配非常重要。骨料级配好，混凝土收缩空间小。粗骨料宜采用连续粒级，也可用单粒级配成满足要求的连续粒级。

4）有抗渗、抗冻融或其他特殊要求的混凝土，宜选用连续级配的粗骨料，最大粒径不宜大于40mm，含泥量不应大于1.0%，泥块含量不应大于0.5%；所用细骨料含泥量不应大于3.0%，泥块含量不应大于1.0%。

5）骨料吸水率须严格控制，粗骨料吸水率控制在2%以下。细骨料吸水率控制在3%以下。

6）粗骨料最大粒径不应超过构件截面最小尺寸的1/4，且不应超过钢筋最小净间距的3/4；对实心混凝土板，粗骨料的最大粒径不宜超过板厚的1/3，且不应超过40mm。

7）骨料含泥量和泥块含量要严格按规范要求控制，质地软的泥所填充的空间会成为收缩变形的空间。

8）使用碱活性骨料时，应当按照第4章介绍计算控制混凝土总含碱量，使之符合规范要求。由外加剂带入的碱含量（以当量氧化钠计）不宜超过1.0kg/m^3。

9）采用陶粒等轻质骨料时，应选用憎水性骨料。

10）装饰混凝土用的彩色骨料有可能材质松软，收缩率大，应控制用量。

11）引起碱-骨料反应的骨料包括：蛋白石、黑硅石、燧石、鳞石英、玻璃质火山岩、玉髓及微晶或变质石英、黏土质、白云质类石灰岩、黏土质页岩、白云石质、石灰石和含有方解石及黏土的细粒等，这些骨料应尽可能避免使用。

（12）混凝土细骨料中氯离子含量，对钢筋混凝土，按干砂的质量百分率计算不得大于0.06%；对预应力混凝土，按干砂的质量百分率计算不得大于0.02%。

3. 水

使用非自来水，特别是盐碱地或海边井水时，须化验合格才能使用。

4. 外加剂

1）选用外加剂时，应对其减水效果、引气效果、对强度的影响，做试验验证。

2）大体积混凝土宜选用高效减水剂。

3）外加剂应具有保水性。

4）使用碱-骨料时，应避免使用含碱量高的外加剂。

5）不同品种外加剂复合使用时，应检验其相容性。

5. GRC材料

1）耐碱玻纤的氧化锆含量不应低于16%。

2）采用低碱水泥时，应考虑其对碳化收缩的不利影响。

3）用于GRC的预埋件和锚杆须采用热镀锌，镀层厚度可参照当地高压线塔。

6. 颜料

颜料应选用无机颜料，并通过试验验证其对强度和抗冻性的影响。

14.5.3　混凝土搅拌

混凝土搅拌与拌合物运输环节预防裂缝要点如下：

1）必须严格执行设计的配合比。各种原料的允许误差应符合规范要求。混凝土搅拌站必须有自动计量系统。有些装饰混凝土和GRC厂家的搅拌系统采用人工计量，此种情况下应增加自动计量装置。

2）严格按照混凝土施工规范要求的搅拌时间搅拌。但清水混凝土应当按照《清水混凝土应用技术规程》JGJ 169—2009的要求，搅拌时间比普通混凝土延长20~30s，以提高匀质性和稳定性。搅拌时间不够，水化反应不充分，影响混凝土强度，增加孔隙率；搅拌时间过长会增加塑性凝缩收缩率，搅拌出现泌水现象也会影响混凝土强度和抗冻性能。

3）制备成的清水混凝土拌合物工作性能应稳定，且无泌水离析现象，90min的坍落度经时损失值宜小于30mm。

4）坍落度大，水泥石多，收缩大，裂缝出现的概率就大；坍落度小，流动性差，会影响混凝土的密实度，也可能导致产生裂缝。钢筋密集，可用大一些的坍落度；钢筋距离大，可用小一点的坍落度。

5）在满足施工的前提下，尽可能减小混凝土的坍落度，以减小浮浆厚度。清水混凝土拌合物入泵坍落度的值：柱混凝土宜为150mm±20mm，墙、梁、板的混凝土宜为170mm±20mm。

预制混凝土构件自用混凝土坍落度以80mm±25mm为宜，最大不宜超过120mm。

6）装饰混凝土和GRC浆料搅拌采用非自动化系统时，应严格控制水灰比。

14.5.4 混凝土运输

1）商品混凝土采用搅拌运输车运输，运输过程中应保证混凝土拌合物的均匀性和良好的和易性。

2）清水混凝土用专用车辆运输，装料前容器内应清洁、无积水。

3）混凝土运输时间不能过长，清水混凝土拌合物从搅拌结束到入模前，不宜超过90min，严禁添加配合比以外的用水或外加剂。

4）进入施工现场的清水混凝土应逐车检查其坍落度，不得有分层离析现象。

5）高层建筑用混凝土坍落度允许误差，《高规》规定：现场实测坍落度误差即允许偏差为：

①坍落度小于50mm，允许偏差±10mm。

②坍落度在50~90mm之间，允许偏差±20mm。

③坍落度大于90mm，允许偏差±30mm。

6）已经开始初凝的混凝土严禁再进行正常浇筑。

7）构件厂混凝土拌合料运输如有露天路段，须有防雨遮盖措施。

14.6 坍落度不合格的处理方式

混凝土搅拌后应测试坍落度，不符合坍落度要求的混凝土拌合料禁止用于预定部位和构件的浇筑。可考虑采用如下处理方式：

1）降级使用，用于强度等级低的非结构构件。

2）用于适合该坍落度的部位与构件，如坍落度小则可用于钢筋间距大的部位，如坍落度大则可用于钢筋拥堵的部位。

3）用于庭院的小品浇筑。

第15章 写给构件工厂——预制环节预防裂缝的要点

各种预制混凝土构件的裂缝，大都是因低级错误所致。

15.1 预制构件厂产品裂缝频出是反常现象

本章所说的预制构件厂包括预制混凝土构件（PC）工厂、装饰混凝土构件工厂和GRC构件工厂。

按说，工厂比工地有着更好的作业环境和工艺条件，搅拌系统是自己的，有的工厂有自动化流水线，大都采用蒸汽养护，集中在车间作业管理方便，裂缝出现概率应大幅度降低。笔者在日本考察过多家PC工厂，构件未出厂就出现裂缝的现象是极其罕见的。

但是，国内各种混凝土预制构件，裂缝是常见现象，有些规模较大的预制工厂也经常出现裂缝。预制构件裂缝大都不是技术难题所致，而是技术工作欠缺和管理不到位所致。应当说，预制构件还未出厂或者到工地就发现裂缝，是反常现象。

构件工厂在预防裂缝方面存在的主要问题包括：

1）工厂技术与管理人员对混凝土裂缝基本知识和管理要点不了解，对裂缝产生的具体成因不清楚，没有预防意识和能力。

2）工厂不适当地承担了构件设计任务和责任。为了承揽项目，免费进行构件设计，又没有相应的有经验有能力的结构技术人员，构件设计特别是节点设计容易出问题。

3）工厂搅拌系统和实验室技术力量薄弱，在配合比设计和试验方面经验不足，混凝土制备存在问题。

4）对控制钢筋保护层厚度误差不重视，或钢筋整体骨架吊装入模发生变形，入模后没有很好地调整；或立模浇注构件在钢筋骨架入模时发生偏移；或保护层垫块间距过大。

5）蒸汽养护本来是提升混凝土质量的措施，但为了抢时间和省能源，没有严格按照“静停—升温—恒温—降温”流程执行，存在静停时间短；蒸汽窑不舍得降温，构件入窑和出窑经历急速升、降温；养护温度较高；养护窑湿度不够等问题。蒸汽养护不好是构件早期裂缝和应力集中部位出现裂缝的主要原因。蒸汽养护后没有持续保证温度和湿度，则是存放期出现龟裂的重要原因。

6）构件在存放时产生裂缝是构件裂缝的另一个主要原因。支点没有按照设计要求的位置设置（或没有设计要求），多层堆放存在问题等。目前装配式建筑标准化差，构件品种多，工厂场地小，按单个项目备货等，都是造成混乱存放的原因。

7）脱模、翻转、吊运、装车、运输环节也易出现裂缝。主要原因在于或脱模过早，或吊点位置不当，或装车时构件堆放、保护、固定不好。

15.2　预制构件厂裂缝的类型、成因与预防要点

构件工厂有混凝土搅拌站，与搅拌站有关的裂缝类型、成因及预防要点见表 14-1。混凝土制备环节如何预防裂缝详见第 14 章。

构件工厂混凝土制备环节以外的裂缝类型、成因及预防要点见表 15-1。

表 15-1　预制构件裂缝类型、成因及预防要点

裂缝形状	裂缝成因	预防要点	模具	钢筋	振捣	脱模	养护	存放	吊运	其他
龟裂与不规则裂缝	塑性凝缩	控制水灰比，做好养护								
	养护期失水收缩	确保养护期的湿度								
	温度收缩龟裂	蒸汽养护避免高温和急速升温降温								
	碳化收缩龟裂	保护层厚度，振捣密实，养护质量，表面防水保护剂的质量与涂刷质量								
	碱-骨料反应膨胀	确保振捣密实、养护质量、表面防水保护涂料的质量与涂刷质量								
	装饰混凝土面层龟裂	控制水灰比，保证密实度和养护质量								
	GRC 面层龟裂	控制水灰比，保证滚压密实度和养护质量								
剥离胀裂	冻融	振捣密实，养护好								
	钢筋锈蚀胀裂	保护层厚度，振捣密实，养护质量，表面防水保护涂料的质量与涂刷质量								
条形裂缝	自生收缩	振捣密实，按设计要求做好防止应力集中裂缝的措施								
	干燥收缩	振捣密实，保湿养护，按设计要求做好预防应力集中裂缝的措施								
	温度收缩	蒸汽养护避免高温和急速升、降温								
	保护层过薄沿钢筋裂缝（梁、柱箍筋，墙水平筋、楼板主筋）	严格控制保护层厚度								
	保护层过厚导致在受弯构件受拉区出现垂直于钢筋的裂缝	严格控制保护层厚度								

（续）

裂缝形状	裂缝成因	预防要点	模具	钢筋	振捣	脱模	养护	存放	吊运	其他
条形裂缝	因混凝土沉降沿钢筋裂缝	立模浇注对大构件进行二次振捣								
	碱-骨料反应沿钢筋裂缝	确保表面防水保护涂料的质量与涂刷质量								
	荷载引起应力集中裂缝	按设计要求设置附加筋和临时设施								
	柱子侧面水平裂缝	控制保护层厚度								
	集中布置管线处裂缝	布置管线处确保钢筋与钢筋、钢筋与管线的最小间距								
	钢筋拥堵、间距不均匀造成的裂缝	按设计要求布筋，确保最小间距符合设计和规范要求								
	脱模用力不当造成的裂缝	制定并严格执行脱模操作规程								
	预制构件脱模吊装、翻转造成的裂缝	同步养护的混凝土试件达到脱模强度时再脱模								
	构件尖锐部位脱模时出现的裂缝	对易破损构件专门设计模具分块和脱模操作规程								
	预制构件存放时出现的裂缝	按照设计支点和层数要求存放								
	预制构件灌浆套筒处裂缝	蒸汽养护温度不宜过高，控制升、降温速率								
	预制构件伸出钢筋部位裂缝	设置伸出钢筋的支架和围挡								
	预制构件运输、装卸造成的裂缝	按设计支点装车或设计靠放架，将构件固定牢靠								
	后浇混凝土与预制构件间出现的裂缝	粗糙面应坚实								
	混凝土沉降裂缝	宜二次振捣，浇筑面抹压收光								
	混凝土漏振裂缝	振捣密实								
	GRC 刚性约束导致的裂缝	严格执行设计，避免刚性约束								
	GRC 与结构体系全刚性连接导致的裂缝	严格执行设计给出的连接方式								

（续）

裂缝形状	裂缝成因	预防要点	模具	钢筋	振捣	脱模	养护	存放	吊运	其他
条形裂缝	GRC 未用耐碱玻纤造成的裂缝	必须使用耐碱玻纤								
	GRC 玻纤含量不足造成的裂缝	必须保证玻纤含量								
	GRC 局部厚度不足造成的裂缝	必须保证厚度均匀，有控制、检测工具								
	GRC 背附龙骨刚度不够导致的裂缝	按设计要求制作龙骨								
	GRC 敞口构件运输造成的裂缝	安装临时拉杆								
	GRC 预埋件部位出现的裂缝	按设计的预埋件锚固长度和 GRC 局部加厚尺寸制作，滚压密实								
不规则脱层裂缝	初凝后扰动	将要初凝的混凝土禁止使用；二次振捣必须在开始初凝前；同一模台做几个构件，必须同时振捣								
	装饰混凝土质感层脱层	面层浇筑后马上进行基层作业，施工荷载不得作用在面层上，基层混凝土浇筑应在面层开始初凝前完成								

15.3 预制构件厂预防裂缝的工作内容

预制构件厂预防裂缝工作分为外部工作与内部工作。

15.3.1 外部工作

外部工作包括与甲方、设计、施工、监理关于预防裂缝的信息交流、责任划分、技术交底、验收交付、裂缝处理等内容。

1. 甲方

只有构件“甲供”模式中构件厂才会与甲方直接签约，这种模式比较少。但大多数甲方对预制混凝土、装饰混凝土和 GRC 构件比较重视，或选定工厂后由施工方签约，或向施工方提出选择工厂的标准。

构件厂与甲方不应是被动的关系，应直接或通过施工方向甲方提出预防裂缝的建议，包括：

1）早期协同设计，即在方案设计和施工图设计阶段，构件厂就应参与协同设计，提出构件制作对设计的要求，避免设计的构件无法实现或容易出现裂缝。目前有些工程设计人员对预制构件特点不了解，又缺乏沟通，设计不合理，出图后或不愿意更改设计，或工期紧迫来不及修改。

2）向甲方提出保证构件质量的必要工期。

3）向甲方列出预防裂缝措施的成本增项清单。

2. 设计方

构件厂与设计协同的内容包括：

（1）早期协同设计　尽可能参与早期协同设计，从设计环节避免裂缝源，如设计中出现的刚性约束、应力集中等。

（2）设计文件交底与会审　认真对待设计文件交底和会审，仔细审图，列出问题清单，其中应重点关注以下问题：

1）是否有易造成破损裂缝的形体。

2）脱模是否便利，特别是凹槽或镂空的构件有没有脱模斜度。

3）构件重量和尺度是否超过生产设施或运输限制。

4）是否存在钢筋、套筒、预埋件拥堵。

5）对构件制作各个环节的荷载是否进行了复核。

6）是否给出了构件存放和运输时的支点位置及构件叠放层数要求。

7）吊点位置是否有问题，偏心构件吊点是否平衡，或吊钩预埋件设计是否明确。

8）应力集中部位是否设置了加强筋。

9）是否有集中布置的管线、表箱。

10）其他可能导致裂缝的设计问题。

（3）制作样板　新造型、新质感构件应制作样板，并请甲方和设计确认。

（4）出现裂缝的处理措施　出现裂缝后，请设计人员参加原因分析并制定处理方案。

3. 施工方

构件厂的签约方大多是施工企业，预制构件交付、验收和安装都是与施工企业衔接，有些预制构件厂，如装饰混凝土和 GRC 工厂的构件，多由厂家自行组织安装，也需要施工企业的起重设备、脚手架和其他配合。构件厂与施工企业关于预防裂缝的工作内容包括：

1）签订能保证质量的合同工期。

2）签订能保证质量的合同价格。

3）许多构件裂缝发生在存放期，工厂生产好构件后，施工方未按合同约定的进度要货，导致工厂构件存积过多，场地不够，堆放无序或超层堆放。工厂应当与施工企业达成对等的合同条款。如工厂延期供货和施工方延期要货的罚则应对等。

4）构件运到现场须履行交付验收手续，当时签字。对每个构件要进行质量检查，特别是对裂缝的检查。从车上直接吊装的构件，检查空间不够，可以借助于自拍杆拍照，确认没有裂缝后再安装。避免安装后出现问题互相推诿。

4. 监理方

装配式建筑预制构件厂设置驻厂监理，对提高构件质量非常有益，工厂应与监理真诚合作。

1）隐蔽工程验收对避免因钢筋保护层问题、错位问题导致的裂缝非常重要。如果监理无法参与逐个构件的现场验收，工厂也要用拍照、视频等方式请监理验收，确认后再浇筑混凝土。

2）工厂发现构件有裂缝应通报监理，请监理帮助或主持原因分析、制定修补方案。大多数预制构件裂缝是可以修补后使用的，但要确保结构安全和施工安全。由监理参与或组织裂缝分析和处理方案制定，更有利于保证安全，让甲方和施工方放心。

15.3.2　内部工作

大多数预制构件裂缝是管理原因，包括管理制度空泛，不具体，不定量，随意性强、培训不够、执行不力等。构件工厂预防裂缝的内部工作包括：

（1）编制作业流程与操作规程　将表 14-1 和表 15-1 预防裂缝要点分解细化，落实到各个环节各个工种各个岗位，编制成作业流程和操作规程。作业流程是工序衔接关系，操作规程是对作业的具体要求。

混凝土制备（见第 14 章）以外与裂缝有关的工作和作业环节包括：

1）模具的设计、制作与组模。

2）钢筋、预埋件的制作与入模，套筒与其他预埋物的入模。

3）隐蔽工程的验收。

4）混凝土浇筑、振捣。

5）蒸汽养护或常规养护。

6）构件脱模（翻转）。

7）构件厂内的运输。

8）构件的存放、后续养护。

9）构件出厂前检查。

10）构件档案形成。

11）构件的装车、运输。

12）构件工地交付等。

以上这些环节都应编制作业流程和操作规程，培训作业人员严格执行。

（2）专项技术方案　新造型、新质感、新技术、新材料、大型构件、复杂构件、曲面构件等应编制预防裂缝的专项技术方案和工艺设计，包括：

1）复杂构件脱模方案。

2）不对称构件的吊点布置和专用吊具设计。

3）曲面构件钢筋随形配置方案。

4）存放和运输过程临时加固措施（图 15-1）。

图 15-1　存放和运输过程临时加固措施实例

5）构件存放设计。

6）构件运输方案等。

（3）单项工程预防裂缝指导书　每个具体项目宜编制《单项工程预防裂缝指导书》，强调该项目预防裂缝的重点部位及预防措施，对作业流程和操作规程未包括的内容给出具体要求，并下达到有关工序和工种作业人员。

（4）隐蔽工程验收　钢筋保护层和钢筋间距误差大是造成裂缝的成因之一，混凝土浇筑前必须进行隐蔽工程验收，制定隐蔽工程验收工作流程，形成隐蔽工程档案（包括影像档案），由驻厂监理确认并归档。

（5）裂缝检查验收程序

1）各工序间交接时应进行构件表观质量检查。

2）三个环节，即脱模时、存放中、出厂前应检查是否有裂缝。

（6）裂缝处理程序　发现裂缝后应当由工厂质量、技术部进行初步分析，报驻厂监理，由监理组织分析，做出是否报废的判断，对可修补的构件确定修补方案。

多数预制构件裂缝是可以修复的，但必须在查清原因、判断没有结构和耐久性危害的前提下。

15.4　模具设计、制作与组装

为避免因模具原因导致构件出现裂缝，须注意以下几点：

1. 有凸凹造型的构件模具设计应便于脱膜

一些构件在脱模时出现裂缝，主要原因在于模具设计不合理或脱模作业存在问题。图 15-2 是有凹槽构件脱模时出现裂缝的示意图。

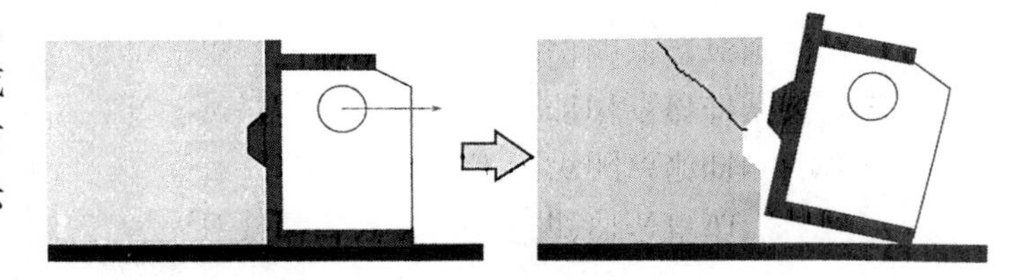

图 15-2　凹槽部位脱模裂缝示意图

2. 楼梯立模拆模应便利

楼梯是出现裂缝较多的构件，除存放不当的原因外，拆模时操作不规范也是导致裂缝的重要原因。文前彩插图 C-40 就是因拆模原因造成的裂缝。

3. 脱模孔或脱模钩

对不易脱模的构件侧模，宜在模具肋板设置孔眼或吊钩，以便于脱模时用绳索或工具拉拽脱模。

4. 脱模剂质量

脱模剂质量或涂刷质量不好有可能导致脱模时构件底面混凝土裂缝甚至被粘掉。自动化喷涂脱模剂出问题的概率会小些，人工涂刷脱模剂需保证其覆盖度和均匀度，应制定定量的作业要求。

15.5　钢筋、预埋件制作与入模

钢筋、预埋件制作与入模是影响预制构件裂缝的重要环节因素，需关注以下几点：

1）不准使用锈蚀钢筋。

2）避免伸出钢筋长度不够，或无法连接，或伸入支座长度不够导致混凝土裂缝。

3）整体钢筋骨架吊运时应当有防止变形的措施，或采用多点吊具，或设临时加强筋。

4）钢筋骨架入模后应防止其位移、间距变化和下沉。

5）伸出构件的钢筋应有防碰撞、防下垂措施。

6）控制钢筋间距误差在允许范围内。

7）避免构件边缘钢筋位移，使其离边缘过远或过近。

8）保护层垫块间距应事先设计，保证钢筋不会“塌腰”。构件竖模的垫块应用钢丝绑牢。

9）人工振捣作业时不能踩踏钢筋，应当架设桥板。

10）吊点与预埋件部位有局部增强筋。

11）如果预埋件、钢筋发生拥堵，应做调整。若是因设计原因，应与设计联系修改。

15.6　混凝土浇筑

1. 坍落度

混凝土拌合物的坍落度超出允许范围时不得浇筑。坍落度大容易产生漏浆、泌水、离析现象，强度下降，收缩率高，进而产生裂缝。坍落度小的混凝土不密实，容易出现蜂窝、狗洞、露筋现象，影响混凝土强度和混凝土对钢筋的握裹力，形成裂缝隐患。

坍落度大的不合格混凝土拌合物可降级使用，用于制作低强度等级的混凝土构件，如非结构构件或庭院用小品。

坍落度小的不合格混凝土拌合料可用于同级别配筋不密集的构件。

2. 振捣

浇筑环节与裂缝相关度最高的是振捣作业。振捣不密实、不均匀，混凝土出现泌水、离析、露筋，都可能形成裂缝隐患。振捣作业须做到“不漏振、不欠振、不过振”。

预制构件工厂振捣方式有 5 种：流水线振动平台振捣、固定模台附着振动器振捣、插入式振动棒振捣、平板振动器振捣和模具附着振动器振捣。

振捣作业须符合混凝土施工规范要求。从预防裂缝角度应注意以下几点：

1）振捣时间与振捣方式、坍落度大小、构件形体复杂程度、钢筋与预埋件密集程度有关。应以混凝土表面无明显塌陷、有水泥浆出现、不再冒气泡为振捣结束时间。钢筋、预埋件密集部位和形体复杂部位，混凝土不易流动，宜适当延长振捣时间。同时应避免在一个部位振捣时间过长（即过振）导致泌水和离析分层。

2）双层混凝土构件，如夹心保温板外叶板与内叶板、装饰混凝土面层与结构层，后浇筑层必须在先浇筑层初凝前完成振捣。

3）同一模台制作多个构件时，如采用模台附着振动器振捣方式，多构件应同时振捣，避免逐个振捣造成先振捣的构件过振，或先浇筑的构件开始初凝后又被振裂。

4）振动棒振捣时应垂直于混凝土表面并采用快插慢拔的方式均匀振捣。

5）确保不漏振，特别是边角部位。混凝土振动棒与模板的距离不应大于振动棒作用半径的 50%；振捣插点间距不应大于振动棒作用半径的 1.4 倍。

6）钢筋、套筒、预埋件密集部位宜用小型振动棒振捣，并加密振捣点。

7）立模制作楼梯板、柱子应分层浇筑分别进行振捣，振动棒的前端应插入前一层混凝土中，插入深度不应小于 50mm。

8）大体积构件可进行二次振捣，以获得更好的密实度，但必须在初凝前进行。

9）装饰混凝土面层可用平板振动器振捣，面层较薄时可采用滚压方式保证密实；GRC 采用滚压方式保证密实，平面应纵横方向交替滚压，边角须用专用工具压实。

15.7 养护

混凝土初凝后需养护，所谓养护就是保持适合于水化反应的温度和湿度，直到混凝土达到设计强度。养护环节对混凝土强度、耐久性和抗裂性影响很大。许多裂缝都与养护不当有关，养护环节是预防构件裂缝的最重要环节。

混凝土预制构件工厂主要采用蒸汽养护，有的构件也会采用常温下洒水养护或覆盖养护方式。GRC 工厂较多采用洒水养护或覆盖养护方式。

1. 蒸汽养护

工厂蒸汽养护有两种方式，第一种是流水线生产工艺，所有构件进养护窑养护；第二种是固定模台工艺，构件在固定模台上养护，蒸汽管道通到每个模台下面。

（1）养护过程　蒸汽养护包括静停、升温、恒温和降温 4 个阶段（图 15-3）。

1）静停 2～3h。

2）升温速率为 10～20℃/h。

3）恒温，养护温度在 40～60℃之间，以低于 50℃为宜。时间以混凝土达到脱模强度（设计要求的脱模强度并大于 15MPa）为终点，一般为 6～8h。

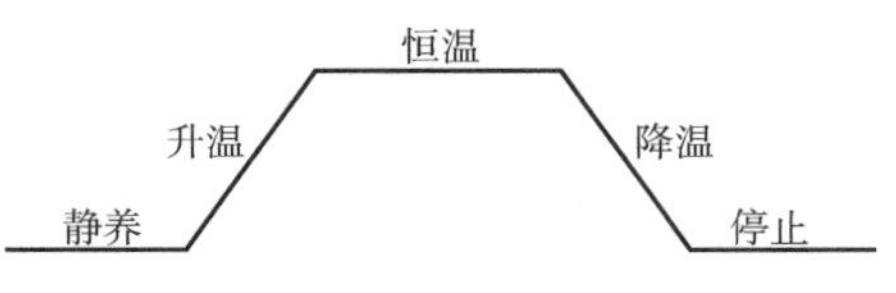

图 15-3　蒸汽养护各阶段示意图

4）降温速率不宜超过 10℃/h，一直降至车间室温。

大多数养护阶段出现的裂缝是因为没有严格执行升降温流程所致。养护窑不舍得降温，处于高温状态，构件直接进窑，直接出窑。固定模台养护没有设置自动温控系统，盖上保温被就通蒸汽，达到脱模强度后，直接揭开保温被进入常温环境。

（2）养护湿度　蒸汽养护应保持相对湿度 95% 以上。养护窑应确保湿度，避免只有高温，湿度不够。固定模台保温被应当有塑料隔气层。

（3）养护后保湿　蒸汽养护结束后，应继续保持构件表面湿度。有的构件蒸汽养护后没有龟裂，却在存放期间出现裂龟裂，就与构件表面被风干晒干有关。

2. 洒水养护

混凝土施工规范关于洒水养护的规定如下：

1）采用硅酸盐水泥、普通硅酸盐水泥或矿渣硅酸盐水泥配制的混凝土，养护时间不应少于7d；采用其他品种水泥时，养护时间应根据水泥性能确定。

2）采用缓凝型外加剂、大掺量矿物掺合料配制的混凝土，养护时间不应少于14d。

3）抗渗混凝土、强度等级C60及以上的混凝土，养护时间不应少于14d。

4）宜在混凝土裸露表面覆盖麻袋或草帘后进行养护，也可采用直接洒水、蓄水等养护方式；洒水养护应保证混凝土表面处于湿润状态。

5）当日最低温度低于5℃时，不应采用洒水养护。

3. 覆盖养护

覆盖养护宜在混凝土裸露表面覆盖塑料薄膜、塑料薄膜加麻袋、塑料薄膜加草帘进行；塑料薄膜应紧贴混凝土裸露表面，塑料薄膜内应保持有凝结水。

15.8 脱模

避免混凝土脱模作业出现裂缝的要点如下：

1）混凝土必须达到脱模强度才能脱模。测试脱模强度的混凝土试件应与构件一起养护，在预期时间试件达到设计要求的脱模强度才可以脱模，如果达不到应继续养护，并再做试件强度试验，直至达到设计脱模强度。所以，试件不能只留一组。

2）混凝土即使达到脱模强度，如果作业用力不当、吊具角度不对或起吊速度过快都可能造成构件出现裂缝甚至损坏。因此，脱模作业必须严格执行操作规程，造型特殊或复杂的构件、大型构件、曲面构件应制定专项操作规程。

3）脱模时必须卸下全部螺栓，按照模具设计的拆模顺序进行拆解。

4）遇到构件与模具粘连时，不得用撬棍翘缝，以免造成构件边缘破损；也不能直接用力敲打将构件震裂。应拉拽模具脱离构件，为此应准备相应工具，模具制作也应设有可栓拉拽绳的孔眼或吊钩。

5）不同构件应配置专用的脱模或翻转吊具，避免脱模起吊不当导致裂缝。

15.9 构件存放

很多构件裂缝是在存放期间出现的，既有作业人员不知其所以然“乱堆乱放”的原因，也有场地小不得不“乱堆乱放”的原因。避免构件存放裂缝的要点如下：

1）冬期室内外温差较大时，蒸汽养护脱模后的构件不能直接放到室外存放。

2）蒸汽养护构件脱模时强度一般也就在15MPa左右，水化反应尚未完成，在室外存放时应继续浇水养护保持湿度，防止构件被很快晒干、风干，直至强度达到设计强度（可用回弹仪测量）方可停止养护。

3）应当由设计给出构件存放时的支点位置和存放要求，如果没有给出应联系设计方给出。因为只有设计方才清楚支点应设在哪个部位。

4）叠放层数应由设计人员给出。如果工厂场地不够，希望增加叠放层数，可以通过加宽垫木垫块的方式，但要进行荷载计算。笔者曾在某工厂看到叠放楼板多达 12 层，比常见的 6 层叠放增加了一倍，构件仍完好如初。主要措施是用了宽大的垫木。还可以设置钢筋混凝土悬挑梁（图 15-4）或钢结构框架（图 15-5）将构件架空存放。

图 15-4　钢筋混凝土悬挑梁存放架

图 15-5　钢结构框架存放架

5）构件叠合存放支点位置必须上下对应一致，否则就会出现悬臂负荷，将构件压断，参见图 9-34。许多构件存放期间的裂缝主要是由于支点位置上下错开而造成的。

6）较厚的板式构件如外挂墙板可用点式垫块支撑，但要经过计算。叠合楼板不宜用点式支撑。

7）构件存放场地道路应有足够的宽度和转弯半径，避免构件碰撞。

15.10　吊运与装车

构件工厂内运输和运往工地也是易出现裂缝的环节，避免裂缝要点如下：

1）吊运构件须用适合该构件类型的专用吊具。

2）吊运中易拉裂的构件应设置临时拉杆（参见图 7-15）。

3）构件在运输中的支点位置和支垫材料宜与构件存放时一样。

4）构件运往工地须进行装车设计和防止运送过程中发生位移、倾倒的固定方式设计，按照设计装车并进行固定。避免构件在刹车、加速、转弯时发生移动碰撞，导致裂缝。图 15-6 是构件封车固定的细部。

图 15-6　预制板封车

5）清水混凝土、装饰混凝土和 GRC 构件等装饰构件在运送、吊装过程中应有边角保护措施。

15.11　运输

1）运输人员应事先勘查运输线路，了解道路不平、转弯处及减速坎等情况。

2）对行车注意事项向司机提出书面（或通过微信）要求。

3）首次运输构件时构件厂应派车随行，观察途中颠簸情况和构件稳定情况。如存在问题，应与司机制定具体的预防措施。

15.12　交付

1）构件厂应事先通知工地准备好与构件对应的吊具。

2）每车构件派员随车到工地交付验收。

3）当场逐件检查构件是否合格，有无裂缝，并请验收人员签字确认检查结果。

4）对发现有裂缝的构件，运回构件厂分析、处理，以避免留在工地被误用到建筑上。

5）构件直接从车上吊装时，必须在车上进行裂缝检查后才能安装。对于检查死角，可用自拍杆手机拍照检查。

15.13　预制构件裂缝的调查处理

裂缝调查处理要点如下：

1）发现裂缝后应通报监理，并组织技术、质量部门和作业班组分析裂缝原因。如果涉及设计问题，应请监理邀请设计人员参与分析。

2）应定量调查，如检测混凝土保护层厚度、用回弹仪检测混凝土强度，局部进行破坏检查等。找出真正原因后再进行处理。

3）处理修补方案应经监理确认后再实施。

第 16 章　写给施工方——现浇混凝土与构件安装环节预防裂缝的要点

尽管许多裂缝不是施工方的责任，但施工方却难辞其咎。

16.1　从施工企业冤不冤说起

实际工程中完全因施工原因导致的混凝土裂缝并不多，许多裂缝的责任不在施工方，是其他环节的责任。甲方、设计方、商品混凝土搅拌站、预制构件厂原因造成的裂缝，大都在施工方这里汇集，有些问题扯不清，施工方就得承担。所以最受裂缝折磨的是施工方。很多裂缝不易修补，且修补后有明显痕迹。有的裂缝修补完不到半年又裂了。裂缝影响工程交付，影响结算，影响声誉。说起来施工方挺冤的。

要说冤，也不冤。因为各个环节原因造成的裂缝虽然大都在施工环节出现，但查出真正原因并不难。施工方如果对裂缝重视，做足功课，知其所以然，合同中有约在先，施工过程出现裂缝时能说清楚裂缝成因，就不会被冤着。

更重要的是，施工方如果在设计文件交底会审时尽可能发现设计原因的裂缝隐患，对商品混凝土搅拌站提出预防裂缝的要求，在预制构件进场时严格验收；不仅不会陷于被动，还会对其他环节预防裂缝做出贡献。

施工企业预防裂缝方面存在的问题有：

1）技术与管理人员对混凝土裂缝知识和关键点不了解，对裂缝的具体成因不清楚，没有预防意识和能力。特别是对新造型、新工艺、新材料出现裂缝的可能性与预防措施缺乏了解，例如对大体积混凝土、非线性曲面混凝土建筑、刚性约束较大的混凝土结构、清水混凝土、装饰混凝土以及 GRC 构件的裂缝机理和预防措施不清楚。

2）在设计文件交底及会审环节对预防裂缝关注不够，没有发现有可能导致裂缝的设计错误和漏项，特别是关于非荷载效应裂缝的预防措施。

3）对商品混凝土只提出强度等级要求，没有预防裂缝的其他要求。例如，混凝土钢筋疏密不同，就应要求不同的混凝土坍落度，施工方对此没有细分并提出要求。

4）混凝土到场后不检查坍落度，或对坍落度不合格的混凝土没有采取措施就用于工程中。

5）钢筋保护层误差和钢筋间距误差控制得不好，这是施工环节出现裂缝的最主要原因。

6）预制构件入场交付验收不细，甚至不验收，出了问题再说，甚至安装了断裂构件。

7）构件之间的应留缝隙被塞实，或打密封胶的缝隙选用的密封胶没有足够的弹性压缩空间。

8）安装外挂墙板、GRC 板时将活动节点变成了固定节点。

16.2　现浇混凝土施工与构件安装中出现的裂缝类型、成因及预防要点

施工企业混凝土施工与构件安装裂缝类型、成因及预防要点见表 16-1。

表 16-1　混凝土施工与构件安装裂缝类型、成因及预防要点

裂缝形状	裂缝成因	预防要点	模具	钢筋	振捣	养护	拆模	安装	其他
龟裂与不规则裂缝	塑性凝缩	控制水灰比，做好养护							
	养护期失水收缩	避免模具吸水，做好养护							
	碳化收缩龟裂	保证保护层厚度，振捣密实、保证养护质量，表面涂覆防水保护涂料的质量与涂刷质量							
	碱-骨料反应膨胀	保证表面防水保护涂料质量与涂刷质量							
剥离胀裂	冻融	振捣密实，做好养护							
	钢筋锈蚀胀裂	保证保护层厚度，振捣密实，保证养护质量，表面涂覆防水保护涂料的质量与涂刷质量							
条形裂缝	自生收缩	振捣密实，按设计要求做好减弱刚性约束的构造和在应力集中部位设附加筋							
	干燥收缩	振捣密实，按设计要求做好减弱刚性约束的构造和在应力集中部位设附加筋							
	温度收缩	按设计要求做好关于刚性约束、应力集中处设附加筋及内外温差的措施							
	保护层过薄沿钢筋裂缝（梁、柱箍筋，墙水平筋、楼板主筋）	严格控制保护层厚度							
	保护层过厚导致在受弯构件受拉区出现垂直于钢筋的裂缝	严格控制保护层厚度							
	因混凝土沉降沿钢筋裂缝	宜进行二次振捣							

（续）

裂缝形状	裂缝成因	预防要点	模具	钢筋	振捣	养护	拆模	安装	其他
条形裂缝	碱-骨料反应沿钢筋裂缝	保证表面防水保护涂料质量与涂刷的质量							
	荷载引起应力集中裂缝	按设计要求设置附加筋和临时设施							
	现浇墙竖向温度应力裂缝	实现设计弱化刚性约束的要求							
	非线性不规则墙突变部位裂缝	实现设计弱化刚性约束的要求							
	现浇墙水平裂缝	实现保护层厚度随形均匀布置的目标							
	现浇楼板顶面裂缝	避免板顶钢筋下移							
	现浇楼板底面裂缝	避免板底钢筋保护层过小							
	梁跨中底面裂缝	避免钢筋与混凝土粘结力被削弱，或保护层过厚							
	梁接近支座侧面斜裂缝	避免钢筋发生位移							
	梁顶面支座附近裂缝	避免钢筋偏移，保证配筋较多的支座部位的混凝土密实度							
	柱子侧面水平裂缝	控制保护层厚度							
	模板变形或位移导致的裂缝	保证模板和支撑体系的刚度，混凝土达到拆模强度再拆模或撤除支撑							
	集中布置管线处出现裂缝	布置管线处确保钢筋与钢筋、钢筋与管线的最小间距符合设计要求							
	钢筋拥堵、间距不均匀造成的裂缝	按设计要求布筋，确保最小间距符合设计和规范的要求							
	脱模用力不当造成的裂缝	制定并严格执行脱模操作规程							
	构件尖锐部位脱模造成的裂缝	对易破损构件专门设计模具分块和脱模操作规程							
	预制构件安装造成的裂缝	对进场构件进行严格的裂缝检查验收，不同构件使用专用吊具并防止碰撞							

（续）

裂缝形状	裂缝成因	预防要点	模具	钢筋	振捣	养护	拆模	安装	其他
	后浇混凝土与预制构件间形成的裂缝	现浇带混凝土振捣密实并养护充分							
	构件之间相互作用造成的裂缝	避免将柔性节点连接成刚性节点，构件接缝处使用设计要求的弹性密封胶							
	混凝土浇筑分层分段处出现的裂缝	分层浇筑的结合部位应凿毛并清除上面的浮浆							
条形裂缝	混凝土沉降裂缝	宜采用二次振捣法							
	混凝土漏振裂缝	振捣密实							
	女儿墙根部水平裂缝	严格按照设计构造施工							
	悬挑构件顶部支座部位裂缝	避免板顶钢筋下移							
	GRC与结构体系全刚性连接导致的裂缝	严格执行设计给出的连接方式							

16.3　施工企业预防裂缝的工作要点

施工企业预防裂缝的工作分为外部工作与内部工作。

16.3.1　外部工作

关于裂缝的外部工作尤其重要，包括与甲方、设计方、混凝土搅拌站、预制构件厂、监理的裂缝责任划分、交底、验收、交付、问题处理等内容。

1. 甲方

施工方与甲方直接签约，关于裂缝与甲方协调的工作内容包括：

1）合同中明确预防裂缝的要求和责任，厘清由施工方以外原因造成裂缝的责任。

2）约定预防裂缝增加的合理工期，如采用跳仓法或后浇带法施工，都需要增加工期。

3）将预防裂缝增加的成本列入报价中。

4）约定甲供材料与构件的质量责任关系。

5）约定甲方指定构件企业但由施工方签约管理的质量责任。

6）尽可能参与早期协同设计，即在方案设计和施工图设计阶段，施工方就与设计方互动，研究分析可能出现的裂缝和预防裂缝的措施。避免因设计因素导致的裂缝。

7）约定裂缝调查程序，对原因不易查清的裂缝应当请第三方专家参与调查分析，调查与裂缝处理费用应由造成裂缝的责任者承担。

8）约定裂缝处理程序，包括返工认定、修补方案制定等。

2. 设计

施工方与设计方协调的内容包括：

（1）早参与　尽可能参与早期协同设计或互动，从设计环节避免裂缝源，如刚性约束、应力集中等。

（2）认真参与　认真对待设计文件交底和图纸会审，仔细审读图纸，列出问题清单。须关注以下问题（不限于此）：

1）是否有长墙、端部刚性约束墙、曲面墙，设计中有没有可靠的预防裂缝措施。如是否设置了基础滑动层、长墙伸缩缝间距、引导缝、端部刚性约束伸缩缝等。

2）是否有无法实现或实现代价很大的结构形体与构造。

3）大型结构、大体积混凝土、长墙等是否有跳仓浇筑或后浇带要求。

4）是否存在钢筋拥堵情况。

5）应力集中部位是否设置了加强筋。

6）其他可能导致裂缝的设计问题。

（3）出现裂缝的处理　出现裂缝后，设计人员应参与原因分析、提供计算书并制定审核处理方案。

3. 混凝土搅拌站

施工方与混凝土搅拌站是外委托合作关系，但因混凝土材料、配合比和拌合料问题出现裂缝，责任最终要由施工方承担。所以施工方须与搅拌站密切合作互动、并做好过程控制和交付验收。

1）合同中应有关于混凝土配合比和材料须符合预防裂缝要求的条款。

2）向搅拌站提供详细的预防裂缝清单，如混凝土收缩率、抗冻融性、防碱-骨料反应、氯离子含量控制、水灰比控制区间等要求。

3）对混凝土材料提出品种、规格与质量要求。

4）提出配合比设计试验项目，除混凝土强度外，还应有该项目预防裂缝的其他指标，试验结果须经过施工方同意后才可作为正式使用的配合比。

5）提出工程不同部位混凝土的强度等级、坍落度要求，如钢筋密集部位，混凝土流动性应好一些，坍落度大一些；钢筋不密集部位，坍落度宜小一些。

6）混凝土拌合物运输时间与混凝土初凝时间的定量分析，保证混凝土拌合物运输和浇筑作业有充足的时间。

7）施工方应抽查材料质量。

8）混凝土拌合物入场前应进行坍落度测试，不合格的不能勉强用于工程中。

4. 预制构件厂

与施工方合作的构件厂包括PC工厂和GRC工厂。装饰混凝土构件一般在这两个工厂中制作。

施工方与构件工厂的关系有三种模式：甲方供货、甲方选择工厂由施工方签约、施工方自主选择工厂签约。

甲方供货模式，施工方与构件工厂没有合同关系，只有构件交付验收的关系。施工方在与甲方的合同中应提出对构件质量、交付时间的要求以及责任划分。施工方应做好构件进场验收和对构件档案的审核归档。

甲方选择构件厂由施工方签约模式和施工方自主选择构件厂签约模式，两者都是施工方与构件厂直接签约，法律意义上是一回事。施工方与构件厂的合同中应当有预防裂缝的具体约定，并按合同履约。

（1）选择厂家　施工企业选择预制构件厂家可能偏向于以价格和付款条件作为主要考虑因素，一旦出现了质量问题特别是裂缝问题往往会得不偿失，施工方必须要考虑构件工厂的履约能力、技术和管理水平及以往工程实例、预防裂缝的经验，具体包括：

1）技术与管理团队情况。

2）工艺流程与操作规程。

3）以往工程构件的质量。

4）在生产构件或库存构件质量。

5）实验室仪器和人员配置。

6）生产能力等。

（2）PC 工厂　施工方与 PC 工厂合作要点包括：

1）PC 工厂自备混凝土搅拌系统，施工方与 PC 工厂的合作内容应包括与混凝土搅拌站合作的全部内容。

2）合同中应约定预防裂缝的要求和验收标准，有裂缝的构件不予验收，有裂缝修补痕迹的构件如果没有监理确认不验收。

3）合同中应约定构件在交付后出现的龟裂、脱层等属于材质问题的裂缝，责任应由工厂负责。

4）合同中应要求预制构件隐蔽工程验收后才能浇筑混凝土，如果驻厂监理不在作业现场，构件厂应提供隐蔽工程验收的视频或照片，特别是关于保护层厚度的影像档案。

5）构件质检合格后才可以出厂，合格证等资料随构件交付给施工方。

6）预制构件进场应进行验收，须仔细检查有没有裂缝和裂缝修补痕迹。如果有裂缝，在构件上应做醒目标识退货返厂。如果构件有修补痕迹，但有驻厂监理的确认单，可以收货。如果没有监理确认手续，做醒目标识退货返场。验收构件应当场签验收单。

7）直接从车上吊装安装的构件，必须仔细检查构件是否有裂缝。构件底面可在构件被吊起后，用自拍杆伸到构件下方拍照检查。

8）为避免有裂缝构件退货返厂影响工期，合同中应约定工厂生产构件应有一定余量，以便及时补货。

9）施工企业未能按合同工期要货，延期较多，如果工厂已生产出构件，占用场地，施工方宜给予适当补偿，以保证存放期构件完好。

10）合同中应列出构件档案清单，并作为工程验收和档案移交的依据。

（3）GRC工厂　除了上述施工方与PC工厂合作要点外，施工方与GRC工厂关于预防裂缝方面还须强调以下几点：

1）必须使用耐碱玻纤，氧化锆含量不低于16%。

2）必须保证玻纤含量，详见第11章要求。

3）必须保证构件设计厚度，一般不小于15mm。

4）必须避免锚杆、肋及其他预埋物对GRC板的刚性约束。

5）背附龙骨的刚度应符合规范和设计要求。

5. 监理

施工方与监理关于裂缝的工作内容包括：

1）与监理和甲方共同确认裂缝的验收依据，对规范允许、设计也未做说明的裂缝，如裂缝宽度在规范允许范围内的荷载效应裂缝，预先做出说明，或允许裂缝存在；或采取预防措施，并核定增加的相应费用与工期。

2）国家或行业标准没有覆盖的非荷载效应裂缝，多与施工责任无关，须预先逐项做出说明。

3）与监理约定监督管理范围应覆盖混凝土搅拌站和预制构件厂，监理应向构件厂派驻厂监理，特别是要参与预制构件隐蔽工程的验收和构件出厂验收。

4）监理应及时组织工地现浇混凝土隐蔽工程验收。

5）监理应组织对已发现裂缝的调查与处理，分析裂缝原因与责任，制定返工或修补方案。

16.3.2　内部工作

施工企业预防裂缝的内部工作包括：

1）将预防裂缝措施编入施工组织设计中。

2）将本书表14-1混凝土制备环节预防裂缝要点，结合工程实际情况，列出混凝土配合比设计与混凝土制备环节的技术要求清单，作为混凝土搅拌站签约内容，并进行管控。

3）将表16-1施工环节预防裂缝要点分解细化，落实到模具、钢筋、混凝土浇筑、养护、脱模、构件安装等各个环节各个工种，编制成作业流程和操作规程。培训作业人员严格执行。

4）对新造型、新技术、新材料、大型构件，复杂构件、曲面构件等编制预防裂缝的专项技术方案和工艺设计。

5）重视隐蔽工程验收。钢筋保护层和钢筋间距误差大是施工环节裂缝的最大成因之一，混凝土浇筑前必须进行仔细地检查验收，形成隐蔽工程验收档案（包括影像档案）。

6）预制构件进场验收、存放与安装。

7）半成品、成品保护。

8）工程验收交付。

9）裂缝自查，即脱模时、养护结束时、工程交付前进行定期裂缝检查和工程交付时的

裂缝检查。

10）裂缝处理。发现裂缝后应由监理组织裂缝调查，分析原因、分清责任，做出是否返工的判断及提出修补方案。并由施工方组织实施修补。

16.4　施工组织设计中预防裂缝的内容

施工组织设计中应当包括关于预防裂缝的内容，具体包括：

1）应用新技术、新造型（或复杂造型）、新材料时制定试验或打样方案。

2）跳仓法或后浇带分仓设计与浇筑间隔的确定。

3）施工缝布置，需考虑温度裂缝控制要求、混凝土供应能力、钢筋作业、模板架设等因素，应设置在受力小、施工便利的位置。什么部位受力小需与设计人员沟通确定。

4）模板设计

①确保模板及支架的承载力、稳固性、刚度和支拆便利，特别是对于复杂造型墙体或构件的模板设计。

②绘制模板及支架施工图。

③引导缝处模板设计，应便于脱膜。

5）钢筋保护层厚度误差控制措施。

6）曲面墙体钢筋随形设计。钢筋制作与模板作业的顺序安排。没有规律性的非线性曲面墙体的钢筋可采用先支模，再根据模板曲面放样钢筋曲线的方式。

7）清水混凝土长墙对拉螺栓孔预防应力集中裂缝的构造措施，如果没有构造设计，应与设计方商定具体办法，此处往往是最先出现裂缝的地方。

8）入场混凝土坍落度检测不合格时的处置预案。

9）《高规》要求后浇带混凝土强度等级应高于相邻结构，应对此做出安排。

10）夏季高温天气下混凝土入模的降温隔热措施。

11）脚手架升降过程中对清水混凝土表皮的保护措施。

12）预制构件进场验收流程与办法。构件直接从车上吊装的方案制定。

13）预制构件临时存放场地的布置和构件保护措施。

14）预制构件的专用吊具设计。

15）构件安装后梁、板水平构件的临时支撑和柱、墙竖向构件的支扶设计，支撑与支扶设施应满足施工荷载的承载力和刚度要求，避免承载力不足导致坍塌或变形过大导致裂缝。

16.5　现浇清水混凝土预防裂缝要点

现浇混凝土特别是现浇清水混凝土预防裂缝的要点如下：

1. 模板与钢筋

1）按照施工组织设计进行模板施工。用木模板时，模板面应不吸水，避免吸收混凝土拌合物中的水分导致失水龟裂。

2）现场环境温度高于35℃时，宜对金属模板进行洒水降温，避免混凝土入模温度过高导致裂缝，洒水后不得留有积水。

3）不准使用锈蚀钢筋，避免造成混凝土胀裂。

4）落实施工组织设计对拉螺栓孔应力集中预防裂缝的措施。

5）控制钢筋保护层误差在允许范围内，这是避免施工环节出现裂缝的最重要环节之一。

①保护层垫块间距不能过大。

②竖向构件保护层垫块必须绑牢。

③水平构件防止施工荷载导致钢筋下沉。

④竖向墙体防止钢筋骨架偏移。

⑤曲面墙体保证钢筋随形绑扎，严格控制混凝土保护层厚度误差。

2. 清水混凝土浇筑

1）混凝土入场必须检验坍落度，坍落度超过允许误差的混凝土不得用于浇筑。

2）按照施工组织设计分段、分仓、分层浇筑混凝土。跳仓法先浇段与后浇段宜相隔7d；后浇带法应在混凝土主体浇筑14d合龙。

3）后浇带混凝土浇筑时应注意其强度须高于相邻段混凝土1个强度等级。

4）浇筑前检查模板内是否清洁，有无积水。

5）混凝土浇筑高度，从高处倾落的自由高度不应大于2m。

6）混凝土模板内倾落高度：骨料粒径>25mm，倾落高度≤3m；骨料粒径≤25mm，倾落高度≤6m。

7）竖向构件浇筑，严格控制分层浇筑的间隔时间。分层浇筑时每层厚度不宜超过500mm。

8）门窗洞口宜从两侧同时浇筑清水混凝土。

9）清水混凝土应振捣均匀，严禁漏振、过振、欠振；振捣棒插入下层混凝土表面的深度应大于50mm。

10）后续清水混凝土浇筑前，应先剔除施工缝处松动的石子或浮浆层，剔凿后应清理干净。

11）振捣时间与振捣方式见本书15.6节。

12）可采用二次振捣法，以提高混凝土密实度、强度和抗渗性，减少内部微裂缝，可在第一次振捣后2h左右进行二次振捣。

13）混凝土浇筑面可两次抹压，以避免表面沉降裂缝。

3. 混凝土养护

混凝土养护是防止裂缝非常重要的环节。养护不好的混凝土强度低，孔隙率高、裂缝多。工地养护多采用洒水养护或覆盖用户，详见本书15.7节。

《高规》关于大体积混凝土养护的规定：12h保湿控温养护，里表温差不应大于25℃，混凝土表面与大气温差不大于20℃。

16.6　预制构件安装要点

预制构件安装包括PC构件、装饰混凝土构件和GRC构件的安装，安装环节预防裂缝的要点如下：

1）构件装卸车时应使用与构件相适应的吊具。有工地曾发生过因吊具不对、吊索角度过小，卸车过程导致叠合板断裂的事故。构件工厂各类构件都有专用吊具，施工方租用或仿制即可。

2）尽可能直接在车上起吊构件进行安装，以减少作业环节，降低裂缝发生的概率。

3）如果无法直接吊装，临时堆放场地应坚实，构件堆放应符合要求，详见本书9.4.8节。

4）按照施工组织设计的要求应架设水平构件临时支撑和竖向构件支扶架。

5）楼梯板滑动端须保证可滑动性，与主体结构间的缝隙不能被灰浆或建筑垃圾塞满。

6）非结构构件安装节点必须按照设计要求进行施工，严禁把活动节点锁紧或焊牢。

7）叠合楼板板缝开裂和后浇带与预制板之间的裂缝不属于施工方的责任，国外使用叠合板时都是再进行吊顶的，但国内叠合板安装后直接刮腻子刷涂料。不过，施工方可以尝试减少裂缝的措施：预制叠合板之间用树脂粘接。澳大利亚悉尼歌剧院的曲线梁板就用了粘接工艺。如果树脂粘接成本过高，也可用具有微膨胀性的水泥基灌浆料灌入板缝。

16.7　拆卸模板与临时支撑

现浇混凝土模板拆除和装配式建筑临时支撑拆卸预防裂缝的要点如下：

1）模板与支撑拆除时间必须以保证混凝土达到拆模强度为条件。拆模晚会影响工期和模具及支撑成本，所以有的工地会提前拆模或未做混凝土强度试验就拆模，这样就很容易导致出现裂缝或微裂缝。因此，必须坚持混凝土强度达不到就不拆模的原则。

2）拆模作业是可能导致出现裂缝的环节，特别是复杂构件的拆模。因此，必须作为裂缝防范的重点环节，严格执行操作规程，严禁使用撬棍等易造成混凝土破损的工具野蛮作业。

16.8　半成品与成品保护

从现浇混凝土拆模和预制构件安装到工程交付，清水混凝土、装饰混凝土和GRC都格外需要保护，以避免发生裂缝。预防裂缝措施包括：

1）防止后道工序对前道工序造成破坏，如施工设备、工具或其他物体的撞击。为此，须采取在易撞击部位设置围栏、对构件阳角做保护等措施。

2）防止临时施工荷载的集中，如脚手架、支撑、模板集中堆放等。

3）防止脚手架、临时支撑、提升机架拆卸作业对其他构件造成的损坏。

4）防止室外挂式脚手架、吊篮作业对外墙构件造成的损坏。

16.9 与裂缝有关的资料档案

施工方工程档案应当包括与裂缝有关的资料，以备出现裂缝后能快速、准确找到原因，建议包括（但不限于）以下内容：

1. 混凝土搅拌站与裂缝有关的档案

1）除混凝土原材料常规报告外，还应包括水泥含碱量、活性掺合物含碱量、外加剂含碱量、骨料碱活性、骨料氯离子含量等。

2）配合比试验报告和实际采用的配合比。除强度试验外，还应包括各种与裂缝有关的试验报告，如收缩率试验报告，有抗冻要求的混凝土的冻融试验报告等。

3）坍落度及其检测报告。

4）混凝土出厂日志，包括当天的气候情况。

2. 预制构件厂与裂缝有关的档案

除常规档案外，构件厂与裂缝有关的档案包括：

1）本节第1条混凝土搅拌站有关裂缝的档案，预制构件工厂也应提供。

2）钢筋、预埋件、灌浆套筒等混凝土以外的材料的试验报告。

3）如果有样品试验，应提供样品试验报告。

4）预制构件隐蔽工程验收记录。应当有能反应出钢筋间距和保护层厚度的影像档案。

5）蒸汽养护日志。

6）裂缝调查分析报告、修补设计与配方及修补后验收报告。

7）产品合格证。

8）构件进场验收报告与构件交付检查的影像资料。

3. 施工方自身与裂缝有关的档案

除常规档案外，施工方与裂缝有关的档案包括：

1）关于预防裂缝的施工组织设计，应包括跳仓法分段图、后浇带分段图、引导缝构造图等资料。

2）施工日志，包括混凝土浇筑日期的温度、相对湿度、浇筑部位、浇筑量等。

3）混凝土进场坍落度检验报告。

4）隐蔽工程验收记录，应当有能反映出钢筋间距、拥堵情况和钢筋保护层厚度的影像资料。

5）施工缝、伸缩缝、沉降缝作业的影像资料。

6）裂缝调查分析报告、修补设计与配方及修补后验收报告。

16.10 裂缝检查

从混凝土浇筑到工程保修期结束，施工方应对混凝土进行观察，发现裂缝及时处理。建议在如下时间点进行检查：

1）混凝土终凝后拆模前检查浇筑面。

2）混凝土拆模后进行全面检查。

3）养护期结束（28d）时进行全面检查。

4）从养护期结束到工程交付期间定期全面检查，以 1～3 个月 1 次为宜。

5）工程交付后至保修期结束期间定期检查，以 6 个月 1 次为宜。

6）裂缝修补后观察，前 3 个月每月 1 次，之后每 3 个月 1 次。

7）工程验收交付应将裂缝列为专项。施工方、监理方和甲方对裂缝应做全面检查，做出结论。对工程交付后发现裂缝的调查、分析和处理做出预案。

16.11　裂缝处理

裂缝处理方案应当由设计、监理和施工方共同商定，涉及构件裂缝，构件工厂须参与。

不可修补的严重裂缝须凿除裂缝部位的混凝土，重新浇筑。

可修补的裂缝修补方法详见本书第 18 章。

不是施工方责任的裂缝处理费用，施工方应提请甲方确认费用出处。

第 17 章　裂缝调查与分析

裂缝无小事。

17.1　裂缝调查与分析的目的

混凝土裂缝调查包括对是否存在裂缝的观察、出现裂缝后的裂缝状况调查和裂缝修补后的定期观察。

裂缝分析是指对裂缝的性质、程度、成因、变化趋势和危害作出判断和预测。

裂缝调查与分析的根本目的是发现裂缝、控制裂缝、避免裂缝危害、为修补裂缝提供依据。裂缝调查与分析的具体内容包括：

1）定期观察混凝土，使裂缝在初期就被发现。

2）出现裂缝后调查裂缝的状态、程度与相关因素。

3）分析裂缝产生的具体原因。

4）判断裂缝变化的趋势。

5）判断裂缝可能造成的危害性。

6）判断有裂缝构件或部位能否正常使用。

7）判断裂缝是否需要修补，是否可修补。

8）形成调查报告，作为持续观察裂缝变化的参照和制订修补方案的依据。

17.2　定期观察

混凝土浇筑后应定期观察是否有裂缝出现，这一点非常重要，绝大多数裂缝越早发现，就越容易处理和控制，危害越小。例如，碱-骨料反应裂缝最先出现小“三叉戟”形状裂缝，如果这时发现了，在混凝土表面涂刷防水保护涂料，切断水源，就不会蔓延成如彩插图 C-9 所示的状况。

定期观察周期宜短一些，特别是早期。笔者建议至少在以下时间点应进行定期观察：

1）混凝土凝固后观察浇筑面是否有裂缝，特别是梁和楼板等水平构件。

2）现浇混凝土拆模、预制混凝土脱模或叠合梁、板拆除支撑后，对混凝土构件各个面进行仔细观察。

3）混凝土脱模到养护期结束是裂缝频发期，应经常观察。

4）预制混凝土梁、板安装后，或叠合梁、板后浇混凝土浇筑后，应仔细观察顶面支座附近和底面跨中附近是否有细微裂缝。

5）混凝土 28d 龄期时，应全面观察是否有裂缝。

6）从混凝土浇筑到工程验收，观察周期不宜短于 3 个月。

7）工程验收交付时应做全面检查。

8）保修期内至少每 6 个月全面观察一次，宜安排在夏季和冬季。

9）保修期结束后，每年至少应全面观察一次。

保修期结束前的观察应由监理和施工企业负责。

保修期结束后的观察应由业主或物业公司负责。甲方在建筑物交付使用的报告中应提出具体要求，并在检查日期前给业主或物业公司提示。许多裂缝是建筑工程交付几年后才出现的，如钢筋锈蚀裂缝、碱-骨料反应裂缝、碳化反应裂缝等。保修期后的观察非常重要，裂缝发现得越早，就越容易控制和处理，危害也越小。

每次定期观察应当形成报告，并附照片，可使用无人机协助观察和拍照。

17.3 发现裂缝后的调查

裂缝无小事。发现裂缝应立即进行全面调查。

调查应由甲方或甲方委托监理组织，召集设计方、施工方参加，如果涉及预制构件，构件工厂也应参加。

调查项目包括：

1. 裂缝出现时间

裂缝出现时间对判断裂缝成因非常重要。裂缝出现时间宜以混凝土浇筑为原点，如第 7d、第 28d、第 3 个月、第 3 年 5 个月等，都从混凝土浇筑日算起。

2. 裂缝所在部位

裂缝所在部位对判断裂缝成因也很重要。对裂缝所在部位可用文字、图上标注、照片、视频等方式进行描述：

1）裂缝出现在建筑物的哪个立面、哪一层、哪个轴线间？

2）裂缝出现在哪种构件上，墙体、柱子、梁、板还是楼梯板？

3）裂缝出现在构件的哪个面，如梁板浇筑面、梁板底面、梁侧面、柱侧面、墙外表面等。

4）裂缝出现在构件中的位置，如跨中、支座附近、墙端、墙洞口上方等。

3. 裂缝形状

裂缝形状是判断裂缝成因的最重要的因素。通过观察（高处可用无人机拍照），对裂缝形状用文字、示意图、照片、视频等方式进行描述和记录，判断是龟裂、条形裂缝、不规则裂缝，还是胀裂。

4. 裂缝面积或数量

裂缝面积或数量反映了裂缝程度，是判断裂缝危害性和制订修补方案的重要依据。应通过观察（高处可用无人机拍照）和测量，对裂缝面积和数量用文字、数字、示意图、照片等方式进行描述和记录。

1）发生龟裂的应计算裂缝范围的面积。

2）条形裂缝应给出裂缝条数、间距或单位长度的条数。

3）不规则裂缝出现较少时给出裂缝条数，出现较多时给出裂缝范围的面积。

4）冻融裂缝应给出混凝土酥松范围的面积和胀裂裂缝条数。

5. 条形裂缝方向

条形裂缝方向是判断裂缝成因的重要因素。应通过观察（高处可用无人机拍照）测量，对条形裂缝的方向用文字、示意图或照片进行描述和记录。

1）柱子和墙，分竖向裂缝、横向裂缝和斜裂缝。

2）梁侧面分竖向裂缝、横向裂缝和斜裂缝。

3）梁底面和顶面分纵向裂缝和横向裂缝。

4）楼板，分平行于长边的裂缝、平行于短边的裂缝、斜裂缝。

5）斜裂缝应给出大致的角度。

6. 应力集中裂缝

应力集中裂缝比较容易辨识，一般出现在预留孔、对拉螺栓孔、预埋件、门窗洞口阴角、构件截面转角、截面尺寸突变处、非线性墙体洞口上方等。应通过观察（高处可用无人机拍照）测量，用文字、示意图或照片进行描述与记录。

1）应力集中类型：预留孔、阴角、墙体洞口上方等。

2）应力集中裂缝方向：竖向裂缝还是斜向裂缝等。

3）出现应力集中裂缝部位的数量。

4）裂缝是否与相邻应力集中部位的裂缝连通，如相邻对拉螺栓孔裂缝连通。

7. 裂缝与钢筋的关系

通过观察、对照图纸复核、测量钢筋位置、测量钢筋保护层厚度等，对裂缝与钢筋的关系用文字、数据、示意图进行描述和记录。

1）是顺筋裂缝还是与钢筋垂直的裂缝。

2）裂缝处钢筋保护层厚度（用保护层测量仪测量）。

3）钢筋分布（间距、方向）与裂缝的关系。

4）顺筋裂缝与钢筋间的距离（可用保护层测量仪测量钢筋位置），正好在钢筋处，还是距离钢筋轴线多少mm。

8. 条形裂缝长度

条形裂缝长度反映了裂缝发展的程度，是判断裂缝危害性的重要依据。裂缝长度用尺测量，高处可用无人机拍照按比例测算。

9. 裂缝宽度

裂缝宽度对判断裂缝危害、制订维修方案非常重要。裂缝宽度测量可用10倍以上显微镜和比例尺对照检测，也可用裂缝综合检测仪检测。裂缝宽度不等，可按0.2mm以下、0.2～1mm和1mm以上三个级别分级。

10. 裂缝深度

裂缝深度是判断裂缝危害和潜在危害的重要指标，也是制订维修方案的重要依据。对于墙体和薄壁构件，还须检测裂缝是否贯通。

检测裂缝深度最简单的办法是在裂缝处钻芯取样和凿开观察，但这样会破坏混凝土表面。也可用裂缝综合检测仪检测。为验证检测仪准确度，可做验证试验，对裂缝先用检测仪检测，再钻芯取样或凿开检测，然后进行对比。

裂缝是否贯通可在墙体两侧观察或用压力水枪喷水检测。

裂缝深度可按 4 级归类：10mm 以内、与混凝土保护层厚度相同、超过混凝土保护层厚度和贯通裂缝。

11. 钢筋锈蚀胀裂

钢筋锈蚀导致的裂缝对结构安全影响较大，应检测钢筋锈蚀程度，为制订修补方案和是否需要补筋提供依据。

可将钢筋胀裂部位的混凝土保护层凿去，去除钢筋锈蚀部分，测量钢筋净断面面积。

12. 钢筋应力情况

对于垂直于受力钢筋的裂缝，宜检测钢筋的应力状态，看是否达到屈服状态。

13. 受弯构件受拉区、受压区观察

受弯构件受拉区发现垂直于纵向钢筋的裂缝，还应观察受压区有没有压碎现象。如果有，构件很可能接近临界破坏状态。

14. 混凝土强度检测

在发生碳化反应、碱-骨料反应、冻融破坏裂缝处，应检测混凝土强度，对判断结构安全危害和制订维修方案非常重要，可用混凝土回弹仪进行检测。

15. 混凝土酸碱度检测

判断是否发生碳化反应，可在裂缝部位检测混凝土 pH 值。

16. 混凝土氯离子含量检测

沿海地区发生钢筋锈蚀裂缝，应检测裂缝发生部位的混凝土氯离子含量，可取样检测。

17. 混凝土情况

根据搅拌站（或构件厂搅拌站）档案，调查水泥、骨料、活性掺合料、外加剂等混凝土材料的情况。必要时取样重新化验。

调查混凝土配合比和坍落度，必要时检测计量系统的误差。

18. 混凝土浇筑养护情况

根据施工日志，调查混凝土浇筑作业和养护作业的实际情况。

19. 混凝土构件变形情况

测量混凝土构件挠度等变形情况，判断模具变形引起位移的可能性。

20. 荷载作用情况

调查荷载作用情况，看是否有超过设计荷载的情况或局部荷载不均衡出现过于集中的情况。

21. 结构位移或基础沉降情况

当墙体或梁出现斜裂缝时，应检测地基、基础沉降情况和结构徐变情况。

22. 环境情况

1）根据施工日志和本地气象资料，了解混凝土作业日的气温、湿度、风力等情况。

2）了解裂缝出现部位、时间与环境的关联性。如龟裂部位是否在雨季的迎风面？墙体裂缝时的室内外温差，干燥裂缝与相对湿度、风力、风向的关系等。

23. 裂缝以外部位观察

在检查裂缝部位时，应对其他部位进行全面观察，看是否有细微裂缝。

以上发现裂缝后的调查须形成书面调查报告，报告中应包括现场照片、视频等影像资料。

17.4 裂缝修补后的定期观察

裂缝修补后应进行定期全面观察，看裂缝是否复发，以及其他部位是否出现新裂缝。

裂缝修补后前两年宜每 3 个月检查一次。两年间未发现裂缝复发和新裂缝出现，之后可半年观察一次。

裂缝修补后的定期观察，保修期结束前由监理和施工企业负责。保修期后由业主或物业公司负责。甲方应在建筑交付使用时约定。总而言之，必须有人负责。

裂缝修补后的定期观察中如果再发现裂缝，应通知甲方和监理及时处理。

裂缝修补后每次定期观察都应形成书面报告并归档。

17.5 裂缝分析

裂缝调查后，应当由甲方组织监理、设计、施工、构件厂的技术人员进行分析，参与分析的人应当具备关于的裂缝基本知识，知其所以然。否则，容易做出错误判断，或造成安全危害，或造成浪费。复杂或大面积裂缝应邀请研究裂缝的专家学者参与会诊。

裂缝分析流程见图 17-1。

1. 裂缝成因分析

裂缝分析中，成因分析最为重要，只有找准裂缝产生的真正原因，才能杜绝裂缝根源，控制住裂缝发展，避免裂缝反复，对危害性做出正确判断，制订好修补或加固方案。

裂缝成因分析的一般过程是先做加法，再做减法。

加法就是先把所有可能的因素都列出来。

减法就是把不具有相关性的因素减去；再把不是因果关系的因素减去；最后剩下的就是裂缝成因。当有两个以上成因时，须分出主要原因和次要原因。

本书第 2 ~ 11 章给出了各种裂缝的成因，附表 Z-2 也是按照裂缝形状—成因分类的，都可作为判断裂缝成因的参考。

下面再给出一些分析、判断裂缝成因的经验：

1）所有龟裂都是非荷载效应裂缝，并与混凝土材质有关。

2）均匀龟裂是干燥收缩、温度收缩或碳化反应收缩所致。

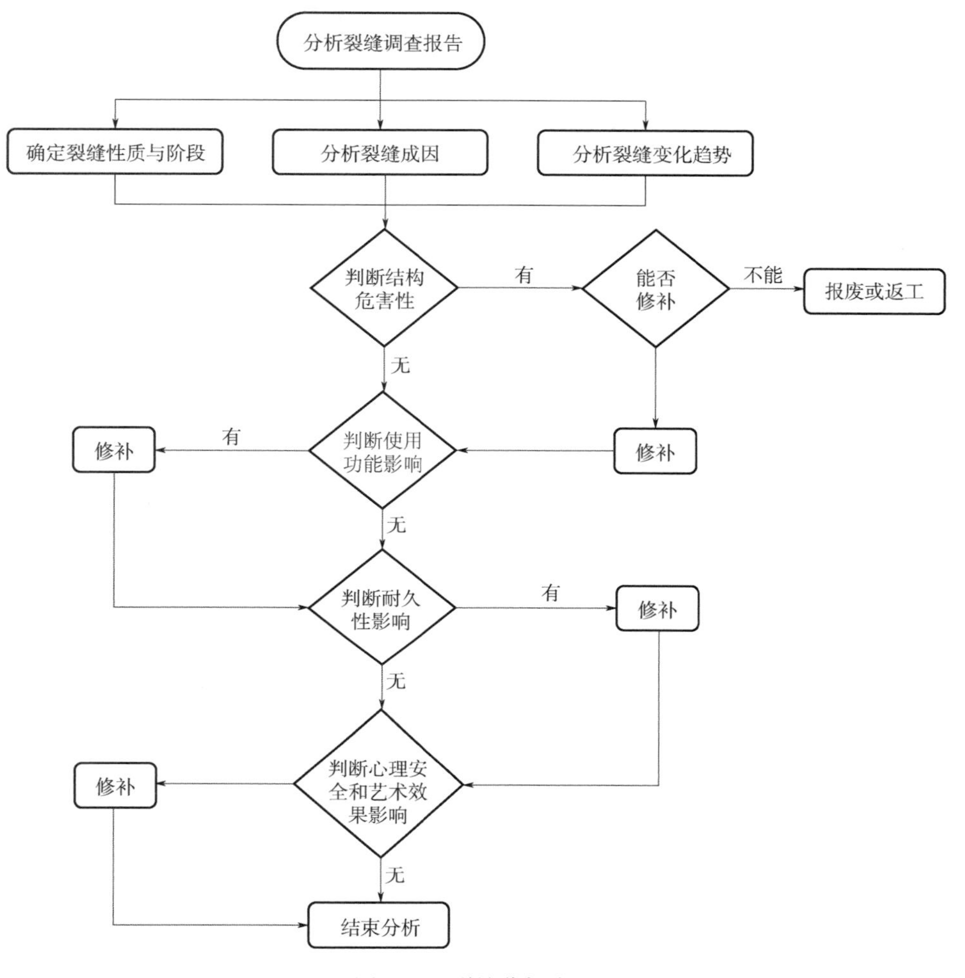

图 17-1　裂缝分析流程

3）早期的均匀龟裂是干燥收缩和温度收缩所致。

4）只有大体积混凝土才可能出现早期的温度收缩龟裂。如果不是大体积混凝土，早期龟裂成因多是干燥收缩所致。

5）后期龟裂或是干燥收缩或碳化反应所致。通过检测混凝土的 pH 值，即可判断是不是碳化反应所致。

6）龟裂网格如果有大有小，大网格裂缝粗，小网格裂缝细，大概率是由碱-骨料反应膨胀所致。碱-骨料反应与水有关，出现时间应在混凝土浇筑 2～3 年之后，面向雨季常风向、强风向的墙面易出现。

7）条形裂缝既有非荷载效应因素，也有荷载效应因素。一些裂缝可以通过是否存在荷载效应作出判断。如混凝土长墙的竖向裂缝，不存在垂直于裂缝的荷载作用，可以判断为收缩因素所致。

8）梁跨中部位侧面竖向裂缝，如果梁底面没有裂缝，即可断定为非荷载裂缝。如果梁底面有裂缝与之相连，且竖向裂缝越往上越细，即可断定为荷载裂缝。

9）顺筋裂缝或与保护层厚度有关，或与钢筋锈蚀有关。

10）应力集中裂缝比较好判断，所在部位要么是孔眼，要么是阴角，要么是造型突变处。

11）斜裂缝多与地基、基础沉降、荷载不均匀或结构变形有关。

12）墙体水平裂缝如果没有平面外荷载作用，或虽有平面外荷载但被暗柱承担，多是因施工沉降或钢筋保护层不足所致。

13）预制构件存放期间出现的龟裂与养护有关；条形裂缝与存放期间的支垫位置有关。

2. 裂缝变化趋势分析

裂缝分析须判断其变化趋势，是定格了，还是会变化？变化趋势是缩小，还是扩大，或是反复？

裂缝变化趋势应以裂缝调查数据为基础进行定量分析。下面给出分析的参考依据：

1）塑性凝缩、养护期失水收缩、大体积混凝土温度收缩导致的龟裂一般不会发展。

2）刚发生的碳化收缩龟裂和碱-骨料反应龟裂会继续发展，特别碱-骨料反应裂缝发展较快。

3）早期发现的冻融裂缝和钢筋膨胀裂缝会有较大程度的发展。

4）荷载未达到极限状态就出现的荷载效应裂缝，随荷载增加会进一步发展。

5）温度作用导致的混凝土条形裂缝和干湿变形导致的GRC条形裂缝会反复出现。

6）墙体施工缝处的水平裂缝、混凝土凝固前的沉降裂缝一般不会进一步发展。

7）制作、施工荷载引起的应力集中裂缝一般不会扩展，非荷载效应和使用荷载引起的应力集中裂缝或会发展或有反复。

8）地基、基础沉降或结构徐变导致的构件斜裂缝，随着沉降和徐变的继续还会发展。

3. 危害性分析

混凝土裂缝的危害性分析应从5个方面考虑：结构安全、使用功能、耐久性、心里安全和艺术效果。其中结构安全是最重要的。

影响结构安全的裂缝包括（不限于）：

1）冻融裂缝导致混凝土强度降低。

2）钢筋锈蚀胀裂导致钢筋断面减少以及与混凝土间的结合力减弱。

3）沉降斜裂缝易导致结构发生脆性破坏。

4）受弯构件因少筋或钢筋在支座内锚固长度不够出现的裂缝。

5）受弯构件因超筋在受拉区出现短裂缝的同时，受压区破坏严重。

6）荷载效应与非荷载效应产生叠加作用的裂缝。

7）装配式建筑竖向结构构件柱或剪力墙的钢筋套筒处的裂缝。

实际工程中大多数裂缝是由变形引起的，不会直接导致结构发生危险。但是会有以下危害：渗水的裂缝会危害结构的使用功能，可能导致钢筋锈蚀、混凝土强度或抗冻融性降低的裂缝、即使裂缝宽度小于规范允许值，但因其缩短了水汽、碳化、氯离子的侵蚀路径而存在耐久性危害；较多或局部较密集的裂缝会对心理安全和艺术效果的表达方面产生不良影响。

4. 修复性分析

无法修补或修补后无法保证结构安全的裂缝称为不可修复裂缝。彩插图C-36所示的破碎性裂缝；混凝土强度等级未达到设计强度导致的裂缝；GRC 构件的贯通性裂缝；预制构件的断裂等，大都是不可修复的裂缝。对于现浇混凝土应凿除重新浇筑，而预制构件应作报废处理。

从保证结构安全、使用功能和耐久性角度看，大多数混凝土裂缝是可以修补的，构件可以加固补强，不必报废或返工。但很难做到没有修补痕迹。所以，在心理安全和艺术效果方面，须做出一些让步，或者说适当降低标准。

17.6　裂缝调查资料归档

1）每次观察和裂缝调查都应当形成报告与影像资料，所有照片和视频应当编号存档。

2）工程竣工前的观察、裂缝调查报告，应归入工程档案。

3）工程交付后的观察、裂缝调查报告，应归入物业管理档案。

第 18 章　裂缝修补

修补容易无痕难。

18.1　裂缝修补概述

混凝土裂缝修补的目的是为了恢复结构的安全性、耐久性、防渗功能及装饰性。

导致裂缝形成的相关因素，如地基或基础沉降、构件间的相互干扰，也应纳入修复计划。

1. 结构安全性的恢复与加固

由裂缝导致的结构安全性的削弱应当恢复，例如：

1）钢筋锈蚀导致有效断面减少会影响构件的承载力，必须恢复和补强。

2）因冻融或碱-骨料反应等原因导致的局部混凝土强度降低，须恢复混凝土强度。

3）悬挑构件负弯矩筋保护层过厚导致抗弯能力削弱，需补强加固。

4）钢筋保护层开裂或过薄，混凝土与钢筋的粘结力削弱甚至失去，会造成结构安全的隐患，必须补强加固。

5）裂缝检测中如发现有少筋、钢筋深入支座锚固长度不够等问题，必须进行补强加固。

6）受弯构件的受拉区出现短裂缝，受压区混凝土破碎，构件可能处于危险状态，这种情况下必须加固。

2. 耐久性的恢复

凡是裂缝就会削弱钢筋混凝土的耐久性，因为水汽、碳化、氯离子侵蚀的路径变短了，钢筋锈蚀、冻融破坏和碱-骨料反应的可能性增加了。所以，对所有出现裂缝的混凝土，都要采取有效的措施恢复其耐久性，填补封闭缝隙，防水隔气。

3. 防渗功能的恢复

对墙体等薄壁构件的贯通性裂缝，须做防渗修复，避免渗水影响使用功能和保温层性能。

4. 装饰性的恢复

消除裂缝影响，弱化修补痕迹。

18.2　裂缝修补方法

裂缝类型和严重程度不同，修补方法也不同。常用的修补方法有防护涂料法、聚合物封缝法、凿除混凝土与钢筋处理法、水泥基材料封闭法、聚合物砂浆封闭法、树脂灌缝法、补强网与补强筋法等。

水利、港口和道桥工程领域在混凝土裂缝修补方面经验丰富，包括工艺、材料选用、设备工具使用和操作方面的经验，建筑工程中的裂缝修补设计和施工可借鉴其经验，或请裂缝修补专业队伍施工。

所有裂缝修补材料和修补工艺都应先做试验检验，确认有效后再选用。

1. 防护涂料法

防护涂料法就是在混凝土表面喷涂防护涂料。

（1）应用范围　用于其他工艺修补之后，再覆盖一层混凝土表面防护涂料，以抑制二氧化碳、氯离子、水气等劣化因子的侵蚀，延长混凝土使用寿命。

（2）材料要求

1）具有良好的防水性。

2）具有良好的隔气性。

3）具有自洁性。

4）具有耐久性。

5）用于严寒和寒冷地区的涂料应具有抗冻性。

6）所选用材料宜由第三方做相关性能的检验。

7）表面涂刷防护涂料有丙烯酸硅酮树脂、硅烷类、聚氨酯树脂、氟树脂等。

（3）做法　采用喷涂法。喷涂前，应保证基底干燥，没有浮灰和污渍。

（4）覆盖修补痕迹

1）应根据建筑表皮要求选择光泽类型，如无光、亚光等。

2）应根据建筑表皮要求选择透明或有色，修补痕迹比较重的情况下可选择与混凝土表皮同一颜色的涂料覆盖。

3）同一视觉范围内的涂刷工艺应一致，以保证视觉上的舒适美观。

2. 聚合物封缝法

聚合物封缝是用聚合物材料在裂缝表面涂刷，形成覆盖膜。封缝材料包括聚合物水泥浆和快干树脂封缝胶（图 18-1）。

聚合物水泥浆是聚合物与水泥调制的浆料，不含细骨料。树脂封缝胶是专用于封闭裂缝的快干胶。

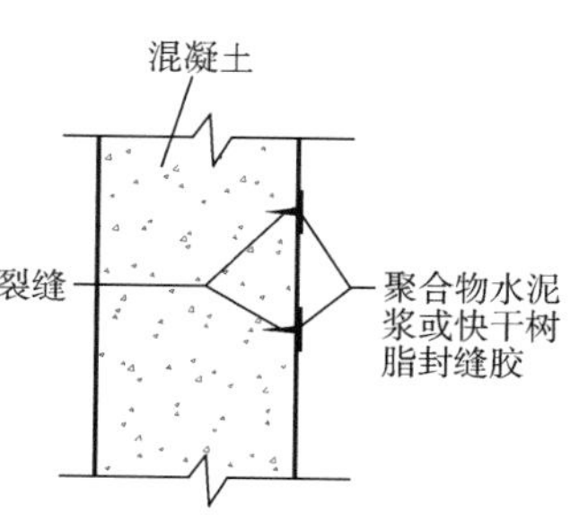

图 18-1　聚合物封缝

（1）应用范围　用于裂缝程度轻微、宽度较细、深度较浅、无法进行灌浆填缝的龟裂、不规则裂缝和条形裂缝。封闭缝隙，防水隔气。

（2）材料要求

1）具有良好的防水性。

2）具有良好的隔气性。

3）具有良好的耐氯离子侵蚀性。

4）具有良好的粘接性。

5）具有良好的抗裂性。

6）具有耐久性，严寒和寒冷地区应具有抗冻性。

7）所选用材料的防水性和耐久性应经过第三方试验。

（3）做法　采用刮浆法或涂刷法，基底应干燥，没有浮灰和污渍。

（4）弱化修补痕迹

1）聚合物水泥浆应调制系列色块，干燥后与混凝土表面颜色对照，选择一致或最接近的颜色。有经验的修补工能调出修补痕迹很弱甚至看不出色差的颜色。

2）为弱化修补痕迹，宜用100目以上的磨片轻轻打磨修补边界，使之模糊。

3）聚合物水泥浆封闭可以与防护涂料封闭组合应用，以弱化修补痕迹。

图18-2是贝聿铭50多年前设计的纽约清水混凝土公寓裂缝修补痕迹，由于混凝土表面质感是水磨石效果，修补痕迹不易弱化，封缝材料也没有调色，所以修补痕迹明显。

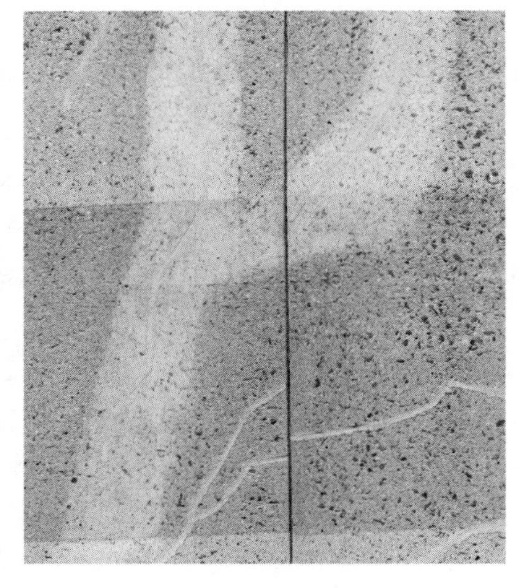

图18-2　封缝修补痕迹

3. 凿除混凝土与钢筋处理

出现严重龟裂、冻融裂缝、钢筋锈蚀胀裂、不规则脱层裂缝的部位，混凝土强度降低，与钢筋粘合力减弱，此时须凿除混凝土，处理钢筋，以便重新抹灰或灌浆。

1）表面混凝土应凿至坚固处。

2）清除碎渣、浮灰。

3）对锈蚀的钢筋除锈。

4）因锈蚀导致截面面积减少的钢筋，应附加补强钢筋（图18-3）。

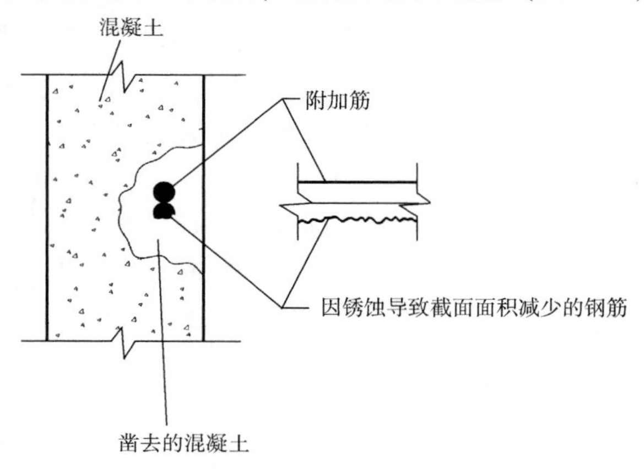

图18-3　因锈蚀导致截面面积减少的钢筋增加附加筋

5）保护层过薄的钢筋宜涂刷树脂保护。

4. 水泥基材料封闭法

水泥基材料包括自密实细石混凝土、水泥砂浆、水泥基灌浆料。

（1）应用范围　出现严重龟裂、冻融裂缝、钢筋锈蚀胀裂、不规则脱层裂缝的部位，劣质混凝土被凿除，钢筋做了修补或补强，再用水泥基材料灌实封闭，形成与钢筋的粘结力，并防水隔气。

（2）材料要求

1）应达到或超过该部位混凝土强度等级。

2）应具备设计要求的其他物理力学性能，如抗冻融性等。

3）满足该部位混凝土预防侵蚀的要求，如不含碱活性骨料等。

4）宜具有微膨胀性。

（3）做法

1）基底应干燥，没有浮灰和污渍。

2）自密实混凝土采用支模浇筑法；灌浆料采用支模灌浆法；水泥砂浆采用抹压法。

3）应保证水泥基材料的密实度。

4）抹压或脱模后应洒水或覆盖塑料薄膜养护。

（4）弱化修补痕迹

1）水泥基材料应调制成与该部位一样的颜色，应调制多级色差试块，养护干燥后与混凝土表面对照，选择一致或最接近的颜色。

2）为实现修补后的表面质感与原来一致或接近，自密实混凝土和灌浆料可用硅胶衬模（图 18-4）；水泥砂浆抹压可用硅胶压膜（图 18-5）。硅胶模制作宜以所模仿的现场混凝土表面为模型。

3）为弱化修补痕迹，宜用 100 目以上的磨片轻轻打磨修补边界，使之模糊。

4）水泥基材料封闭可以与防护涂料封闭组合应用。

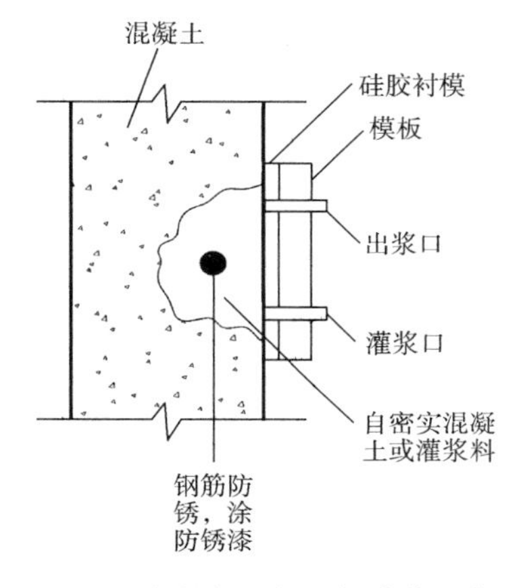

图 18-4　自密实混凝土与灌浆料修补示意图

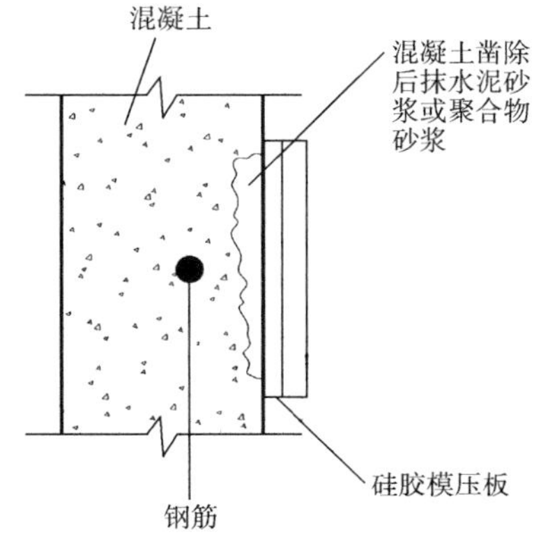

图 18-5　水泥砂浆和聚合物砂浆修补示意图

5. 聚合物砂浆封闭法

聚合物砂浆是由聚合物、水泥和细骨料调制成的砂浆。

（1）应用范围　聚合物砂浆封闭法应用范围与第 4 条所述水泥基材料一样。聚合物砂浆具有结合力好、强度高、防水性好的特点，适应于保护层较薄的裂缝部位。

（2）材料要求

1）应达到或超过该部位混凝土强度等级和其他物理力学性能。

2）耐久性与混凝土生命周期一致。

（3）做法

1）基底应干燥，没有浮灰和污渍。

2）采用抹压法。

（4）弱化修补痕迹

1）聚合物砂浆应调制成与该部位一样的颜色，一样的骨料，应调制多级色差试块，养护干燥后与混凝土表面对照，选择一致或最接近的颜色。

2）聚合物砂浆抹压可用硅胶压膜（图18-5）。

3）为弱化修补痕迹，可用100目以上的磨片轻轻打磨修补边界，使之模糊。

4）聚合物砂浆封闭可以与防护涂料封闭组合应用。

6. 树脂灌缝法

树脂灌缝是指用树脂灌浆料将缝隙灌满。

（1）应用范围　用于缝宽大于0.2mm（也可以更细）的条形裂缝，封闭缝隙、恢复裂缝处强度并防水隔气。

（2）材料要求

1）具有足够的强度。

2）具有较强的粘结力。

3）非荷载效应如温度效应或干湿变形效应导致的反复性裂缝应采用有弹性的树脂灌浆料。

4）具有良好的防水性。

5）具有良好的抗裂性。

6）耐久性与混凝土生命周期一致。

（3）做法

1）沿裂缝布置注浆口，粘接注浆管（图18-6），注浆口间距与缝宽有关，裂缝越细，间距越小，一般在100～400mm之间。

2）沿着裂缝表面刮50mm宽封缝胶，形成封闭空间，防止注浆时树脂胶从缝隙溢出。

3）用灌浆机灌浆，数量较少的裂缝可用注射器。

4）拆除注浆管，打磨修理。

（4）弱化修补痕迹

1）为弱化修补痕迹，宜进行调色，使之与混凝土表皮同色或接近一致。

2）为弱化修补痕迹，可用100目以上的磨片轻轻打磨修补边界，使之模糊。

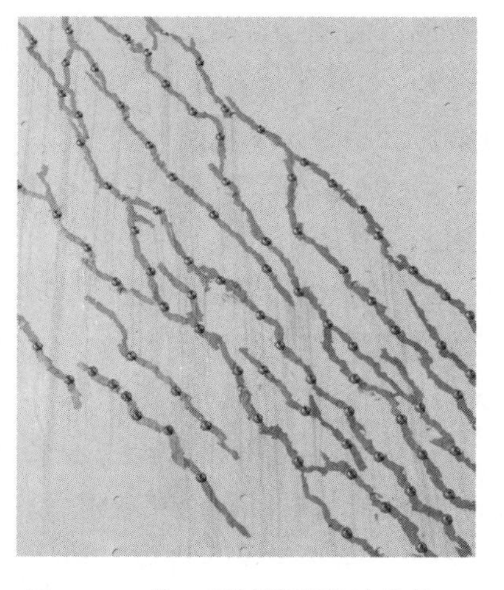

图18-6　某工程树脂灌缝法注浆口

3）树脂灌缝可以与防护涂料封闭组合应用。

（5）修补后重新开裂问题预防　图18-7是某工程墙体温度收缩裂缝修补后几个月又重

新开裂的例子。温度收缩裂缝具有反复性，该工程的裂缝修补时间是在 9 月，经历冬季后又开裂了。

为避免温度变形裂缝修复后开裂，可考虑以下两个措施：

1）用具有弹性的树脂。

2）在允许作业最低气温时灌缝。

7. 补强网与补强筋

如果构件因钢筋保护层过大或构件边缘没有钢筋而开裂，凿除后可用水泥基材料封闭和聚合物砂浆封闭，为避免修补后在荷载作用下重新开裂，应采取补强措施。即在钢筋保护层过大处或构件边缘没有钢筋部位，增加耐碱玻璃纤维网或玄武岩筋补强（图 18-8）。

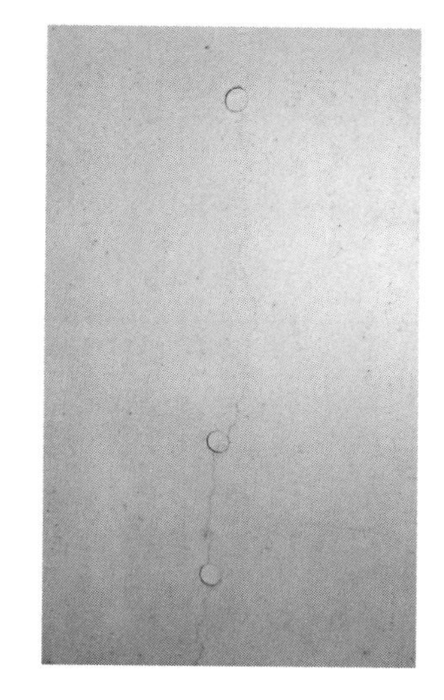

图 18-7　某工程裂缝修补后几个月又重新开裂

8. 其他参考

图 18-9 和图 18-10 是笔者在加拿大看到的修补裂缝实例。

图 18-9 是采用 U 形锔钉骑在裂缝上以控制裂缝继续开展，图 18-10 是注浆口布置。

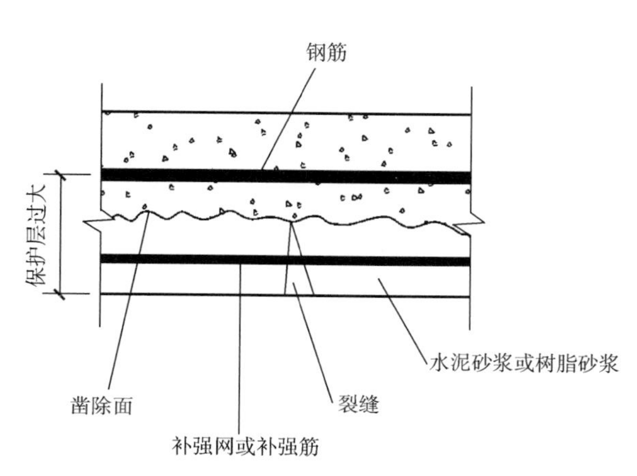

图 18-8　补强网或补强筋示意图

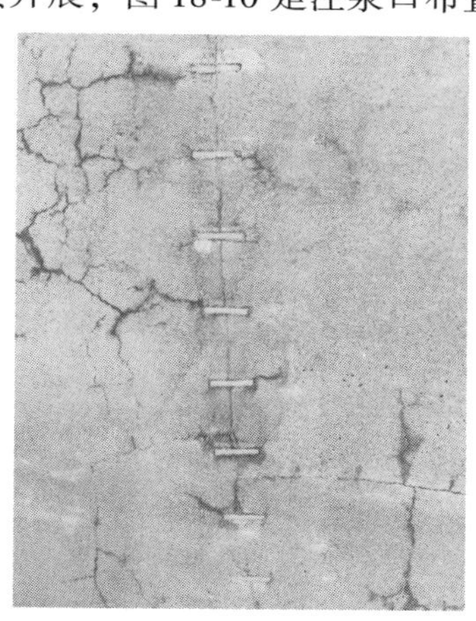

图 18-9　U 形锔钉锔住裂缝

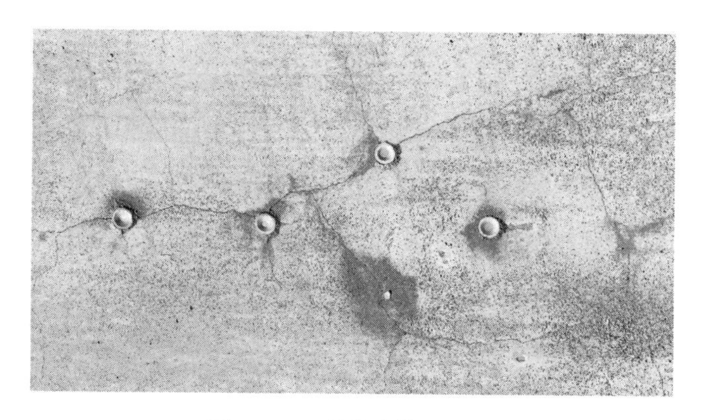

图 18-10　裂缝注浆口布置

18.3 裂缝类型与对应的修补方法

裂缝类型与修补方法的对应关系见表 18-1。

表 18-1 裂缝类型与修补方法的对应关系

裂缝类型			修补方法							说明
形状	成因	程度	防护涂料法	聚合物封缝法	凿除混凝土、处理钢筋	水泥基材料封闭法	聚合物砂浆封闭法	树脂灌缝法	补强网与补强筋	
龟裂	干燥收缩，包括：塑性凝缩、养护失水裂缝、温度收缩和碳化收缩	表面浅、细裂缝								
		中等，缝宽 <0.2mm								
		宽、深、密集					或			
	碱-骨料反应	表面浅、细裂缝								
		中等，缝宽 <0.2mm								
		宽、深、密集					或			
冻融裂缝	冻融	轻微								
		严重、钢筋锈蚀					或			
顺筋条形裂缝	钢筋锈蚀胀裂	不严重，缝宽 <0.2mm								
		锈蚀严重					或			
	保护层过薄顺钢筋裂缝	不严重，缝宽 <0.2mm								
		锈蚀严重					或			
	混凝土沉降顺钢筋裂缝	不严重，缝宽 <0.2mm								
		锈蚀严重					或			
	碱-骨料反应沿钢筋裂缝	不严重，缝宽 <0.2mm								
		锈蚀严重					或			
应力集中条形裂缝	荷载或收缩应力集中裂缝	缝宽 <0.2mm								
		缝宽≥0.2mm								
荷载效应条形裂缝	保护层过厚	缝宽 <0.2mm								观察
		缝宽≥0.2mm			或				或	
	少筋破坏						或			
	钢筋支座锚固长度不够						或			
	预制构件制作、存放、运输、施工荷载	缝宽 <0.2mm					或			
		缝宽≥0.2mm								

（续）

裂缝类型			修补方法							说明
形状	成因	程度	防护涂料法	聚合物封缝法	凿除混凝土、处理钢筋	水泥基材料封闭法	聚合物砂浆封闭法	树脂灌缝法	补强网与补强筋	
非荷载效应（收缩）条形裂缝	收缩	缝宽 <0.2mm								
		缝宽≥0.2mm								
	混凝土施工因素	缝宽 <0.2mm								
		缝宽≥0.2mm								
	地基、基础沉降后结构徐变	缝宽 <0.2mm								加固地基、基础
		缝宽≥0.2mm								
	钢筋或预埋件拥堵	缝宽 <0.2mm								观察
		缝宽≥0.2mm								
	构件间相互作用						或			构件间分离留缝
不规则脱层	初凝后受到扰动						或			
	装饰混凝土分层						或			
GRC 条形裂缝	受到刚性约束处									
	预埋件部位									
	壁厚不足									严重的报废
	未用耐碱玻纤									报废
	玻纤含量不足									报废